建筑施工技术与工程项目管理

薛 驹 徐 刚◎主编

吉林科学技术出版社

图书在版编目（CIP）数据

建筑施工技术与工程项目管理 / 薛驹，徐刚主编
. -- 长春：吉林科学技术出版社，2022.9
ISBN 978-7-5578-9783-3

Ⅰ. ①建… Ⅱ. ①薛… ②徐… Ⅲ. ①建筑施工—项目管理 Ⅳ. ① TU712.1

中国版本图书馆 CIP 数据核字 (2022) 第 179491 号

建筑施工技术与工程项目管理

主　　编　薛　驹　徐　刚
出 版 人　宛　霞
责任编辑　乌　兰
封面设计　刘梦杳
制　　版　刘梦杳
幅面尺寸　170mm × 240mm
字　　数　290 千字
印　　张　18
印　　数　1–1500 册
版　　次　2022年9月第1版
印　　次　2023年4月第1次印刷

出　　版　吉林科学技术出版社
发　　行　吉林科学技术出版社
地　　址　长春市南关区福祉大路5788号出版大厦A座
邮　　编　130118
发行部电话/传真　0431-81629529　81629530　81629531
81629532　81629533　81629534
储运部电话　0431-86059116
编辑部电话　0431-81629510
印　　刷　三河市嵩川印刷有限公司

书　　号　ISBN 978-7-5578-9783-3
定　　价　130.00 元

编委会

主　编　薛　驹　徐　刚

副主编　杨　云　刘孟强　薛能资
赵秀琪　林晓慈　汪立刚
宋　涛　黄黎阳　阮荣伟
谢　洋　鲍孟加　赵二岗
赵公诚　李大伟　陈　涛
刘文科　张林昊　徐　浩

前 言

PREFACE

建筑工程是运用数学、物理、化学等基础知识和力学、材料等技术知识及建筑工程方面的专业知识研究各种建筑物设计、修建与工程管理的一门学科。近些年来，国民经济和科学技术飞速发展，建筑工程理论与实践的发展在我国经济建设中发挥着越来越重要的作用。在当前的建筑工程中，工程项目管理对建筑工程有着重要的作用，是建筑工程中复杂而又不可缺少的部分，对工程的进度、质量等有着直接影响。

《建筑施工技术与工程项目管理》一书主要包括土石方工程施工、混凝土工程施工、防水工程施工、深基坑工程施工与建筑工程项目的合同、进度、资金和质量的管理等。

本书共九章，其中第一主编薛驹（浙江中天精诚装饰集团有限公司）负责第一章、第二章第四节、第三章内容编写，计5.5万字；第二主编徐刚（南京林业大学）负责第五章至第九章内容编写，计18万字；副主编赵二岗（南通新华建筑集团有限公司）负责第二章第一节至第三节、第四章内容编写，计5.5万字。

由于笔者水平所限及本书带有一定的探索性，因此本书的体系可能还不尽合理，书中出现疏漏、错误也在所难免，恳请读者和专家批评指正。在此对在本书写作过程中给予帮助的各位同志表示衷心感谢！

目 录

CONTENTS

第一章　土石方工程施工……1

第一节　基坑排水与降水施工……1

第二节　土方工程的机械化施工……8

第三节　土方的回填与压实……13

第二章　混凝土工程施工……17

第一节　混凝土工程施工环节……17

第二节　大体积混凝土施工……31

第三节　预应力混凝土施工……33

第四节　装配式混凝土结构施工……44

第三章　防水工程施工……48

第一节　地下防水工程施工……48

第二节　屋面防水工程施工……59

第三节　室内防水工程施工……68

第四章　深基坑工程施工……71

第一节　深基坑支护概述……71

第二节　复合土钉墙支护技术……78
第三节　预应力锚杆支护技术……87
第四节　型钢水泥土复合搅拌桩支护结构技术……92
第五节　环梁支护结构技术……97

第五章　建筑工程项目合同管理……101

第一节　建筑工程项目合同概述……101
第二节　建筑工程项目施工合同的订立……109
第三节　建筑工程项目施工合同的实施……120
第四节　建筑工程项目施工合同的变更、终止和争议解决……129

第六章　建筑工程项目施工成本管理……137

第一节　建筑工程项目施工成本管理概述……137
第二节　建筑工程项目施工成本计划……145
第三节　施工成本控制……151
第四节　施工成本核算……163
第五节　建筑工程项目施工成本分析……170

第七章　建筑工程项目进度管理……177

第一节　建筑工程项目进度计划的编制……177
第二节　建筑工程项目进度计划的实施与检查……200
第三节　建筑工程项目进度计划的调整……204
第四节　建筑施工项目进度计划控制总结……209

第八章 建筑工程项目资源管理 ······ 212

第一节 建筑工程项目资源管理概述 ······ 212

第二节 建筑工程项目人力资源管理 ······ 216

第三节 建筑工程项目材料管理 ······ 222

第四节 建筑工程项目机械设备管理 ······ 230

第五节 建筑工程项目技术管理 ······ 235

第六节 建筑工程项目资金管理 ······ 240

第九章 建筑工程项目质量管理 ······ 243

第一节 建筑工程项目质量控制 ······ 243

第二节 建筑工程项目质量验收监督及体系标准 ······ 255

第三节 建筑工程项目质量控制的统计分析方法 ······ 265

第四节 建筑工程项目质量改进和质量事故的处理 ······ 269

参考文献 ······ 276

第一章　土石方工程施工

土石方工程是建筑工程施工中的主要工程之一，在大型建筑工程中，土石方工程的工程量和工期往往对整个工程有较大的影响。土石方工程的施工内容主要包括场地平整、基坑（槽）开挖、土石方运输和填筑，以及施工排水、降水和土壁支护等准备和辅助工作。

土石方工程的施工特点有量大面广，劳动强度大，人力施工效率低、工期长，施工条件复杂，多为露天作业，受地质、水文、气候等影响大，不确定因素较多等。因此，在土石方工程施工前，应详细分析与核查各项技术资料（如地下管道、电缆和地下构筑物等），进行现场勘察，并根据现场施工条件做好施工组织设计，确定施工方案，选择适当的机械设备，实行科学管理，保证工程质量，缩短工期，降低工程成本。

第一节　基坑排水与降水施工

在基坑开挖前，应做好地面排水和降低地下水位工作。开挖基坑或沟槽时，土的含水层被切断，地下水会不断地渗入基坑。雨季施工时，地面水也会流入基坑。为了保证施工的正常进行，防止边坡塌方和地基承载力下降，在基坑开挖前和开挖时必须做好排水降水工作。基坑排水降水方法可分为明排水法和地下水控制。

一、明排水法

明排水法（集水井降水法）是采用截、疏、抽的方法来进行排水，即在开挖基坑时，沿坑底周围或中央开挖排水沟，再在沟底设置集水井，使基坑内的水经排水沟流向集水井内，然后用水泵抽出坑外。

基坑四周的排水沟及集水井应设置在基础范围以外（>0.5m），地下水流的上游。明沟排水的纵坡宜控制在1‰～2‰，集水井应根据地下水量、基坑平面形状及水泵能力，每隔20～40m设置一个。集水井的直径或宽度一般为0.7～0.8m，其深度随挖土加深，应经常保持低于挖土面0.8～1.0m。井壁可用竹、木等进行简易加固。

当基坑挖至设计标高后，井底应低于坑底1～2m，并铺设0.3m厚的碎石滤水层，以免在抽水时将泥沙抽出，并防止井底的土被搅动。抽水机具常用潜水泵或离心泵，视涌水量的大小24h随时抽排，直至槽边回填土开始。

明排水法由于设备简单和排水方便，采用较为普遍。但当开挖深度大、地下水位较高而土质又不好时，用明排水法降水，挖至地下水位以下时，有时坑底面的土颗粒会形成流动状态，随地下水流入基坑，这种现象称为流沙现象。发生流沙时，土完全丧失承载能力，使施工条件恶化，难以达到开挖设计深度，严重时会造成边坡塌方及附近建筑物下沉、倾斜、倒塌等现象。

（一）流沙形成的原因

流沙现象的形成有其内因和外因。内因取决于土壤的性质。当土的孔隙率大、含水量大、黏粒含量少、粉粒多、渗透系数小、排水性能差等均容易产生流沙现象。因此，流沙现象经常发生在细沙、粉沙和亚沙土中。但会不会发生流沙现象，还应具备一定的外因条件，即地下水及其产生动水压力的大小和方向。当地下水位较高、基坑内排水所造成的水位差越大时，动水压力也越大；当动水压力大于或等于浮土重力时，就会推动土壤失去稳定，形成流沙现象。

此外，当基坑位于不透水层内，而不透水层下面为承压蓄水层，坑底不透水层的覆盖厚度的重量小于承压水的顶托力时，基坑底部就可能发生管涌冒沙现象。

（二）防治流沙的方法

防治流沙总的原则是“治沙必治水”。其途径有二：一是减少或平衡动水压力，二是改变动水压力的方向。具体措施如下。

1.枯水期施工

因地下水位低，坑内外水位差小，动水压力减少，从而可预防和减轻流沙现象。

2.打板桩

将板桩沿基坑周围打入不透水层，便可起到截住水流的作用；或者打入坑底面一定深度，这样将地下水引至坑底以下流入基坑，不仅增加了渗流长度，而且改变了动水压力方向，从而可达到减少动水压力的目的。

3.水中挖土

即不排水施工，使坑内外的水压相平衡，不致形成动水压力。如沉井施工，不排水下沉，进行水中挖土，水下浇筑混凝土，这些都是防治流沙的有效措施。

4.人工降低地下水位

截住水流，不让地下水流入基坑，不仅可防治流沙和土壁塌方，还可改善施工条件。

5.地下连续墙法

此法是沿基坑的周围先浇筑一道钢筋混凝土的地下连续墙，从而起到承重、截水和防流沙的作用，它又是深基础施工的可靠支护结构。

6.抛大石块，抢速度施工

如在施工过程中发生局部的或轻微的流沙现象，可组织人力分段抢挖，挖至标高后，立即铺设芦席并抛大石块，增加土的压力，以平衡动水压力，力争在未产生流沙现象之前，将基础分段施工完毕。

此外，在含有大量地下水土层中或沼泽地区施工时，还可以采取土壤冻结法；对位于流沙地区的基础工程，应尽可能用桩基或沉井施工，以节约防治流沙所增加的费用。

二、地下水控制

地下水控制方法可分为降水、截水和回灌等方式单独或组合使用，一般可按表1–1选用。

表1–1　地下水控制方法适用条件

<table>
<tr><th colspan="2">名称</th><th>土类</th><th>渗透系数/（m/d）</th><th>降水深度/m</th><th>水文地质特征</th></tr>
<tr><td colspan="2">集水明排</td><td></td><td>7～20.0</td><td>＜5</td><td rowspan="3">上层滞水或水量不大的、潜水量不大的潜水</td></tr>
<tr><td rowspan="3">降水</td><td>真空井点</td><td rowspan="2">填土、粉土、黏性土、砂土</td><td>0.1～20.0</td><td>单级：＜6
多级：＜20</td></tr>
<tr><td>喷射井点</td><td>0.1～20.0</td><td>＜20</td></tr>
<tr><td>管井</td><td>粉土、砂土、碎石土、可溶岩、破碎带</td><td>1.0～200.0</td><td>＞5</td><td>含水丰富的潜水、承压水、裂隙水</td></tr>
<tr><td colspan="2">截水</td><td>黏性土、粉土、砂土、碎石土、岩溶岩</td><td>不限</td><td>不限</td><td></td></tr>
<tr><td colspan="2">回灌</td><td>填土、粉土、砂土、碎石土</td><td>0.1～200.0</td><td>不限</td><td></td></tr>
</table>

（一）井点降水法

井点降水法，就是在基坑开挖前，预先在基坑四周埋设一定数量的滤水管（井），利用抽水设备从中抽水，使地下水位降落到坑底以下，直至施工结束为止。这样，可使所挖的土始终保持干燥状态，改善施工条件，同时还使动水压力方向向下，从根本上防止流沙发生，并增加土的有效应力，提高土的强度或密实度。因此，井点降水法不仅是一种施工措施，也是一种地基加固方法。采用井点降水法降低地下水位可适当增加边坡坡度、减少挖土数量，但在降水过程中，基坑附近的地基土壤会有一定沉降，施工时应加以注意。

井点降水法有轻型井点、喷射井点、电渗井点、管井井点及深井井点等方法，其中以轻型井点采用较广，下面以轻型井点作重点介绍。各种方法视土的渗透系数、降低水位的深度、工程特点、设备条件及经济比较等具体条件参照表1–2选用。

表1-2 各种井点的适用范围

井点类型	土层渗透系数/（m/d）	降低水位深度/m	适用土质
一级轻型井点	0.1～50	3～6	粉质黏土、砂质粉土、粉砂、含薄层粉砂的粉质黏土
二级轻型井点	0.1～50	6～12	
喷射井点	0.1～5	8～20	
电渗井点	＜0.1	根据选用的井点确定	黏土、粉质黏土
管井井点	20～200	3～5	砂质黏土、粉砂、含薄层粉质黏土、各类砂土、砾砂
深井井点	10～250	＞15	

轻型井点降低地下水位，是沿基坑周围一定的间距埋入井点管（下端为滤管）至蓄水层，在地面上用集水总管将各井点管连接起来，并在一定位置设置抽水设备，利用真空泵和离心泵的真空吸力作用，使地下水经滤管进入井管，然后经总管排出，从而降低地下水位。

1.轻型井点的设备

轻型井点的设备由管路系统和抽水设备组成。管路系统由滤管、井点管、弯联管及总管组成。滤管是长1.0～1.7m、外径为38mm或51mm的无缝钢管，管壁上钻有直径为12～19 mm的星旗状排列的滤孔，滤孔面积为滤管表面积的20%～25%。滤管外面包括两层孔径不同的滤网。内层为细滤网，采用30～40眼/平方厘米的铜丝布或尼龙丝布；外层为粗滤网，采用5～10眼/平方厘米的塑料纱布。为了使流水畅通，管壁与滤网之间用塑料管或铁丝绕成螺旋形隔开，滤管外面再绕一层粗铁丝保护，滤管下端为一铸铁头。井点管用直径为38mm或55mm、长5～7m的无缝钢管或焊接钢管制成，下接滤管，上端通过弯联管与总管相连。弯联管一般采用橡胶软管或透明塑料管，后者可以随时观察井点管的出水情况。总管为直径为100～127mm的无缝钢管，每节长4m，各节间用橡皮套管连接，并用钢箍箍紧，防止漏水。总管上装有与井点管连接的短接头，间距为0.8m或1.2m。抽水设备由真空泵、离心泵和水汽分离器（又称集水箱）等组成。

2.轻型井点的布置

轻型井点的布置应根据基坑的大小与深度、土质、地下水位高低与流向、降水深度要求等确定。

（1）平面布置。当基坑或沟槽宽度小于6m，水位降低值不大于5m时，可用单排线状井点，布置在地下水流的上游一侧，两端延伸长度一般不小于沟槽宽度。如沟槽宽度大于6m，或土质不良，宜用双排井点。面积较大的基坑宜用环状井点。有时也可以布置成U形，以利于挖土机械和运输车辆出入基坑，环状井点的四角部分应适当加密，井点管距离基坑一般为0.7～1.0m，以防漏气。井点管间距一般为0.8～1.5m，或由计算和经验确定。

井点管间距不能过小，否则彼此干扰大，出水量会显著减少，一般可取滤管周长的5～10倍。在基坑周围四角和靠近地下水流方向一侧的井点管应适当加密，当采用多级井点排水时，下一级井点管间距应较上一级的小，实际采用的井距还应与集水总管上短接头的间距相适应（可按0.8m、1.2m、1.6m、2.0m四种间距选用）。

采用多套抽水设备时，井点系统应分段，各段长度应大致相等。分段地点宜选择在基坑转弯处，以减少总管弯头数量，提高水泵抽吸能力。水泵宜设置在各段总管中部，使泵两边水流平衡。分段处应设阀门或将总管断开，以免管内水流紊乱，影响抽水效果。

（2）高程布置。轻型井点的降水深度在考虑设备水头损失后，不超过6m。井点管的埋设深度（不包括滤管长）按以下公式计算：

$$H > H_1 + h + IL \tag{1-1}$$

式中，H_1：井点管埋设面至基坑底的距离，m；h：基坑中心处基坑底面（单排井点时，取远离井点一侧坑底边缘）至降低后地下水位的距离，一般为0.5～1.0m；I：地下水力坡度，环状井点取1/10，双排线状井点取1/7，单排线状井点取1/4；L：井点管至基坑中心的水平距离，m（在单排井点中，为井点管至基坑另一侧的水平距离）。

此外，确定井点埋深时，还要考虑到井点管一般要露出地面0.2m左右。如果计算出H值大于井点管长度，则应降低井点管的埋置面（但以不低于地下水位线为准），以适应降水深度的要求。在任何情况下，滤管必须埋在透水层内。为了充分利用抽吸能力，总管的布置标高宜接近地下水位线（可事先挖槽），水泵轴心标高宜与总管平行或略低于总管。总管应具有0.25%～0.5%的坡度（坡向泵房）。各段总管与滤管最好分别设在同一水平面上，不宜高低悬殊，当一级井点系统达不到降水深度要求时，可视其具体情况采用其他方法降水。如上层土的土质较好时，先用集水井排水法挖去一层土再布置井点系统；也可采用二级井点，即先挖去第一级井点所疏干的土，然后再在其底部装设第二级井点。

（二）截水

由于井点降水会引起周围地层的不均匀沉降，但在高水位地区开挖深基坑必须采用降水措施以保证地下工程的顺利进展。因此，在施工时，一方面要保证基坑工程的施工，另一方面又要防范周围环境引起的不利影响。施工时，应设置地下水位观测孔，并对临时建筑、管线进行监测，在降水系统运转过程中随时检查观测孔中的水位，发现沉降量达到报警值时应及时采取措施。同时，如果施工区周围有湖、河等贮水体时，应在井点和贮水体之间设置止水帷幕，以防止抽水造成与贮水体串通，引起大量涌水，甚至带出土颗粒，产生流沙现象。在建筑物和地下管线密集区等对地面沉降控制有严格要求的地区开挖深基坑，应尽可能采取止水帷幕，并进行坑内降水的方法。这样一方面可疏干坑内地下水，以利开挖施工；另一方面可利用止水帷幕切断坑外地下水的涌入，大大减小对周围环境的影响。

止水帷幕的厚度应满足基坑防渗要求，当地下含水层渗透性较强、厚度较大时，可采用悬挂式竖向截水与坑内井点降水相结合，或采用悬挂式竖向截水与水平封底相结合的方案。

（三）回灌

场地外缘回灌系统也是减小降水对周围环境影响的有效方法。回灌系统包括回灌井点和砂沟、砂井回灌两种形式。回灌井点是在抽水井点设置线外4 ~ 5m处，以间距3 ~ 5m插入注水管，将井点中抽取的水经过沉淀后用压力注入管内，形成一道水墙，以防止土体过量脱水，而基坑内仍可保持干燥。这种情况下，抽水管的抽水量约增加10%，所以可适当增加抽水井点的数量。回灌可采用井点、砂井、砂沟等。

第二节　土方工程的机械化施工

土方在开挖、运输、填筑和压实等施工过程中应尽量采用机械化施工，以减轻繁重的体力劳动，加快施工进度。

土方工程施工机械的种类繁多，有推土机、铲运机、平土机、松土机、单斗挖土机及多斗挖土机和各种碾压、夯实机械等。而在房屋建筑工程施工中，尤以推土机、铲运机和单斗挖土机应用最广。以下就将这几种类型机械的性能、使用范围及施工方法作重点介绍。

一、推土机施工

推土机是集铲、运、平、填于一身的综合性机械，操作机动灵活，运转方便迅速，所需工作面小，易于转移，在建筑工程中应用最多。目前，主要使用的是液压式推土机。

推土机除适用于切土深度不大的场地平整外，也用于开挖深度不大于1.5m的基槽，尤其适合浅基础的面式开挖；还可用于回填基坑、基槽和管沟，以及用于堆筑高度在1.5m以内的路基、堤坝，平整其他机械装置的土堆，推送松散的硬土、岩石和冻土以及配合铲运机助铲等工作。推土机可挖掘Ⅰ～Ⅳ类土，挖掘Ⅲ、Ⅳ类土前应予以翻松。推土机推填距离宜在100m以内，距离在60m时效率最高。推土机可采用下坡推土、并列推土、槽形推土和多铲集运四种推土方法。

（一）下坡推土

下坡推土是推土机顺地面坡势沿下坡方向推土，借助机械往下的重力作用，可增大铲刀切土深度和运土数量，可提高推土机能力和缩短推土时间，一般可提高生产效率30%～40%，但坡度不宜大于15°，以免后退时爬坡困难。

（二）并列推土

对于大面积的施工区，可用2~3台推土机并列推土。推土时，两铲刀相距150~300mm，这样可以减少土的散失而增大推土量，能提高生产效率15%~30%，但平均运距不宜超过50~75m，亦不宜小于20m，且推土机数量不宜超过3台，否则倒车不便，行驶不一致，反而影响生产效率。

（三）槽形推土

槽形推土是指当运距较远、挖土层较厚时，利用已推过的土槽再次推土。其可以减少铲刀两侧土的散漏，这样作业可提高效率10%~30%。槽深1m左右为宜，槽间土埂宽约0.5m。在推出多条槽后，再将土埂推入槽内，然后运出。

（四）多铲集运

多铲集运是指在硬质土中，切土深度不大时，可先将土堆积在一处，然后集中推送到卸土区，这样可以有效地提高推土的效率，缩短运土时间，但堆积距离不宜大于30m，堆土高度在2m以内为宜。

二、铲运机施工

铲运机是一种能够独立完成铲土、运土、卸土、填筑、平整的土方机械。其按行走方式可分为拖式铲运机和自行式铲运机两种。拖式铲运机由拖拉机牵引，自行式铲运机的行驶和作业都靠本身的动力设备。

（一）铲运机的使用范围

铲运机对行驶道路要求较低，行驶速度快，操纵灵活，运转方便，生产率高，可在一至三类土中直接挖、运土，适用于大面积场地平整，开挖大型基坑、沟槽，以及填筑路基、堤坝等工程。铲运机可铲运含水量不大于27%的松土和普通土，但不适于在砾石层、冻土地带和沼泽区工作。当铲运较坚硬的土壤时，宜先用松土机把土翻松0.2~0.4m，以减少机械磨损，提高生产效率。

在土木工程中，常使用的铲运机的铲斗容量为2.5~8m^3。自行式铲运机的经济运距为800~1500m，最大可达3500m；拖式铲运机的运距以600m为宜，运距为200～350m时效率最高，如果采用双联铲运或挂大斗铲运时，其运距可增加到1000m。运距越长，生产率越低，因此，在规划铲运机的运行路线时，应力求符合经济运距的要求。

（二）铲运机的运行路线

铲运机的运行路线对提高生产效率影响很大，应根据填、挖方区的分布情况并结合当地具体条件进行合理选择。其一般有以下两种形式。

1.环形路线

当地形起伏不大、施工地段较短时，多采用环形路线。环形路线每一循环只完成一次铲土和卸土、挖土和填土交替，挖填之间距离较短时，则可采用大循环路线，一个大循环能完成多次铲土和卸土，这样可减少铲运机的转弯次数，提高工作效率。

2.“8”字形路线

在地形起伏较大、施工地段狭长的情况下，宜采用“8”字形路线。这种运行路线，铲运机在上下坡时是斜向行驶，受地形坡度限制小。一个循环中两次转弯，方向不同，可避免机械行驶时的单侧磨损；一个循环完成两次铲土和卸土，减少了转弯次数及空车行驶距离，亦可缩短运行时间，提高生产率。

尚需指出，铲运机应避免在转弯时铲土，否则铲刀受力不均易引起翻车事故。因此，为了充分发挥铲运机的效能，保证能在直线段上铲土并装满土斗，要求铲土区应有足够的最小铲土长度。

（三）提高铲运机生产率的措施

1.下坡铲土

铲运机利用地形进行下坡推土，借助机械重力的水平分力来加大切土深度和缩短铲土时间，但纵坡不得超过25°，横坡不大于5°，铲运机不能在陡坡上急转弯，以免翻车。

2.挖近填远

挖土先从距离填土区最近一端开始，由近而远；填土则从距离挖土区最远一端开始，由远而近。这样，既可使铲运机始终在合理的运距内工作，又可创造下坡铲土的条件。

3.推土机助铲

在较坚硬的土层中可用推土机助铲，可加大铲刀切削力、切土深度和铲土速度。助铲间歇，推土机可兼作松土、平整工作。

4.双联铲运法

当拖式铲运机的动力有富余时，可在拖拉机后面串联两个铲斗进行双联铲运。对于坚硬土层，可用双联单铲，即一个土斗铲满后，再铲另一个土斗；对于松软土层，则可用双联双铲，即两个土斗同时铲土。

5.挂大斗铲运

在土质松软地区，可改挂大型铲土斗，以充分利用拖拉机的牵引力来提高工作效率。

6.跨铲法

跨铲法是指预留土埂，间隔铲土，以减少土壤散失，而在铲除土埂时，又可减少铲土阻力，加快速度。

三、单斗挖土机施工

单斗挖土机用以挖掘基坑、沟槽，清理和平整场地，更换工作装置后，还可进行装卸、起重、打桩等其他作业，是工程建设中常用的机械设备。按行走装置的不同，其分为履带式和轮胎式两类；按工作装置不同，其分为正铲、反铲、拉铲和抓铲四种。

（一）正铲挖土机

正铲挖土机的工作特点是：前进向上，强制切土。可以用于开挖停机面以上的Ⅰ～Ⅳ类土和爆破后的岩石、冻土等，需与相当数量的自卸运土汽车配合完成。其挖掘力大，生产率高，可以用于开挖大型干燥基坑及土丘等。正铲挖土机的工作面高度不应小于1.5m，否则一次起挖不能装满铲斗，生产效率将降低。正铲挖土机有两种工作方式，即正向工作面和侧向工作面。正向工作面挖土适用于开挖工作面狭小，且较深的基坑（槽）、管沟和路堑等；侧向工作面挖土适用于开挖工作面大、深度不大的边坡、基坑（槽）、沟渠和路堑等。正铲挖土机按其装置可分为履带式和轮胎式两种，其斗容量有0.25m^3、0.5m^3、0.6m^3、0.75m^3、1.0m^3、2.0m^3等几种。一般常用的有万能履带式单斗正铲挖土机。此外，正铲挖土机还可以根据不同操作环境的需要，改装成反铲、拉铲、抓铲等不同的形式。

（二）反铲挖土机

反铲挖土机的工作特点是：后退向下，强制切土。其挖掘力比正铲挖土机小，可以用于开挖停机面以下的Ⅰ～Ⅲ类土。机身和装土均在地面上操作，省去下坑通道，适用于开挖深度不大的基坑、基槽、沟渠、管沟及含水量大或地下水位高的土坑，可同时采用沟端和沟侧开挖。沟端开挖适用于一次或沟内后退挖土，挖出土方随即运走，或就地取土填筑路基、修筑路基等。沟侧开挖适用于横挖土或需将土方甩到离沟边较远的距离时使用。反铲挖土机的斗容量为0.25～1.0m^3，最大挖土深度为4～6m，比较经济的挖土深度为1.5～3.0m。对于较大、较深的基坑可采用多层接力法开挖，或配备自卸汽车运走。

（三）拉铲挖土机

拉铲挖土机的工作特点是：后退向下，自重切土。其挖土深度和挖土半径较大，而且铲斗是挂在钢丝绳上的，可以甩得较远，挖得较深，但不如反铲灵活，适用于挖掘停机面以下的Ⅰ～Ⅲ类土，可开挖较深较大的基坑（槽）、沟渠，挖取水中泥土以及填筑路基、修筑堤坝等。拉铲挖土机的斗容量有0.35m^3、0.5m^3、1.0m^3、1.5m^3、2.0m^3。最大挖土深度为7.6（W3-30）～16.3m（W1-200）。拉铲挖土机可将土直接甩在坑、槽、沟旁，或配合推土机将土推送到较远处堆放，或配备自卸汽车运土。

（四）抓铲挖土机

抓铲挖土机的工作特点是：直上直下，自重切土。其可用于开挖停机面以下的Ⅰ～Ⅲ类土，宜于挖窄而深的基坑，疏通旧有渠道以及挖取水中淤泥等，或用于装卸碎石、矿渣等松散材料。在软土地基的地区，常用于开挖基坑等，可直接开挖直井或在开口沉井内挖土，可以装车也可以甩土。抓铲挖土机由于使用钢丝绳牵拉，工作效率不高，液压式的深度又受到限制，因此除在面积小的深基础及深基坑（槽）之外，应用范围很小。

第三节　土方的回填与压实

在土方回填前，应清除坑、槽中的积水、淤泥、垃圾、树根等杂物。

在土质较好、地面坡度<1/10的较平坦场地填方时，可不清除基底上的草皮，但应割除长草。在稳定山坡上填方，当山坡坡度为1/10～1/15时，应清除基底上的草皮；坡度陡于1/5时，应将基底挖成阶梯形，阶宽不小于1m。当填方基底为耕植土或松土时，应将基底碾压密实。

在水田、沟渠或池塘内填方前，应根据实际情况采用排水疏干、挖除淤泥或抛填块石、砂砾、矿渣等方法处理后再进行填土。填土区如遇有地下水或滞水时，必须采取排水措施，以保证施工的顺利进行。

一、土料选择与填筑要求

为了保证填方工程强度和稳定性方面的要求，必须正确选择填土的种类和填筑方法。

对填方土料应按设计要求验收后方可填入。如设计无要求时，一般按下述原则进行：碎石类土、砂土（使用细、粉砂时应取得设计单位同意）和爆破石渣可用作表层以下的填料，含水量符合压实要求的黏性土可用作各层填料，碎块草皮和有机质含量>8%的土仅用于无压实要求的填方。含大量有机物的土容易降解变形而降低承载能力，含水溶性硫酸盐>5%的土在地下水作用下，硫酸盐会逐渐溶解消失，形成孔洞影响密实性。因此，这两种土以及淤泥和淤泥质土、冻土、膨胀土等均不应作为填土。

填土应分层进行，并尽量采用同类土填筑。如果采用不同土填筑，应将透水性较大的土层置于透水性较小的土层之下，不能将各种土混杂在一起使用，以免填方内形成水囊。

碎石类土或爆破石渣作填料时，其最大粒径不得超过每层铺土厚度的2/3，使用振动碾时，不得超过每层铺土厚度的3/4；铺填时，大块料不应集中，且不得填在分段接头或填方与山坡连接处。

二、土料选择与填筑要求

填土的压实方法一般有碾压法、夯实法和振动压实法。

（一）碾压法

碾压法是利用机械滚轮的压力压实土壤，使之达到所需的密实度。此法多用于大面积填土工程。碾压机械有光面碾（压路机）、羊足碾和气胎碾。光面碾对砂土、黏性土均可压实；羊足碾需要较大的牵引力，且只宜压实黏性土，因在砂土中使用羊足碾会使土颗粒受到“羊足”较大的单位压力后向四周移动，从而使土的结构遭到破坏；气胎碾在工作时是弹性体，其压力均匀，填土质量较好。还可利用运土机械进行碾压，施工时使运土机械行驶路线能大体均匀地分布在填土面积上，并达到一定重复行驶遍数，使其满足填土压实质量的要求，也是较经济合理的压实方案。

碾压机械压实填方时，行驶速度不宜过快，一般平碾控制在2km/h，羊足碾控制在3km/h，否则会影响压实效果。

（二）夯实法

夯实法是利用夯锤自由下落的冲击力来夯实土，主要用于小面积回填。夯实法分为人工夯实和机械夯实两种。

夯实机械有夯锤、内燃夯土机和蛙式打夯机，人工夯土用的工具有木夯、石夯等。夯锤是借助起重机悬挂的重锤进行夯土的夯实机械，适用于夯实砂性土、湿陷性黄土、杂填土以及含有石块的填土。

（三）振动压实法

振动压实法是将振动压实机放在土层表面，借助振动机械使压实机械振动，让土颗粒在振动力的作用下发生相对位移而达到紧密状态。这种方法用于振实非黏性土效果较好。

如果用振动碾进行碾压，可使土受震动和碾压两种作用，碾压效率高，适用于大面积填方工程。

三、影响填土压实的因素

填土压实质量与许多因素有关，其中的主要影响因素为压实功、土的含水量以及每层铺土厚度。

（一）压实功的影响

填土压实后的密度与在压实机械上所施加的功有一定的关系。土的密度与所耗功的关系：当土的含水量一定，在开始压实时，土的密度急剧增加，待到接近土的最大密度时，压实功虽然增加很多，而土的密度则变化甚小。在实际施工中，对于砂土只需碾压夯击2～3遍，对粉土需3～4遍，对粉质黏土侧需5～6遍。此外，松土不宜用重型碾压机械直接滚压，否则土层会有强烈的起伏现象，效率不高。如果先用轻碾压实，再用重碾压实，就会取得较好效果。

（二）含水量的影响

在同一压实功条件下，填土的含水量对压实质量有直接影响。较为干燥的土颗粒之间的摩阻力较大，因而不易压实。当含水量超过一定限度时，土颗粒之间的孔隙由于被水填充而呈饱和状态，也不能压实；当土的含水量适当时，水起润滑作用，土颗粒之间的摩阻力减少，压实效果好。土在最佳含水量条件下，使用同样的压实功进行压实，所达到的密度最大。各种土的最佳含水量和最大干密度可参考表1-3。工地上简单检验黏性土含水量的方法一般是用手将土握成团，落地后开花为适宜。为了保证填土在压实过程中处于最佳含水量状态，当土过湿时，应予翻松晾干，也可掺入同类干土和吸水性土料；当土过干时，则应预先洒水润湿。

表1-3　土的最佳含水量和最大干密度

序号	土的种类	变动范围	
		最佳含水量（质量比）/%	最大干密度/（g/cm^3）
1	砂土	8～12	1.80～1.88
2	黏土	19～23	1.58～1.70
3	粉质黏土	12～15	1.85～1.95
4	粉土	16～22	1.61～1.80

（三）铺土厚度的影响

土在同一压实功的作用下，其应力随深度增加而逐渐减少，其影响深度与压实机械、土的性质和含水量等有关。铺土厚度应小于压实机械压土时的作用深度，但其中还有最优土层厚度问题，铺得过厚，要压很多遍才能达到规定的密实度；铺得过薄，也会增加机械的总压实遍数。最优的铺土厚度应能使土方压实而机械的功耗费最少，可按表1-4选用。在表中规定的压实遍数范围内，轻型压实机械取大值，重型机械取小值。

表1-4　填方每层的铺土厚度和压实遍数

序号	压实机具	每层铺土厚度/mm	每层压实遍数/遍
1	平碾	250～300	6～8
2	振动压实机	250～350	3～4
3	柴油打夯机	200～250	3～4
4	人工打夯	＜200	3～4

上述三方面因素之间是相互影响的。为了保证压实质量，提高压实机械的生产率，重要工程应根据土质和所选用的压实机械在施工现场进行压实试验，以确定达到规定密实度所需的压实遍数、铺土厚度及最优含水量。

四、填土压实的质量检验

填土压实后必须具有一定的密实度，以避免建筑物的不均匀沉陷。填土密实度以设计规定的控制干密度ρ_d或规定的压实系数λ_c作为检查标准。压实系数λ_c按以下公式计算：

$$\lambda_c = \frac{\rho_d}{\rho_{d\max}} \tag{1-2}$$

式中，λ_c：土的压实系数；ρ_d：土的实际干密度，g/cm^3；$\rho_{d\max}$：土的最大干密度，g/cm^3。

土的最大干密度$\rho_{d\max}$由实验室击实试验或计算求得，再根据规范规定的压实系数λ_c，即可算出填土控制干密度ρ_d的值。填土压实后的实际干密度应有90%以上符合设计要求，其余10%的最低值与设计值的差不得大于0.08g/cm^3，且应分散，不得集中。检查压实后的实际干密度通常采用环刀法取样。

第二章　混凝土工程施工

混凝土，简称“砼”，是指由胶凝材料将集料胶结成整体的工程复合材料的统称。通常讲的“混凝土”一词是指用水泥作胶凝材料，砂、石作集料，与水（加或不加外加剂和掺和料）按一定比例配合，经搅拌、成型、养护而得的水泥混凝土，也称普通混凝土，它广泛应用于土木工程。混凝土工程施工中的任何一个细小的环节，都有严格的法律法规来规范。

第一节　混凝土工程施工环节

本节从混凝土的制备、运输、浇筑、养护等几方面阐述了混凝土工程施工的各个环节施工要求，并提出了具体的操作方法。

一、混凝土的施工配料

配料时，按设计要求称量每次拌和混凝土的材料用料。配料的精度将直接影响混凝土的质量。混凝土配料要求采用质量配料法，即将砂、石、水泥、掺和料按质量计量，水和外加剂溶液按质量折算成体积计量，称量的允许偏差应满足要求。设计配合比中的加水量要根据水灰比的计算来确定，并以饱和面干状态的砂子为标准。由于水灰比对混凝土强度和耐久性的影响极大，因此绝不能任意变更；由于施工中采用的砂子的含水量往往较高，因此在配料时采用的加水量应是在扣除砂子表面含水量及外加剂中的水量之后的水量。

混凝土应按国家现行标准《普通混凝土配合比设计规程》（JGJ55-2011）的有关规定，根据混凝土强度等级、耐久性和工作性等要求设计配合比。

施工配料时，影响混凝土质量的因素主要有两个方面：一是称量不准，二是未按砂、石骨料实际含水率的变化换算施工配合比。

（一）施工配合比换算

施工时，应及时测定砂、石骨料的含水率，并将混凝土配合比换算成在实际含水率情况下的施工配合比。

设混凝土实验室配合比为水泥：砂：石子=1：x：y，水灰比为W/C，测得砂的含水率为x，石子的含水率为y，则施工配合比为

水泥：砂：石子=1：$x(1+W_x)$：$y(1+W_y)$

水灰比W/C不变，但加水量应扣除砂、石中的含水量。

（二）施工配料

施工配料是确定每拌和一次需用的各种原材料的用量，它根据施工配合比和搅拌机的出料容量计算。它是保证混凝土质量的重要环节之一，因此必须加以严格控制。

施工中，往往以一袋或两袋水泥为下料单位，每搅拌一次叫作一盘。因此，求出每1m^3混凝土材料用量后，还必须根据工地现有搅拌机出料容量确定每次需用几袋水泥，然后按水泥用量算出砂、石子的每盘用量。

二、混凝土的搅拌

混凝土搅拌，是将水、水泥和粗、细骨料进行均匀拌和及混合的过程。同时，通过搅拌还要使材料达到强化、塑化的作用。

（一）混凝土拌和方法

混凝土的拌和方法有人工拌和与机械拌和两种。其中，机械拌和混凝土应用较广，它能提高拌和质量和生产率。混凝土搅拌机按搅拌原理分为自落式和强制式两类。

自落式搅拌机是通过筒身旋转，带动搅拌叶片将物料提高，在重力作用下物

料自由坠落，反复进行，互相穿插、翻拌、混合，使混凝土各组分搅拌均匀。自落式搅拌机多用于搅拌塑性混凝土和低流动性混凝土，根据其构造的不同又分为若干种。

强制式搅拌机一般是筒身固定，搅拌机叶片旋转，对物料施加剪切、挤压、翻滚、滑动、混合，使混凝土各组分搅拌均匀。强制式搅拌机多用于搅拌干硬性混凝土和轻骨料混凝土，也可以搅拌低流动性混凝土。强制式搅拌机又分为卧轴式和立轴式两种。卧轴式有单轴、双轴之分，而立轴式又分为涡桨式和行星式。

搅拌机在使用前应按照“十字作业法”（清洁、润滑、调紧、紧固、防腐）的要求检查离合器、制动器、钢丝绳等各个系统和部位是否机件齐全、机构灵活、运转正常，并按规定位置加注润滑油脂；进行空转检查，检查搅拌机的旋转方向是否与机身上的箭头方向一致；进行空车运转。

（二）混凝土搅拌

1.搅拌时间

混凝土的搅拌时间：从砂、石、水泥和水等全部材料投入搅拌筒起，到开始卸料为止所经历的时间。搅拌时间与混凝土的搅拌质量密切相关，随搅拌机类型和混凝土的和易性不同而变化。搅拌时间过短，拌和不均匀，会降低混凝土的强度及和易性。搅拌时间过长，强度有所提高，但过长时间的搅拌不经济，影响搅拌机的生产效益，而且混凝土的和易性又重新降低或产生分层离析，影响混凝土的质量。在一定范围内，加气混凝土会因搅拌时间过长而使含气量下降。混凝土搅拌的最短时间可按表2–1采用。

表2–1　混凝土搅拌的最短时间

混凝土坍落度/cm	搅拌机机型	最短时间/s		
		搅拌机容量＜250L	250～500L	＞500L
＜3	自落式 强制式	90 60	120 90	150 120
＞3	自落式 强制式	90 60	90 60	120 90

注：（1）当掺有外加剂时，搅拌时间应适当延长。

（2）全轻混凝土宜采用强制式搅拌机，砂轻混凝土可采用自落式搅拌机，搅拌时间均应延长60～90s。

（3）高强混凝土应采用强制式搅拌机，搅拌时间应适当延长。

2.投料顺序

投料顺序应从提高搅拌质量，减少叶片、衬板的磨损，减少拌和物与搅拌筒的黏结，减少水泥飞扬，改善工作环境，提高混凝土强度及节约水泥等方面综合考虑确定。常用一次投料法和二次投料法。

（1）一次投料法。一次投料法是在上料斗中先装石子，再加水泥和砂，然后一次投入搅拌筒中进行搅拌。自落式搅拌机要在搅拌筒内先加部分水，投料时用砂压住水泥，使水泥不飞扬，而且水泥和砂先进搅拌筒形成水泥砂浆，可缩短水泥包裹石子的时间。

强制式搅拌机出料口在下部，不能先加水，应在投入原材料的同时，缓慢、均匀、分散地加水。

（2）二次投料法。二次投料法是先向搅拌机内投入水、水泥和砂，待其搅拌1min后再投入石子和砂继续搅拌到规定时间。这种投料方法能改善混凝土性能，提高混凝土的强度，在保证规定混凝土强度的前提下可节约水泥。目前常用的二次投料法有预拌水泥砂浆法和预拌水泥净浆法两种。预拌水泥砂浆法是指先将水泥、砂和水加入搅拌筒内进行充分搅拌，成为均匀的水泥砂浆后，再加入石子搅拌成均匀的混凝土。预拌水泥净浆法是先将水泥和水充分搅拌成均匀的水泥净浆后，再加入砂和石子搅拌成混凝土。

与一次投料法相比，二次投料法可使混凝土强度提高10%～15%，节约水泥15%～20%。

（3）搅拌要求。严格控制混凝土施工配合比。砂、石必须严格过磅，不得随意加减用水量。在搅拌混凝土前，搅拌机应加适量的水运转，使搅拌筒表面润湿，然后将多余的水排干。搅拌第一盘混凝土时，考虑到筒壁上黏附砂浆的损失，石子用量应按配合比规定减半。

搅拌好的混凝土要卸净，在混凝土全部卸出之前，不得再投入拌和料，更不得采取边出料边进料的方法。混凝土搅拌完毕或预计停歇1h以上时，应将混凝土全部卸出，倒入石子和清水，搅拌5～10min，把粘在料筒上的砂浆冲洗干净后全部卸出。料筒内不得有积水，以免料筒和搅拌叶片生锈，同时还应清理搅拌筒以外的积灰，使机械保持清洁完好。

（4）进料容量。进料容量是将搅拌前各种材料的体积累积起来的容量，又称干料容量。进料容量与搅拌机搅拌筒的几何容量有一定比例关系。进料容量约为出料容量的1.4～1.8倍（通常取1.5倍），如任意超载（超载10%），就会使材料在搅拌筒内无充分的空间进行拌和，影响混凝土的和易性；反之，如果装料过少，又不能充分发挥搅拌机的效能。

（三）混凝土搅拌站

在混凝土的施工工地，通常将骨料堆场、水泥仓库、配料装置、拌和机及运输设备等进行比较集中的布置，组成混凝土搅拌站，或采用成套的混凝土工厂（拌和楼）来制备混凝土。

混凝土搅拌站是用来集中搅拌混凝土的联合装置，又称混凝土预制场。由于它的机械化、自动化程度较高，所以生产率也很高，并能保证混凝土的质量和节约水泥，常用于混凝土工程量大、工期长、工地集中的大中型水利、电力、桥梁等工程。随着市政建设的发展，采用集中搅拌、提供商品混凝土的搅拌站具有很大的优越性，因而得到迅速发展，并为推广混凝土泵送施工，实现搅拌、输送、浇筑机械联合作业创造了条件。

三、混凝土的运输

混凝土运输是整个混凝土施工中的一个重要环节，对工程质量和施工进度影响较大。由于混凝土料拌和后不能久存，而且在运输过程中对外界的影响敏感，因此，运输方法不当或疏忽大意，都会降低混凝土的质量，甚至造成废品。

（一）混凝土运输的要求

运输中的全部时间不应超过混凝土的初凝时间。

运输中应保持匀质性，不应产生分层离析现象，不应漏浆。运至浇筑地点应具有规定的坍落度，并保证混凝土在初凝前能有充分的时间进行浇筑。

混凝土的运输道路要求平坦，应以最少的运转次数、最短的时间从搅拌地点运至浇筑地点。

从搅拌机中卸出后到浇筑完毕的延续时间不宜超过表2–2的规定。

表2-2 混凝土从搅拌机中卸出后到浇筑完毕的延续时间

混凝土强度等级	延续时间/min	
	气温＜25℃	气温＞25℃
低于或等于C30	120	90
高于C30	90	60

注：（1）掺用外加剂或采用快硬水泥拌制混凝土时，应按试验确定；

（2）轻骨料混凝土的运输、浇筑延续时间应适当缩短。

（二）运输工具的选择

混凝土运输分为地面水平运输、垂直运输和楼面水平运输三种。

地面运输时，短距离多用双轮手推车、机动翻斗车，长距离宜用自卸汽车、混凝土搅拌运输车。

垂直运输可采用各种井架、龙门架和塔式起重机。对于浇筑量大、浇筑速度比较稳定的大型设备基础和高层建筑，宜采用混凝土泵，也可采用自升式塔式起重机或爬升式塔式起重机运输。

（三）泵送混凝土

泵送混凝土是利用混凝土泵的压力将混凝土通过管道输送到浇筑地点，一次完成水平运输和垂直运输。泵送混凝土具有输送能力大、效率高、连续作业、节省人力等优点。常用的混凝土泵有液压柱塞泵和挤压泵两种。

1.液压柱塞泵

液压柱塞泵是利用柱塞的往复运动将混凝土吸入和排出。

混凝土输送管有直管、弯管、锥形管和浇筑软管等，一般由合金钢、橡胶、塑料等材料制成，常用混凝土输送管的管径为100～150mm。

2.泵送混凝土对原材料的要求

（1）粗骨料。碎石最大粒径与输送管内径之比不宜大于1∶3，卵石不宜大于1∶2.5。

（2）砂。以天然砂为宜，砂率宜控制在40%～50%，通过0.315mm筛孔的砂不少于15%。

（3）水泥。最少水泥用量为300kg/m^3，坍落度宜为80～180mm，混凝土内宜适量掺入外加剂（主要有泵送剂、减水剂和引气剂等）。泵送轻骨料混凝土的原材料选用及配合比应通过试验确定。

3.泵送混凝土施工中应注意的问题

（1）输送管的布置宜短、直，尽量减少弯管数，转弯宜缓，管段接头要严密，少用锥形管。

（2）混凝土的供料应保证混凝土泵能连续不间断地工作，正确选择骨料级配，严格控制配合比。

（3）泵送前，为减少泵送阻力，应先用适量与混凝土内成分相同的水泥浆或水泥砂浆润滑输送管内壁。

（4）泵送过程中，泵的受料斗内应充满混凝土，防止吸入空气形成阻塞。

（5）防止停歇时间过长，若停歇时间超过45min，应立即用压力或其他方法冲洗管内残留的混凝土。

（6）泵送结束后，要及时清洗泵体和管道。

（7）对于用混凝土泵浇筑的建筑物，要加强养护，防止龟裂。

四、混凝土的浇筑与振捣

混凝土成型就是将混凝土拌和料浇筑在符合设计尺寸要求的模板内，并加以捣实，使其具有良好的密实性，达到设计强度的要求。混凝土成型过程包括浇筑和振捣，是混凝土工程施工的关键，将直接影响构件的质量和结构的整体性。混凝土经浇筑和捣实后应内实外光，尺寸准确，表面平整，钢筋及预埋件位置符合设计要求，新旧混凝土结合良好。

（一）混凝土浇筑前的准备工作

（1）混凝土浇筑前，应对模板及其支架进行检查。检查模板的位置、标高、尺寸、强度和刚度是否符合要求，接缝是否严密；对模板中的垃圾、泥土和钢筋上的油污应加以清除；木模板应浇水湿润，但不允许留有积水。

（2）对钢筋及其预埋件进行检查。应请工程监理人员共同检查钢筋的级别、直径、排放位置及保护层厚度是否符合设计和规范要求，并认真做好隐蔽工程记录。

（3）准备和检查材料、机具等，注意天气预报，不宜在下雨天浇筑混凝土。

（4）做好施工组织工作和技术安全工作。

（二）施工缝和后浇带

1.施工缝的留设与处理

如果由于技术或施工组织上的原因不能对混凝土结构一次连续浇筑完毕，而必须停歇较长的时间，其停歇时间已超过混凝土的初凝时间，致使混凝土已初凝，当继续浇混凝土时，形成了接缝，即为施工缝。

（1）施工缝的留设位置。施工缝设置的原则：一般宜留在结构受力（剪力）较小且便于施工的部位，并使接触面与结构物的纵向轴线相垂直，尽可能利用伸缩缝或沉降缝作为施工分界段，减少施工缝数量。

（2）柱子。宜留在基础与柱子交接处的水平面上，或梁的下面，或吊车梁牛腿、吊车梁、无梁楼盖柱帽的下面。

高度大于1m的钢筋混凝土梁的水平施工缝应留在楼板底面下20～30mm处，当板下有梁托时，留在梁托下部。对于单向板，留在平行于短边的任何位置；对于有主、次梁的楼盖，顺次梁方向浇筑，在次梁中间1/3跨度范围内留垂直缝。对于墙，在门洞口过梁中间1/3跨度范围内，或在纵横墙交接处留垂直缝。对于双向楼板、大体积混凝土结构、拱、薄壳、蓄水池、多层钢架等，按设计要求的位置留置。

2.施工缝的处理

施工缝处继续浇筑混凝土时，应待混凝土的抗压强度不小于1.2MPa方可进行。施工缝浇筑混凝土之前，在已硬化的混凝土表面，应除去水泥薄膜、松动石子和软弱的混凝土层，并加以充分湿润和冲洗干净，不得有积水。浇筑时，施工缝处宜先铺一层水泥浆（水泥：水=1：0.4）或与混凝土成分相同的水泥砂浆，厚度为30～50mm，以保证接缝的质量。浇筑过程中，施工缝应细致捣实，使其紧密结合。

3.后浇带的施工

后浇带是在现浇混凝土结构施工过程中，克服由于温度、收缩可能产生有害裂缝而设置的临时施工缝。该缝需根据设计要求保留一段时间后再浇筑混凝土，将整个结构连成整体。

后浇带的留置位置应按设计要求和施工技术方案确定。后浇带的设置距离应在有效降低温度和收缩应力的条件下，通过计算来获得。在正常的施工条件下，有关规范对此的规定是：如混凝土置于室内和土中，后浇带的设置距离为30m，露天为20m。后浇带的保留时间应根据设计确定，若设计无要求时，一般至少保留28天以上。后浇带的宽度应考虑施工简便，避免应力集中，一般宽度为700～1000mm。后浇带内的钢筋应完好保存。

后浇带混凝土浇筑应严格按照施工技术方案进行。在浇筑混凝土前，必须将整个混凝土表面按照施工缝的要求进行处理。浇筑结构混凝土时，后浇带的模板上应设一层钢丝网，后浇带施工时，钢丝网不必拆除。后浇带无论采用何种形式设置，都必须在封闭前仔细地将整个混凝土表面的浮浆凿除，并凿成毛面，彻底清除后浇带中的垃圾及杂物，并隔夜浇水湿润，铺设水泥浆，以确保后浇带砼与先浇捣的砼连接良好。地下室底板和外墙后浇带的止水处理，按设计要求及相应施工验收规范进行。后浇带的封闭材料应采用比先浇捣的结构砼设计强度等级提高一级的微膨胀混凝土（可在普通混凝土中掺入微膨胀剂UEA，掺量为12%～15%）浇筑振捣密实，并保持不少于14天的保温、保湿养护。

（三）混凝土浇筑

1.混凝土浇筑的一般规定

（1）混凝土浇筑前不应发生离析或初凝现象，如已发生，须重新搅拌。混凝土运至现场后，其坍落度应满足表2–3的要求。

表2–3 混凝土浇筑时的坍落度

结构种类	坍落度/mm
基础或地面的垫层，无配筋的大体积结构（挡土墙、基础等）或配筋稀疏的结构	10～30
板、梁、大型及中型截面的柱子等	30～50
配筋密列的结构（薄壁、斗仓、筒仓、细柱等）	50～70
配筋特密的结构	70～90

（2）浇筑中，当混凝土自由倾落高度较大时，易产生离析现象。为防止离

析，当混凝土自由倾落高度大于2m或在竖向结构中浇筑高度超过3m时，应设串筒、溜槽或振动串筒等。

（3）混凝土的浇筑应当由低处往高处逐层进行，并尽可能使砼顶面保持水平，减少砼在模板内的流动，防止骨料和砂浆分离。预埋件位置应特别注意，切勿使其移动。

（4）混凝土的浇筑应分段、分层连续进行，随浇随捣。混凝土浇筑层厚度应符合表2–4的规定。

（5）在浇筑竖向结构混凝土前，应先在底部浇入厚50～100mm与混凝土成分相同的水泥砂浆，以避免产生蜂窝麻面现象。

（6）为保证混凝土的整体性，浇筑工作应连续进行。当由于技术上或施工组织上的原因必须间歇时，其间歇时间应尽可能缩短，并应在前层混凝土凝结之前将次层混凝土浇筑完毕。间歇的最长时间应按所用水泥品种及混凝土条件确定。

表2–4　混凝土浇筑层厚度

<table>
<tr><th>项次</th><th colspan="2">捣实混凝土的方法</th><th>绕筑层厚度/mm</th></tr>
<tr><td>1</td><td colspan="2">插入式振捣</td><td>振捣器作用部分长度的1.25倍</td></tr>
<tr><td>2</td><td colspan="2">表面振动</td><td>200</td></tr>
<tr><td rowspan="3">3</td><td rowspan="3">人工捣固</td><td>在基础、无筋混凝土或配筋稀疏的结构中</td><td>250</td></tr>
<tr><td>在梁、墙板、柱结构中</td><td>200</td></tr>
<tr><td>在配筋密列的结构中</td><td>150</td></tr>
<tr><td rowspan="2">4</td><td rowspan="2">轻骨料混凝土</td><td>插入式振捣器</td><td>300</td></tr>
<tr><td>表面振动（振动时须加荷）</td><td>200</td></tr>
</table>

（7）正确留置施工缝。施工缝的位置应在混凝土浇筑之前确定，并宜留置在结构受剪力较小且便于施工的部位。柱应留水平缝，梁、板、墙应留垂直缝。

（8）在混凝土浇筑过程中，应随时注意模板及其支架、钢筋、预埋件及预留孔洞的变化，当出现不正常的变形、位移时，应及时采取措施进行处理，以保证混凝土的施工质量。

（9）在混凝土浇筑过程中，应及时、认真地填写施工记录。

2.混凝土的浇筑方法

浇筑框架结构首先要划分施工层和施工段，施工层一般按结构层划分，而每一施工层的施工段划分则要考虑工序数量、技术要求、结构特点等。

混凝土的浇筑顺序：先浇捣柱子，在柱子浇捣完毕后，停歇1～1.5h，使混凝土达到一定强度后，再浇捣梁和板。

（1）柱混凝土浇筑。

①宜在梁板模板安装后、钢筋未绑扎前浇筑，以便利用梁板模板作横向支撑和柱浇筑操作平台。

②开始浇筑时，应先在底部浇筑一层厚5～10cm与混凝土成分相同的砂浆垫层，以免底部产生蜂窝现象。

③浇筑成排柱子时，其顺序是先外后内，先两端后中间，以免因浇筑混凝土后由于模板吸水膨胀、端面增大而产生横向推力，最后使柱发生弯曲变形。

④凡柱截面在40cm×40cm以内，并有交叉箍筋时，应在柱模板侧面开个高度不小于30cm的门洞，插入斜溜槽分段浇筑，每段高度小于或等于2m。

⑤随着柱浇筑高度的升高，砼表面将集聚大量浆水，因此，砼的水灰比和坍落度应随浇筑高度上升予以递减。

（2）梁和板混凝土浇筑。

①浇筑前，检验钢筋保护层垫块是否安全可靠。

②肋形楼板的梁、板应同时浇筑，先将梁根据高度分层浇捣成阶梯形，当达到板底位置时，即与板的砼一起浇捣，随着阶梯形的不断延长，则可连续向前推进。倾倒砼的方向应与浇筑方向相反。

③当梁高大于1m时，允许单独浇筑，施工缝可留在距板底面以下2～3cm。

（3）剪力墙混凝土浇筑。剪力墙混凝土浇筑除按一般规定进行外，还应注意门窗洞口应两侧同时下料，浇筑高差不能太大，以免门窗洞口发生位移或变形。同时，应先浇筑窗台下部，后浇筑窗间墙，以防窗台下部出现蜂窝孔洞。

（四）混凝土浇筑工艺

1.铺料

开始浇筑前，要在旧混凝土面上先铺一层20～30mm厚的水泥砂浆（接缝砂浆），以保证新混凝土与基岩或旧混凝土结合良好。砂浆的水灰比应较混凝土水灰比减少0.03～0.05。混凝土的浇筑，应按一定厚度、次序、方向分层推进。

铺料厚度应根据拌和能力、运输距离、浇筑速度、气温及振捣器的性能等因素确定。一般情况下，如浇筑层采用低流态混凝土及大型清理振捣设备时，其厚度应根据试验确定。

2.平仓

平仓是把卸入仓内成堆的混凝土摊平到要求的均匀度。平仓不好会造成离析，使骨料架空，严重影响混凝土质量。

（1）人工平仓。人工平仓用铁锹，平仓距离不超过3m，只适用于以下场合。

①在靠近模板和钢筋较密的地方，用人工平仓，使石子分布均匀。

②水平止水。止浆片底部要用人工送料填满，严禁料罐直接下料，以免止水、止浆片卷曲和底部混凝土架空。

③门槽、机组预埋件等空间狭小的二期混凝土。

④各种预埋件、观测设备的周围用人工平仓，防止位移和损坏。

（2）振捣器平仓。振捣器平仓时应将振捣器斜插入混凝土料堆下部，使混凝土向操作者位置移动，然后一次一次地插向料堆上部，直至混凝土摊平到规定的厚度为止。如将振捣器垂直插入料堆顶部，平仓工效固然较高，但易造成粗骨料沿锥体四周下滑，砂浆集中在中间形成砂浆窝，影响混凝土匀质性。经过振动摊平的混凝土表面可能已经泛出砂浆，但内部并未完全捣实，切不可将平仓和振捣合二为一，影响浇筑质量。

3.振捣

振捣是振动捣实的简称，它是保证混凝土浇筑质量的关键工序。振捣的目的是尽可能地减少混凝土中的空隙，以清除混凝土内部的孔洞，并使混凝土与模板、钢筋及预埋件紧密结合，从而保证混凝土的最大密实度，提高混凝土质量。

振捣方式分为人工振捣和机械振捣两种。人工振捣是利用捣锤或插钎等工具的冲击力来使混凝土密实成型，其效率低、效果差；机械振捣是将振动器的振动力传给混凝土，使之发生强迫振动而密实成型，其效率高、质量好。

混凝土振动机械按其工作方式分为内部振动器、外部振动器、表面振动器和振动台等。

当结构钢筋较密，振捣器难于施工，或混凝土内有预埋件，观测设备周围混凝土振捣力不宜过大时，采用人工振捣。人工振捣要求混凝土拌和物坍落度大于

5cm，铺料层厚度小于20mm。人工振捣工具有捣固锤、捣固铲和捣固杆。捣固锤主要用来捣固混凝土的表面；捣固铲用于插边，使砂浆与模板靠紧，防止表面出现麻面；捣固杆用于钢筋稠密的混凝土中，以使钢筋被水泥砂浆包裹，增加混凝土与钢筋之间的握裹力。人工振捣工效低，不易保证混凝土质量。

混凝土振捣主要采用振捣器进行，振捣器产生小振幅、高频率的振动，使混凝土在其振动的作用下，内摩擦力和黏结力大大降低，使干稠的混凝土获得了流动性，在重力的作用下骨料互相滑动而紧密排列，空隙由砂浆填满，空气被排出，从而使混凝土密实，填满模板内部空间，且与钢筋紧密结合。

（1）内部振动器。又称插入式振动器，适用于振捣梁、柱、墙等构件和大体积混凝土。

内部振动器的振捣方法有两种：一是垂直振捣，即振动棒与混凝土表面垂直；二是斜向振捣，即振动棒与混凝土表面成40°~45°。

插入式振动器操作要点：

①振捣器的操作要做到快插慢拔，在振动过程中，宜将振动棒上下略微抽动，以使上下振捣均匀。快插：防止先将表面砼捣实而与下面砼发生分层离析。慢拔：使砼能填满振动棒抽出时所造成的空洞。

②插点要均匀，逐点移动，顺序进行，不得遗漏，达到均匀振实。振动棒的移动可采用行列式或交错式。一般振动棒的作用半径为30~40cm。

③混凝土分层浇筑时，每层砼的厚度不超过振动棒长度的1.25倍，还应将振动棒上下来回抽动50~100mm；同时，还应将振动棒深入下层混凝土中50mm左右，以消除两层间的接缝。

④掌握好振捣时间，过短不宜捣实，过长可能引起砼产生离析现象。一般每一振捣点的振捣时间为20~30s。

⑤使用振动器时，不允许将其支撑在结构钢筋上或碰撞钢筋，不宜紧靠模板振捣。

⑥混凝土振实的条件是：不再出现气泡，砼不再明显下沉，表面泛浆，表面形成水平面。

（2）表面振动器。又称平板振动器，是将电动机轴上装有左、右两个偏心块的振动器固定在一块平板上而成。其振动作用可直接传递于混凝土面层上。这种振动器适用于振捣楼板、空心板、地面和薄壳等薄壁结构。

（3）外部振动器。又称附着式振动器，它是直接安装在模板上进行振捣的，利用偏心块旋转时产生的振动力通过模板传给混凝土，达到振实的目的。其最大振动深度为30cm左右，适用于振捣断面较小或钢筋较密的柱子、梁、板等构件。

（4）振动台。一般在预制厂用于振实干硬性混凝土和轻骨料混凝土。其宜采用加压振动的方法，加压力为1～3kN/m^2。

（五）混凝土的养护

（1）混凝土的养护方法有自然养护和加热养护两大类。现场施工一般为自然养护。自然养护又分为覆盖浇水养护、薄膜布包裹养护和养生液养护等。

（2）对已浇筑完毕的混凝土，应在混凝土终凝前（通常为混凝土浇筑完毕后8～12h内）开始自然养护。

（3）混凝土采用覆盖浇水养护的时间：对于硅酸盐水泥、普通硅酸盐水泥或矿渣硅酸盐水泥拌制的混凝土，不得少于7天；对于掺用缓凝型外加剂矿物掺和料或有抗渗性要求的混凝土，不得少于14天。浇水次数应能保证混凝土处于润湿状态，混凝土的养护用水应与拌和用水相同。

（4）当采用塑料薄膜布覆盖包裹养护时，其外表面全部应覆盖包裹严密，并应保证塑料布内有凝结水。

（5）采用养生液养护时，应按产品使用要求，均匀喷刷在混凝土外表面，不得有漏喷刷处。

（6）已浇筑的混凝土必须养护至其强度达到1.2N/mm^{2}以上，才准在上面行人和架设支架、安装模板，但不得冲击混凝土。

第二节　大体积混凝土施工

大体积混凝土是指厚度大于或等于2m，长、宽较大，施工时水化热引起砼内的最高温度与外界温度之差不低于25℃的砼结构。

大体积钢筋混凝土结构多为工业建筑中的设备基础及高层建筑中厚大的桩基承台或基础底板等。

大体积混凝土的特点是：混凝土浇筑面和浇筑量大，整体性要求高，不能留施工缝，以及浇筑后水泥的水化热量大且聚集在构件内部，形成较大的内外温差，易造成混凝土表面产生收缩裂缝等。

为保证混凝土浇筑工作连续进行，不留施工缝，应在下一层混凝土初凝之前将上一层混凝土浇筑完毕。

一、大体积混凝土的浇筑方案

大体积混凝土浇筑方案一般分为全面分层、分段分层和斜面分层三种。

（一）全面分层

在第一层浇筑完毕后，再回头浇筑第二层，如此逐层浇筑，直至完工为止。其适用于平面尺寸不宜太大的结构。施工时，从短边开始，沿长边方向进行。

（二）分段分层

混凝土从底层开始浇筑，进行2～3m后再回头浇筑第二层，同样，依次浇筑各层。其适用于厚度不大而面积较大的结构。

（三）斜面分层

要求斜坡坡度不大于1/3。其适用于结构长度超过厚度3倍的情况。

二、大体积混凝土的振捣

（1）混凝土应采用振捣棒振捣。

（2）在振动初凝以前对混凝土进行二次振捣，排除混凝土因泌水在粗骨料、水平钢筋下部生成的水分和空隙，提高混凝土与钢筋的握裹力，防止因混凝土沉落而出现裂缝，减少内部微裂，增加混凝土密实度，使混凝土抗压强度提高，从而提高其抗裂性。

三、大体积混凝土的养护

（1）养护方法分为保温法和保湿法两种。

（2）为了确保新浇筑的混凝土有适宜的硬化条件，防止在早期由于干缩而产生裂缝，大体积混凝土浇筑完毕后，应在12h内加以覆盖和浇水。对有抗渗要求的混凝土，采用普通硅酸盐水泥拌制的混凝土养护时间不得少于14天；采用矿渣水泥、火山灰水泥等拌制的混凝土养护时间不得少于21天。

四、大体积混凝土裂缝的控制

厚大钢筋混凝土结构由于体积大，水泥水化热聚积在内部不易散发，内部温度显著升高，外表散热快，形成较大的内外温差，内部产生压应力，外表产生拉应力，如内外温差过大（25℃以上），则混凝土表面将产生裂纹。当混凝土内部逐渐散热冷却，产生收缩，由于受到基底或已硬化混凝土的约束，不能自由收缩而产生拉应力。温差越大，约束程度越高，结构长度越长，则拉应力越大。当拉应力超过混凝土的抗拉强度时，即产生裂纹。裂缝从基底开始向上发展，甚至贯穿整个基础。这种裂缝比表面裂缝危害更大。

（1）优先选用低水化热的矿渣水泥拌制混凝土，并适当使用缓凝减水剂。

（2）在保证混凝土设计强度等级前提下，适当降低水灰比，减少水泥用量。

（3）降低混凝土的入模温度，控制混凝土内外的温差（当设计无要求时，控制在25℃以内）。如降低拌和水温度（拌和水中加冰屑或用地下水），以及骨料用水冲洗降温，避免暴晒。

（4）及时对混凝土覆盖保温、保湿材料。

（5）可在基础内预埋冷却水管，通入循环水，强制降低混凝土水化热产生的温度。

（6）在拌和混凝土时，还可掺入适量的微膨胀剂或膨胀水泥，使混凝土得到补偿收缩，减少混凝土的温度应力。

（7）设置后浇带。当大体积混凝土平面尺寸过大时，可以适当设置后浇带，以减少外应力和温度应力；同时，也有利于散热，降低混凝土的内部温度。

（8）大体积混凝土可采用二次抹面工艺，减少表面收缩裂缝。

五、泌水的处理

大体积混凝土的另一个特点是上、下灌筑层施工间隔时间较长，各分层之间易产生泌水层，将使混凝土强度降低，产生酥软、脱皮、起砂等不良后果。采用自流方式和抽汲方法排除泌水，会带走一部分水泥浆，影响混凝土的质量。如在同一结构中使用两种不同坍落度的混凝土，可收到较好的效果；若掺用一定数量的减水剂，则可大大减少泌水现象。

第三节　预应力混凝土施工

预应力混凝土能充分发挥高强度钢材的作用，即在外荷载作用于构件之前，利用钢筋张拉后的弹性回缩，对构件受拉区的混凝土预先施加压力，产生预压应力，使混凝土结构在作用状态下充分发挥钢筋抗拉强度高和混凝土抗压能力强的特点，提高构件的承载能力。当构件在荷载作用下产生拉应力时，首先抵消预应力，然后随着荷载不断增加，受拉区混凝土才受拉开裂，从而延迟了构件裂缝的出现和限制了裂缝的开展，提高了构件的抗裂度和刚度。这种利用钢筋对受拉区混凝土施加预压应力的钢筋混凝土叫作预应力混凝土。

预应力混凝土的特点是：与普通钢筋混凝土相比，具有构件截面小、自重轻、刚度大、抗裂度高、耐久性好、材料用量省等优点。在大开间、大跨度与重荷载的结构中，采用预应力混凝土结构，可减少材料用量，扩大使用功能，综合经济效益好。其在现代结构中具有广阔的发展前景。

一、预应力混凝土的分类

（一）先张法预应力混凝土

先张法是先张拉预应力筋、后浇筑混凝土的预应力混凝土生产方法。这种方法需要专用的生产台座和夹具，以便张拉和临时锚固预应力筋，待混凝土达到设计强度后，放松预应力筋。先张法适用于预制厂生产中小型预应力混凝土构件。预应力是通过预应力筋与混凝土间的黏结力传递给混凝土的。

（二）后张法预应力混凝土

后张法是先浇筑混凝土后张拉预应力筋的预应力混凝土生产方法。这种方法需要预留孔道和专用的锚具，张拉锚固的预应力筋要求进行孔道灌浆。后张法适用于施工现场生产大型预应力混凝土构件与结构，预应力是通过锚具传递给混凝土的。

（三）有黏结预应力混凝土

有黏结预应力混凝土是指预应力筋沿全长均与周围混凝土相黏结。先张法的预应力筋直接浇筑在混凝土内，预应力筋和混凝土是有黏结的；后张法的预应力筋通过孔道灌浆与混凝土形成黏结力，这种方法生产的预应力混凝土也是有黏结的。

（四）无黏结预应力混凝土

无黏结预应力混凝土的预应力筋沿全长与周围混凝土能发生相对滑动，为防止预应力筋腐蚀和与周围混凝土黏结，采用涂油脂和缠绕塑料薄膜等措施。

二、预应力混凝土的优点

（1）改善结构的使用性能，延缓裂缝的出现，减小裂缝宽度。显著提高截面刚度，挠度减小，可建造大跨度结构。

（2）受剪承载力提高，施加纵向预应力可延缓斜裂缝的形成，使受剪承载力得到提高。

（3）卸载后的结构变形或裂缝可得到恢复。由于预应力的作用，使用活荷载移去后，裂缝会闭合，结构变形也会得到复位。

（4）提高构件的疲劳承载力。预应力可降低钢筋的疲劳应力比，增加钢筋的疲劳强度。

（5）使高强钢材和高强混凝土得到应用，有利于减轻结构自重，节约材料，取得经济效益。

三、先张法预应力混凝土施工

先张法是在浇筑混凝土构件之前将预应力筋张拉到设计控制应力，用夹具将其临时固定在台座或钢模上，进行绑扎钢筋，安装铁件，支设模板，然后浇筑混凝土；待混凝土达到规定的强度，保证预应力筋与混凝土有足够的黏结力时，放松预应力筋，借助它们之间的黏结力，在预应力筋弹性回缩时，使混凝土构件受拉区的混凝土获得预压应力。

先张法一般用于预制构件厂生产定型的中小型构件，如楼板、屋面板、檩条及吊车梁等。先张法生产时，可采用台座法和机组流水法。采用台座法时，预应力筋的张拉、锚固，混凝土的浇筑、养护及预应力筋放松等均在台座上进行；预应力筋放松前，其拉力由台座承受。采用机组流水法时，构件连同钢模通过固定的机组，按流水方式完成（张拉、锚固、混凝土浇筑和养护）每一生产过程；预应力筋放松前，其拉力由钢模承受。

（一）先张法施工准备

1.台座

台座由台面、横梁和承力结构组成，是先张法生产的主要设备。预应力筋张拉、锚固，混凝土浇筑、振捣和养护及预应力筋放张等全部施工过程都在台座上完成；预应力筋放松前，台座承受全部预应力筋的拉力。因此，台座应有足够的强度、刚度和稳定性。台座一般采用墩式台座和槽式台座。

（1）墩式台座。墩式台座由台墩、台面与横梁组成。台墩和台面共同承受拉力。墩式台座用以生产各种形式的中小型构件。

（2）槽式台座。槽式台座由端柱、传力柱、横梁和台面组成。槽式台座既可承受拉力，又可作蒸汽养护槽，适用于张拉吨位较大的大型构件，如屋架、吊车梁等。

2.夹具

夹具是先张法构件施工时保持预应力筋拉力，并将其固定在张拉台座（或设备）上的临时性锚固装置。按其工作用途不同分为钢丝锚固夹具和钢丝张拉夹具。

（1）钢丝锚固夹具。又分为锥销夹具和镦头夹具。锥销夹具可分为圆锥齿板式夹具和圆锥槽式夹具。采用镦头夹具时，将预应力筋端部热镦或冷镦，通过承力分孔板锚固。

（2）钢丝锚固常用圆套筒三片式夹具。由套筒和夹片组成，适用于先张法；用YC-18型千斤顶张拉时，适用于锚固直径为12mm、14mm的单根冷拉HRB400、RRB400级钢筋。

（3）张拉夹具。张拉夹具是夹持住预应力筋后，与张拉机械连接起来进行预应力筋张拉的机具。常用的张拉夹具有月牙形夹具、偏心式夹具、楔形夹具等。其适用于张拉钢丝和直径为16mm以下的钢筋。

（4）张拉设备。张拉机具的张拉力应不小于预应力筋张拉力的1.5倍，张拉机具的张拉行程不小于预应力筋伸长值的1.1～1.3倍。

①钢丝张拉设备：钢丝张拉分单根张拉和成组张拉。用钢模以机组流水法或传送带法生产构件时，常采用成组钢丝张拉。在台座上生产构件一般采用单根钢丝张拉，可采用电动卷扬机、电动螺杆张拉机进行张拉。电动螺杆张拉机由螺杆、顶杆、张拉夹具、弹簧测力计及电动机等组成。

②钢筋张拉设备：穿心式千斤顶用于直径为12～20mm的单根钢筋、钢绞线或钢丝束的张拉。

用YC-20型穿心式千斤顶张拉时，高压油泵启动，从后油嘴进油，前油嘴回油，被偏心夹具夹紧的钢筋随液压缸的伸出而被拉伸。

YC-20型穿心式千斤顶的最大张拉力为20kN，最大行程为200mm。其适用于用圆套筒三片式夹具张拉锚固12～20mm单根冷拉HRB400和RRB400钢筋。

（二）先张法施工工艺

1.预应力筋的铺设、张拉

（1）预应力筋（丝）的铺设。长线台座面（或胎模）在铺放钢丝前，应进行清扫并涂刷隔离剂。隔离剂不应沾污钢丝，以免影响钢丝与混凝土的黏结。如果预应力筋遭受污染，应使用适当的溶剂加以清洗干净。在生产过程中，应防止雨水冲刷台面上的隔离剂。

（2）张拉前的准备。

①检查预应力筋的品种、级别、规格、数量（排数、根数）是否符合设计要求。

②预应力筋的外观质量应全数检查。预应力筋应展开后平顺，没有弯折，表面无裂纹、小刺、机械损伤、氧化铁皮和油污等。

③检查张拉设备是否完好，测力装置是否校核准确。

④检查横梁、定位承力板是否贴合及严密稳固。

⑤预应力筋张拉后，对设计位置的偏差不得大于5mm，也不得大于构件截面最短边长的4%。

⑥在浇筑混凝土前发生断裂或滑脱的预应力筋必须予以更换。

⑦张拉、锚固预应力筋应由专人操作，实行岗位责任制，并做好预应力筋张拉记录。

⑧在已张拉钢筋（丝）上进行绑扎钢筋、安装预埋铁件、支撑安装模板等操作时，要防止踩踏、敲击或碰撞钢丝。

（3）预应力筋张拉注意事项。

①为避免台座承受过大的偏心力，应先张拉靠近台座截面重心处的预应力筋。

②钢质锥形夹具锚固时，敲击锥塞或楔块应先轻后重，同时倒开张拉设备并放松预应力筋，两者应密切配合，既要减少钢丝滑移，又要防止敲击力过大导致钢丝在锚固夹具处断裂。

对于重要结构构件（如吊车梁、屋架等）的预应力筋，用应力控制方法张拉时，应校核预应力筋的伸长值。同时，张拉多根预应力钢丝时，应预先调整初应力（$10\%\sigma_{con}$），使其相互之间的应力一致。

2.混凝土的浇筑与养护

混凝土的收缩是水泥浆在硬化过程中脱水密结和形成毛细孔压缩的结果。混凝土的徐变是荷载长期作用下混凝土的塑性变形，因水泥石内凝胶体的存在而产生。为了减少混凝土的收缩和徐变引起的预应力损失，在确定混凝土配合比时，应优先选用干缩性小的水泥，采用低水灰比，控制水泥用量，对骨料采取良好的级配等技术措施。预应力钢丝张拉、绑扎钢筋、预埋铁件安装及立模工作完成后，应立即浇筑混凝土，每条生产线应一次连续浇筑完成，不允许留设施工缝。采用机械振捣密实时，要避免碰撞钢丝。混凝土未达到一定强度前，不允许碰撞或踩踏钢丝。

预应力混凝土可采用自然养护或湿热养护，自然养护不得少于14天。干硬性混凝土浇筑完毕后，应立即覆盖进行养护。当预应力混凝土采用湿热养护时，要尽量减少由于温度升高而引起的预应力损失。为了减少温差造成的应力损失，采用湿热养护时，在混凝土未达到一定强度前，温差不要太大，一般不超过20℃。

3.预应力筋放张

（1）放张要求。放张预应力筋时，混凝土强度必须符合设计要求。当设计无要求时，不得低于设计的混凝土强度标准值的75%。对于重叠生产的构件，要求最上一层构件的混凝土强度不低于设计强度标准值的75%时方可进行预应力筋的放张。过早放张预应力筋会引起较大的预应力损失或产生预应力筋滑动。预应力混凝土构件在预应力筋放张前要对混凝土试块进行试压，以确定混凝土的实际强度。

（2）放张顺序。

①预应力筋放张时，应缓慢放松锚固装置，使各根预应力筋缓慢放松。

②预应力筋放张顺序应符合设计要求，当设计未规定时，可按下列要求进行。

第一，承受轴心预应力构件的所有预应力筋应同时放张。

第二，承受偏心预压力构件，应先同时放张预压力较小区域的预应力筋，再同时放张预压力较大区域的预应力筋。

第三，不满足上述要求的，应分阶段、对称、相互交错进行放张，以防止放张过程中构件产生弯曲和预应力筋断裂。

第四，对于长线台座生产的钢弦构件，剪断钢丝宜从台座中部开始。

第五，对于叠层生产的预应力构件，宜按自上而下的顺序进行放张。

第六，板类构件放张时，从两边逐渐向中心进行。

（3）放张方法。

①对于中小型预应力混凝土构件，预应力筋的放张宜从生产线中间处开始，以减少回弹量且有利于脱模；对于大构件应从外向内对称、交错逐根放张，以免构件扭转、端部开裂或钢丝断裂。

②放张单根预应力钢筋，一般采用千斤顶放张。

③构件预应力筋较多时，整批同时放张可采用砂箱、楔块等装置。

④对于装置预应力筋数量不多的混凝土构件，可以采用钢丝钳剪断、锯割、熔断（仅属于Ⅰ～Ⅲ级冷拉筋）方法放张，但对钢丝、热处理钢筋不得用电弧切割。

四、后张法预应力钢筋混凝土施工

后张法是指先制作混凝土构件，并在预应力筋的位置预留出相应孔道，待混凝土强度达到设计规定的数值后，穿入预应力筋进行张拉，并利用锚具把预应力筋锚固，最后进行孔道灌浆。

后张法的特点如下：①预应力筋在构件上张拉，无须台座，不受场地限制，张拉力可达几百吨，所以后张法适用于大型预应力混凝土构件制作。它既适用于预制构件生产，也适用于现场施工大型预应力构件，而且后张法又是预制构件拼装的手段。②锚具为工作锚。预应力筋用锚具固定在构件上，不仅在张拉过程中起作用，而且在工作过程中也起作用，永远停留在构件上，成为构件的一部分。③预应力传递靠锚具。

（一）预应力筋、锚具和张拉机具

1.单根粗钢筋（直径为18～36mm）

（1）锚具。对于单根粗钢筋的预应力筋，如果采用一端张拉，则在张拉端用螺丝端杆锚具，固定端用帮条锚具或镦头锚具；如果采用两端张拉，则两端均用螺丝端杆锚具。镦头锚具由镦头和垫板组成。

（2）张拉设备。与螺丝端杆锚具配套的张拉设备为拉杆式千斤顶。常用的有YL-20型、YL-60型油压千斤顶。YL-60型油压千斤顶是一种通用型的拉杆式液压千斤顶。YL-60型油压千斤顶适用于张拉采用螺丝端杆锚具的粗钢筋、锥形螺杆锚具的钢丝束及镦头锚具的钢筋束。

（3）单根粗钢筋预应力筋制作。单根粗钢筋预应力筋制作包括配料、对焊、冷拉等工序。预应力筋的下料长度应通过计算确定，计算时要考虑结构构件的孔道长度、锚具厚度、千斤顶长度、焊接接头或镦头的预留量、冷拉伸长值、弹性回缩值等。

2.钢筋束、钢绞线

（1）锚具。钢筋束、钢绞线采用的锚具有JM型、KT-Z型、XM型、QM型和镦头锚具等。其中镦头锚具用于非张拉端。

①JM型锚具：JM型锚具是一种利用楔块原理锚固多根预应力筋的锚具，它既可作为张拉端的锚具，又可作为固定端的锚具或重复使用的工具锚。JM型锚具由锚环与夹片组成，锚环分甲型和乙型两种。

JM型锚具与YL-60型千斤顶配套使用，适用于锚固3～6根直径为12mm光面或螺纹钢筋束，也可用于锚固5～6根直径为12mm或15mm的钢绞线束。

②KT-Z型锚具：KT-Z型锚具由锚环和锚塞组成，分为A型和B型两种。当预应力筋的最大张拉力超过450kN时采用A型，不超过450kN时采用B型。KT-Z型锚具适用锚固3～6根直径为12mm的钢筋束或钢绞线束。

③XM型和QM型锚具：XM型和QM型锚具是新型锚具，利用楔形夹片将每根钢绞线独立地锚固在带有锥形的锚环上，形成一个独立的锚固单元。XM型锚具由锚环和3块夹片组成。

④镦头锚具：镦头锚具适用于预应力钢筋束固定端锚固用，由固定板和带镦头的预应力筋组成。

（2）钢筋束、钢绞线的制作。钢筋束所用钢筋是成圆盘供应，不需要对焊接头。钢筋束或钢绞线束预应力筋的制作包括开盘冷拉、下料、编束等工序。预应力钢筋束下料应在冷拉后进行。当采用镦头锚具时，则应增加镦头工序。

当采用JM型或XM型锚具，用穿心式千斤顶张拉时，钢筋束和钢丝束的下料长度L应等于构件孔道长度加上两端为张拉、锚固所需的外露长度。

3.钢丝束

（1）锚具。钢丝束用作预应力筋时，由几根到几十根直径为3～5mm的平行碳素钢丝组成。其固定端采用钢丝束镦头锚具，张拉端锚具可采用钢质锥形锚具、锥形螺杆锚具、XM型锚具。

①锥形螺杆锚具用于锚固14、16、20、24或28根直径为5mm的碳素钢丝。

②钢丝束镦头锚具适用于12～54根直径为5mm的碳素钢丝。常用镦头锚具分为A型与B型。A型由锚环与螺母组成，用于张拉端；B型为锚板，用于固定端。

③钢质锥形锚具用于锚固以锥锚式双作用千斤顶张拉的钢丝束，适用于锚固6、12、18或24根直径为5mm的钢丝束。

（2）张拉设备。锥形螺杆锚具、钢丝束镦头锚具宜采用拉杆式千斤顶（YL-60型）或穿心式千斤顶（YC-60型）张拉锚固。钢质锥形锚具应用锥锚式双作用千斤顶（常用YZ-60型）张拉锚固。

（3）钢丝束制作。钢丝束制作一般需经调直、下料、编束和安装锚具等工序。

当用钢质锥形锚具、XM型锚具时，钢丝束的制作和下料长度计算基本上与预应力钢筋束相同。钢丝束镦头锚固体系，如采用镦头锚具一端张拉时，应考虑钢丝束张拉锚固后螺母位于锚环中部。用钢丝束镦头锚具锚固钢丝束时，其下料长度力求精确。

编束是为了防止钢筋扭结。采用镦头锚具时，将内圈和外圈钢丝分别用铁丝按次序编排成片，然后将内圈放在外圈内绑扎成钢丝束。

（二）后张法施工工艺

后张法施工工艺与预应力施工有关的是孔道留设、预应力筋张拉和孔道灌浆三部分。

1.孔道留设

（1）孔道留设的基本要求。构件中留设孔道主要用于穿预应力钢筋（束）及张拉锚固后灌浆。孔道留设的基本要求如下：

①孔道直径应保证预应力筋（束）能顺利穿过。

②孔道应按设计要求的位置、尺寸埋设准确、牢固，浇筑混凝土时不应出现移位和变形。

③在设计规定位置上留设灌浆孔。

④在曲线孔道的曲线波峰部位应设置排气兼泌水管，必要时可在最低点设置排水管。

⑤灌浆孔及泌水管的孔径应能保证浆液畅通。

（2）孔道留设方法。预留孔道形状有直线、曲线和折线形，孔道留设方法如下：

①钢管抽芯法：预先将平直、表面圆滑的钢管埋设在模板内预应力筋孔道位置上。在开始浇筑至浇筑后拔管前，间隔一定时间要缓慢匀速地转动钢管，待混凝土初凝后至终凝之前（常温下抽管时间在混凝土浇筑后3～5h），用卷扬机匀速拔出钢管即在构件中形成孔道。

钢管抽芯法只用于留设直线孔道，钢管长度不宜超过15m，钢管两端各伸出构件500mm左右，以便转动和抽管。构件较长时，可采用两根钢管，中间用套管连接。

抽管时间与水泥品种、浇筑气温和养护条件有关。采用钢筋束镦头锚具和锥形螺杆锚具留设孔道时，张拉端的扩大孔也可用钢管成型，留孔时应注意端部扩孔应与中间孔道同心。

②胶管抽芯法：胶管抽芯法利用的胶管有5～7层的夹布胶管和钢丝网胶管，应将其预先架设在模板中的孔道位置上，胶管每间隔距离不大于0.5m用钢筋井字架予以固定。

采用夹布胶管预留孔道时，混凝土浇筑前夹布胶管内充入压缩空气或压力水，使管径增大3mm左右，然后浇筑混凝土，待混凝土初凝后放出压缩空气或压力水，使管径缩小和混凝土脱离开，抽出夹布胶管。夹布胶管内充入压缩空气或压力水前，胶管两端应有密封装置。采用钢丝网胶管预留孔道时，预留孔道的方法和钢管相同。由于钢丝网胶管质地坚硬，并具有一定的弹性，抽管时在拉力作用下管径缩小和混凝土脱离开，即可将钢丝网胶管抽出。

③预埋管法：预埋管法是用钢筋井字架将黑铁皮管、薄钢管或金属螺旋管固定在设计位置上，在混凝土构件中埋管成型的一种施工方法，无须抽出。此法适用于预应力筋密集或曲线预应力筋的孔道埋设，但电热后张法施工中，不得采用波纹管或其他金属管埋设的管道。

2.预应力筋张拉

（1）预应力损失。

①预应力直线钢筋由于锚具变形和钢筋内缩引起的预应力损失。

②预应力钢筋与孔道壁之间的摩擦引起的预应力损失。

③混凝土加热养护时，受张拉的钢筋与承受拉力的设备之间温差引起的预应力损失。

④钢筋应力松弛引起的预应力损失。

⑤混凝土收缩、徐变引起受拉区和受压区预应力钢筋的预应力损失。

⑥用螺旋式预应力钢筋做配筋的环行构件，当直径$d<3$m时，由于混凝土的局部挤压引起的预应力损失。

⑦预应力损失值组合。

上述的①~⑥项预应力损失，它们有的只发生在先张法构件中，有的只发生于后张法构件中，有的两种构件均有，而且是分批产生的。应按规范规定进行组合。

（2）张拉对混凝土强度的要求。预应力筋张拉时，构件的混凝土强度应符合设计要求；如设计无要求时，混凝土强度不应低于设计强度等级的75%。对于拼装的预应力构件，其拼缝处混凝土或砂浆强度如无设计要求时，不宜低于块体混凝土设计强度等级的40%，且不低于15MPa。

为了搬运需要，后张法构件可提前施加一部分预应力，使构件建立较低的预应力值以承受自重荷载。但此时混凝土的立方强度不应低于设计强度等级的60%。

（3）穿筋。螺丝端杆锚具预应力筋穿孔时，用塑料套或布片将螺纹端头包扎保护好，避免螺纹与混凝土孔道摩擦损坏。成束的预应力筋将一头对齐，按顺序编号套在穿束器上。

（4）预应力筋的张拉顺序。预应力筋张拉顺序应按设计规定进行，如设计无规定时，应分批、分阶段、对称地进行。

预应力混凝土吊车梁预应力筋采用两台千斤顶的张拉顺序，对配有多根不对称预应力筋的构件，应采用分批、分阶段对称张拉。

对于平卧重叠浇筑的预应力混凝土构件，张拉预应力筋的顺序是先上后下，逐层进行。

（5）预应力筋张拉程序。预应力筋的张拉程序主要根据构件类型、张锚体系、松弛损失取值等因素来确定。

（6）预应力筋的张拉方法。对于曲线预应力筋和长度大于24m的直线预应力筋，应采用两端同时张拉的方法；长度等于或小于24m的直线预应力筋，可一端张拉，但张拉端宜分别设置在构件两端。

对预埋波纹管孔道曲线预应力筋和长度大于30m的直线预应力筋宜在两端张拉，长度等于或小于30m的直线预应力筋可在一端张拉。

安装张拉设备时，对于直线预应力筋，应使张拉力的作用线与孔道中心线重合；对于曲线预应力筋，应使张拉力的作用线与孔道中心线末端的切线方向重合。

（7）张拉安全事项。在张拉构件的两端应设置保护装置，如用麻袋、草包装土筑成土墙，以防止螺帽滑脱、钢筋断裂飞出伤人；在张拉操作中，预应力筋的两端严禁站人，操作人员应在侧面工作。

3.孔道灌浆

预应力筋张拉后，应尽快地用灰浆泵将水泥浆压灌到预应力孔道中去。灌浆用水泥浆应有足够的黏结力，且应有较大的流动性、较小的干缩性和泌水性。灌浆前，用压力水冲洗和湿润孔道。灌浆顺序应先下后上，以免上层孔道漏浆把下层孔道堵塞。灌浆工作应缓慢、均匀、连续进行，不得中断。

第四节　装配式混凝土结构施工

装配式钢筋混凝土结构是我国建筑结构发展的重要方向之一，它有利于我国建筑工业化的发展、提高生产效率、节约能源、发展绿色环保建筑，并且有利于提高和保证建筑工程质量。与现浇施工法相比，装配式钢筋混凝土结构有利于绿色施工，因为装配式施工更能符合绿色施工的节地、节能、节材、节水和环境保护等要求，降低对环境的负面影响，包括降低噪声，防止扬尘，减少环境污染，清洁运输，减少场地干扰，节约水、电、材料等资源和能源，遵循可持续发展的原则。而且，装配式结构可以连续地按顺序完成工程的多个或全部工序，从而减少进场的工程机械种类和数量，消除工序衔接的停闲时间，实现立体交叉作业，减少施工人员，从而提高工效，降低物料消耗，减少环境污染，为绿色施工提供保障。另外，装配式结构在较大程度上减少建筑垃圾（约占城市垃圾总量的

30% ~ 40%），如废钢筋、废铁丝、废竹木材、废弃混凝土等。

国内外学者对装配式结构做了大量的研究工作，并开发了多种装配式结构形式，如无黏结预应力装配式框架、混合连接装配式混凝土框架、预制结构钢纤维高强混凝土框架、装配整体式钢骨混凝土框架等。由于我国对预制混凝土结构抗震性能认识不足，导致预制混凝土结构的研究和工程应用与国外先进水平相比还有明显差距，预制混凝土结构在地震区的应用受到限制，因此我国迫切需要展开对预制混凝土结构抗震性能的系统研究。

一、构件制作

（1）预制构件制作单位应具备相应的生产工艺设施，并应有完善的质量管理体系和必要的试验检测手段。

（2）预制构件制作前，应对其技术要求和质量标准进行技术交底，并应制订生产方案。生产方案应包括生产工艺，模具方案，生产计划，技术质量控制措施，成品保护、堆放及运输方案等内容。

（3）预制结构构件采用钢筋套筒灌浆连接时，应在构件生产前进行钢筋套筒灌浆连接接头的抗拉强度试验，每种规格的连接接头试件数量不少于3个。

二、运输与堆放

（1）制订预制构件的运输和堆放方案，其内容应包括运输时间、次序、堆放场地、运输线路、固定要求、堆放支垫及成品保护措施等。对于超高、超宽、形状特殊的大型构件的运输和堆放应有专门的质量安全保证措施。

（2）预制构件堆放应符合下列规定：

①堆放场地应平整、坚实，并应有排水措施。

②预埋吊件应朝上，标识宜朝向堆垛间的通道。

③构件支垫应坚实，垫块在构件下的位置宜与脱模、吊装时的起吊位置一致。

④重叠堆放构件时，每层构件间的垫块应上下对齐，堆垛层数应根据构件、垫块的承载力确定，并应根据需要采取防止堆垛倾覆的措施。

⑤堆放预应力构件时，应根据构件起拱值的大小和堆放时间采取相应措施。

（3）墙板的运输与堆放应符合下列规定：

①当采用靠放架堆放或运输构件时，靠放架应具有足够的承载力和刚度，与地面倾斜角度宜大于80%。墙板宜对称靠放且外饰面朝外，构件上部宜采用木垫块隔离。运输时，构件应采取固定措施。

②当采用插放架直立堆放或运输构件时，宜采取直立运输方式。插放架应有足够的承载力和刚度，并应支垫稳固。

③采用叠层平放的方式堆放或运输构件时，应采取防止构件产生裂缝的措施。

三、工程施工

（一）一般规定

（1）吊具应根据预制构件形状、尺寸及重量等参数进行配置，吊索水平夹角不宜大于60°，且不应小于45°。对于尺寸较大或形状复杂的预制构件，宜采用有分配梁或分配桁架的吊具。

（2）钢筋套筒灌浆前，应在现场模拟构件连接接头的灌浆方式。每种规格钢筋应制作不少于3个套筒灌浆连接接头，进行灌注质量以及接头抗拉强度的检验，经检验合格后，方可进行灌浆作业。

（3）未经设计允许，不得对预制构件进行切割、开洞。

（二）安装与连接

（1）采用钢筋套筒灌浆连接、钢筋浆锚搭接连接的预制构件就位前，应检查下列内容：

①套筒与预留孔的规格、位置、数量和深度。

②被连接钢筋的规格、数量、位置和长度。

当套筒、预留孔内有杂物时，应清理干净；当连接钢筋倾斜时，应进行校直。连接钢筋偏离套筒或孔洞中心线不宜超过5mm。

（2）墙、柱构件的安装应符合下列规定：

①构件安装前，应清洁结合面。

②构件底部应设置可调整接缝厚度和底部标高的垫块。

③钢筋套筒灌浆连接接头、钢筋浆锚搭接连接接头灌浆前，应对接缝周围进行封堵，封堵措施应符合结合面承载力设计要求。

④多层预制剪力墙底部采用坐浆材料时，其厚度不宜大于20mm。

（3）构件连接部位后浇混凝土及灌浆料的强度达到设计要求后，方可拆除临时固定措施。

第三章　防水工程施工

防水是建筑产品的一项重要功能，是关系到建筑物、构筑物的寿命，而且直接影响到人们使用环境及卫生条件的一项重要内容。

建筑工程的防水，按其构造方法可分为结构构件自身防水和防水层防水（材料防水）两大类，按其材料不同分为柔性防水和刚性防水，按其建筑工程部位不同又可分为地下防水、屋面防水、室内防水和外墙防水等。

第一节　地下防水工程施工

地下工程埋在地下或水下，长期处于潮湿的环境或水中，为了使处于地下的这些建筑产品能够发挥安全、耐久和正常使用等功能，就要针对它们的施工选择合适的防水方案和采取有效的防水措施。根据防水等级，地下工程防水分为4级，详见表3–1。

一、地下防水方案

地下工程的防水方案应根据使用要求、自然环境条件及结构形式等因素确定。对于所处环境仅有滞水层且防水要求较高的工程，应尽量采用“以防为主，防排结合”的防水方案；有较好的排水条件且工程所处的环境含水量较大时，应优先考虑“排水”方案。

表3-1　地下工程防水等级

防水等级	防水要求
1级	不允许渗水，结构表面无湿渍
2级	不允许渗水，结构表面允许有少量湿渍 （1）工业与民用建筑：湿渍总面积不大于总防水面积的1‰，单个湿渍面积不大于0.1m^2，任意100m^2的防水面积上的湿渍不超过1处 （2）其他地下工程：湿渍总面积不大于防水总面积的6‰，单个湿渍面积不大于0.2m^2，任意100m^2的防水面积上的湿渍不超过4处
3级	有少量漏水点，不得有线流和漏泥沙。单个湿渍面积不大于0.3m^2，单个漏水点的漏水量不大于2.5L/d，任意100m^2防水面积上的漏水或湿渍点数不超过7处
4级	有漏水点，不得有线流和漏泥沙。整个工程平均漏水量不大于2L/（m^2·d），任意100m^2防水面积的平均漏水量不大于4L/（m^2·d）

目前采用较多的地下防水施工方法有混凝土结构自防水和附加层防水，防水构造材料做法如表3-2所示。

表3-2　防水构造材料做法

名称	构造做法	材料做法	材料
地下防水构造	防水混凝土结构	普通防水混凝土	
		外加剂防水混凝土	
		外加剂渗透结晶防水混凝土	
	附加防水层	卷材防水层	改性沥青类，橡胶类三元乙丙、三元丁，塑料类聚氯乙烯等，橡塑共混类
		涂膜防水层	橡胶类、树脂类、改性沥青类、聚合物水泥类
		防水砂浆抹面	防水剂防水砂浆，膨胀剂防水砂浆

（一）地下防水施工特点

1.质量要求高

地下防水构造长期处于动水压力和静水压力的作用下，而由于大多数工程不允许渗水甚至不允许出现湿渍，因此要在材料选择与检验、基层处理、防水施工、细部处理及检查、成品保护等各个环节精心组织，严格把关。

2.施工条件差

由于地下工程长期处于露天、潮湿或水中，往往受到地下水、地面水及气候变化的影响，因此在施工期间应认真做好降水、排水、截水工作，保证边坡稳定，并选择好天气尽快施工。

3.材料品种多，质量、性能差异大

防水材料的品种较多，性能差异大，即便是同种材料，但由不同厂家生产出来，其质量和性能也会有较大差异。因此，所用的防水材料除应有相应的质量证明外，还需要抽样复检。

4.成品保护难

地下防水层的施工往往伴随着整个地下工程，而防水层的材料在施工中容易被损坏，因此在整个施工过程中要注意保护，以确保防水效果。

5.薄弱部位较多

薄弱部位，如结构变形缝、混凝土施工缝、后浇缝、预留孔等。

（二）地下防水施工应遵循的原则

（1）防水层应做到接缝严密，形成封闭的整体。

（2）消除所留空洞造成的渗漏。

（3）杜绝防水层对水的吸附和毛细渗透。

（4）防止因不均匀沉降而拉裂防水层。

（5）防水层须做至可能渗透范围之外。

二、防水混凝土施工

（一）防水混凝土分类

防水混凝土是以自身壁厚及其憎水性和密实性来达到防水目的的，按其类型可分为普通防水混凝土和外加剂防水混凝土两大类。

1.普通防水混凝土

普通防水混凝土的防水原理：通过采用较小的水灰比，适当增加水泥用量和砂率，提高灰砂比，采用较小粒径的骨料，严格控制施工质量等措施，从材料、施工两方面抑制和减少混凝土内部孔隙的形成，降低孔隙率，改变孔隙特征，特别是抑制孔隙间的连通，堵塞渗透水通路，从而使之不依赖其他附加防水措施，仅依靠提高混凝土本身的密实性和抗渗性来达到防水的目的。

2.外加剂防水混凝土

外加剂防水混凝土是在混凝土中加入定量的有机物或无机物外加剂，以改善混凝土的性能和结构组成，提高混凝土的密实性和抗渗性，从而达到防水的目的。常用的外加剂有防水剂、引气剂、减水剂及膨胀剂。

常用防水混凝土的特点及适用范围如表3–3所示。

表3–3　常用防水混凝土的特点及适用范围

种类		最高抗渗压力/MPa	特点	适用范围
普通防水混凝土		＞3.0	施工简单，材料来源广	适用于一般工业、民用建筑及公共建筑的地下防水工程
外加剂防水混凝土	引气剂防水混凝土	＞2.2	抗冻性好	适用于北方高寒地区抗冻性要求较高的防水工程
	减水剂防水混凝土	＞3.3	拌和物流性好动	适用于钢筋密集或捣固困难的薄壁型防水构筑物，也适用于对混凝土凝结时间和流动性有特殊要求的防水工程
	三乙醇胺密实剂防水混凝土	＞3.8	早期强度高，抗渗等级高	适用于工期紧迫，要求早强及抗渗性较高的防水工程及一般的防水工程
	氯化铁防水剂防水混凝土	＞3.8	价格低，耐久性好，抗腐蚀	适用于水中结构无筋、少筋厚大防水混凝土工程、一般地下防水工程及砂浆修补抹面工程，在薄壁结构上不宜使用
	膨胀剂防水混凝土	＞3.8	密实性好，抗裂性好	适用于地下工程和地上防水构筑物、山洞、非金属油罐和主要工程的后浇带

（二）防水混凝土对材料的要求

防水混凝土在选择材料时应达到一定要求，其中水泥品种应按设计要求进行选用，其强度等级不低于32.5，且每立方米质量不小于320kg，砂宜采用中砂，水为不含有害物质的洁净水。考虑到实验室与实际施工的差别，应比设计要求的抗渗标号提高0.2MPa来选定配合比，含水率宜为35%～40%，灰砂比应为1∶2～1∶2.5，水灰比不大于0.6，坍落度不大于5cm。

（三）防水薄弱部位的处理

1.结构变形缝

地下工程变形缝的设置应满足密封防水、适应变形、施工方便、容易检查等要求。变形缝的构造形式及做法如下：

（1）埋入式止水带的变形缝。止水带的安放位置要正确，即止水带的中心圆环对准变形缝中央，转弯处应做成直径不小于150mm的圆角，接头应在水压最小且平直处。现场拼接时，应采取焊接方式，不得叠接。安装完成后，必须做好固定。

（2）可卸式止水带变形缝。在进行可卸式止水带变形缝施工时，止水带打孔要按预埋螺栓实际间距进行（一般间距为200mm），其孔径略小于螺栓直径。铺设止水带时，在角钢与止水带间用油膏找平，将止水带按预定位置穿过螺栓，铺贴严实，再在其上安装扁压钢条。

2.混凝土施工缝

防水混凝土应尽量连续浇筑，少留施工缝。

3.后浇带

后浇带是大面积混凝土的刚性接缝，适用于不允许设置柔性变形缝且后期变化趋于稳定的结构。

4.穿墙管道

在管道防水混凝土结构处，应预埋止水环的管道。止水环应与套管满焊，并做好防腐处理。管套安装完毕后，嵌入内衬填料，端部用密封材料填充。

5.预埋件

防水混凝土的所有预埋件、预留孔均应事先埋设准确，严禁浇筑后剔槽打洞。

（四）防水混凝土施工

1.防水混凝土施工工艺流程

作业准备→混凝土搅拌→运输→混凝土浇筑→养护。

2.混凝土搅拌投料顺序

石子→砂→水泥→UEA膨胀剂→水。

投料先干拌0.5～1分钟再加水。水分三次加入，加水后搅拌1～2分钟（比普通混凝土搅拌时间延长0.5mm）。混凝土搅拌前必须严格按试验室配合比通知单操作，不得擅自修改。散装水泥、砂、石车车过磅，在雨季，砂必须每天测定含水率，调整用水量。现场搅拌坍落度控制在6～8cm，泵送商品混凝土坍落度控制在14～16cm。

3.运输

混凝土运输供应保持连续均衡，间隔不应超过1.5h，夏季或运距较远可适当掺入缓凝剂，一般以掺入2.5‰～3‰木钙为宜。运输后如出现离析，浇筑前进行二次拌和。

4.混凝土浇筑

应连续浇筑，不留或少留施工缝。

（1）底板一般按设计要求不留施工缝或留在后浇带上。

（2）墙体水平施工缝留在高出底板表面不少于200mm的墙体上，墙体如有孔洞，施工缝距孔洞边缘不宜少于300mm，施工缝形式宜用凸缝（墙厚大于30cm）或阶梯缝、平直缝加金属止水片（墙厚小于30cm）。垂直施工缝宜做企口缝并用遇水膨胀止水条处理。

（3）在施工缝上浇筑混凝土前，应将混凝土表面凿毛，清除杂物，冲净并湿润，再铺一层2～3cm厚水泥砂浆或同一配合比的减石子混凝土（原配合比去掉石子）。浇筑第一步其高度为40cm，以后每步浇筑50～60cm，严格按施工方案规定的顺序浇筑。混凝土自高处自由倾落不应大于2m，如高度超过3m，要用串筒、溜槽下落。

（4）应用机械振捣，以保证混凝土密实，振捣时间一般以10s为宜，不应漏振或过振，振捣延续时间应使混凝土表面浮浆，无气泡，不下沉为止。铺灰和振捣应选择对称位置开始，防止模板走动，结构断面较小、钢筋密集的部位严格按分层浇筑和分层振捣的要求操作，浇筑到最上层表面，必须用木抹子找平，使表面密实平整。

（5）养护：常温（20℃～25℃）浇筑后6～10小时苫盖浇水养护，要保持混凝土表面湿润，养护不少于14天。

三、卷材防水层施工

卷材防水层是利用沥青交接材料粘贴卷材而成的一种防水层，属于柔性防水层。它具有良好的韧性和延伸性，能适应一定的结构振动和微小变形，对酸碱盐溶液具有良好的耐腐性。其缺点是沥青卷材吸水率大、耐久性差、机械强度低，直接影响防水层质量，而且材料成本高、施工工序多、操作条件差、工期较长，发生渗漏后修补困难。

（一）卷材及胶结材料的选择

1.卷材的选择

卷材的品种及层数根据设计要求和工程的实际情况而定。对地下防水使用卷材的要求是：机械强度大，延伸率大，具有良好的韧性和不透水性，膨胀率小且具有良好的耐腐蚀性。一般采用沥青矿棉纸油毡、沥青玻璃布油毡、沥青石棉纸油毡、无胎油毡等。

2.胶结材料的选择

铺贴石油沥青卷材时，必须使用石油沥青胶结材料，不得使用焦油沥青胶结材料。沥青胶结材料的软化点应比基层及防水层周围介质的最高温度高出20℃～25℃，软化点最低不应低于40℃。

（二）卷材的铺贴方案

地下工程中将设置在建筑结构外侧的卷材防水层称为外防水。它与将卷材防水层设在结构内侧的内防水相比较具有以下优点：外防水层在外面，受压力水的作用紧压在结构上，防水效果好；内防水层在背面，渗漏压力水的作用局部脱开；外防水造成的渗漏机会比内防水少。外防水有两种施工方法，即外防外贴法和外防内贴法。

1.外防外贴法

外防外贴法是将立面卷材防水层直接铺设在需防水的结构外墙表面。其施工顺序是：首先浇筑需防水结构的地面混凝土垫层。在垫层上砌筑永久性保护墙，墙下干铺一层油毡，墙高不小于结构底板厚度，另加200 ~ 500mm。在永久性保护墙上用石灰砂架砌筑临时性保护墙，墙高为150mm ×（油毡层数+1）。在永久性保护墙和垫层上抹配合比为1：3的水泥砂浆找平层，在临时保护墙上用石灰砂浆找平。待找平层基本干燥后，即在上面满涂冷底子油，然后分层铺贴立面和平面卷材防水层，并将顶端临时固定。在铺贴好的卷材表面做好保护层后，再进行需防水结构的地板和墙体施工。在需防水结构的施工完成之后，先将临时固定接槎部位的各卷材层揭开并清理干净，再在此区段的外墙外表面上补抹水泥砂浆找平层，并在找平层上满涂冷底子油，将卷材分层错槎搭接向上铺贴在结构外墙上，并及时做好防水层的保护结构。

2.外防内贴法

外防内贴是浇筑混凝土垫层后，在垫层上将永久保护墙全部砌好，将卷材防水层铺贴在永久保护墙和垫层上的方法。其施工顺序是：先在垫层上砌筑永久性保护墙，然后在垫层及保护墙上抹配合比为1：3的水泥砂浆找平层，待其基本干燥后满涂冷底子油，沿保护墙与垫层铺贴防水层。卷材防水层铺贴完成后，在立面防水层上涂刷最后一层沥青胶时，趁热粘上干净的热砂或散麻丝，待冷却后，随即抹一层10 ~ 20mm厚配合比为1：3的水泥砂浆保护层。在平面上可铺设一层30 ~ 50mm厚配合比为1：3的水泥砂浆或细石混凝土保护层。最后进行防水结构的施工。

（三）卷材防水层施工（以 SBS 防水卷材为例）

1.地下室底板防水层施工

底板部位铺贴于混凝土垫层上的SBS卷材一般大面采用空铺法施工，仅在基坑内及周边600mm范围、结构转角处周边600mm范围、后浇带及周边600mm范围、卷材导墙立面及平面600mm范围的部位涂刷基层处理剂，在此细部范围内卷材与基层之间采用热熔满粘的方法。

注：底板混凝土垫层部位大面卷材采用空铺工艺——防水卷材大面空铺于混凝土垫层上，仅在周边及形状有变化需要定型的部位采用黏结处理。由于底板混

凝土垫层并非建筑结构，混凝土垫层的变形裂缝会引起裂缝反射拉伤紧密黏结的防水层，且防水层的下表面为迎水面，深度热熔也会伤及防水卷材的涂盖层，因此空铺更符合系统自由延伸变形要求。

（1）工艺流程。基层处理→阴阳角、细部节点等部位涂刷基层处理剂→细部节点附加层施工→附加层验收→弹线→空铺第一层SBS卷材→第一层验收→第二层SBS卷材完全热熔→检查验收SBS卷材→成品保护。

（2）卷材的铺贴及搭接。卷材长边搭接宽度为100mm，短边搭接宽度为100mm，搭接带要完全热熔形成密合，以自然溢出熔融沥青油为准，大面卷材短边错开不少于1.5m。

为了充分保证施工质量，现场预制时，应严格按照图纸尺寸放样、裁剪、热合，并进行严格的质量检测。其优点是能保证防水系统质量，缩短工期。

（3）操作要点及技术要求：

①基层处理：将基层清扫干净，基层应平整、清洁，含水率小于9%（干燥程度的简易检测方法：将1m^{2}卷材平坦地干铺在找平层上，静置3～4h后掀开检查，找平层覆盖部位与卷材上未见水印）。

②涂刷基层处理剂：将专用基层处理剂涂刷在已处理好的基层表面（仅在基坑内及周边600mm范围、结构转角处周边600mm范围、后浇带及周边600mm范围、卷材导墙立面及平面600mm范围的部位涂刷基层处理剂），并且要涂刷均匀，不得漏刷或露底。基层处理剂涂刷完毕，达到干燥程度（一般以不黏手为准）方可施行附加卷材的热熔施工。

③一般细部附加处理：附加层卷材结合现场实际的结构转角、三面阴阳角等部位进行附加层裁制，平立面平均展开。方法是先按细部形状将卷材剪好，在细部贴一下，视尺寸、形状合适后，再将卷材的底面用火焰加热器烘烤，待其底面呈熔融状态，即可立即粘贴在已涂刷一道基层处理剂的基层上，附加层要求无空鼓，并压实铺牢。

④弹线空铺施工SBS卷材：在已处理好的基层表面，按照所选卷材的宽度，留出搭接缝尺寸（长边为100mm，短边为100mm），将铺贴卷材的基准线弹好，按此基准线进行卷材铺贴施工。铺贴后卷材应平整、顺直，搭接尺寸正确，不得扭曲。

⑤接缝处理：用汽油喷灯充分烘烤搭接边上层卷材底面和下层卷材上表面沥

青涂盖层，必须保证搭接处卷材间的沥青密实熔合，且有熔融沥青从边端挤出，形成匀质沥青条，达到封闭接缝口的目的。

⑥检查验收SBS卷材：铺贴时，边铺边检查。检查时，用螺丝刀检查接口，发现熔焊不实之处及时修补，不得留任何隐患，现场施工员、质检员必须跟班检查，上下层卷材长边错开1/3～1/2幅宽卷材，短边错开不少于1.5m，检查合格后方可进入下一道工序施工。

⑦用汽油喷灯距离卷材350mm左右往返均匀加热，并保持匀速推滚（不得将火焰停留在一处至火烧烤时间过长，否则易产生胎基外露或胎体与改性沥青基料瞬间分离），不得过分加热或烧穿卷材。至卷材底面胶层呈黑色光泽并伴有微泡（不得出现大量气泡），及时推滚卷材进行粘铺，后随一人施行排气压实，保证卷材搭接缝热熔密实。

⑧分工序自检合格后报请总包、监理及建设方按照国标《地下防水工程质量验收规范》（GB50208-2011）验收，验收合格后方可进入下一道工序施工。

2.地下室外墙防水层施工

地下室外墙防水层采用SBS Ⅱ PYPE3mm改性沥青防水卷材，热熔法施工。

（1）工艺流程：基层处理→涂刷基层处理剂→卷材附加层→弹线→2层SBS卷材热熔铺贴→验收SBS→收头处理→防水层验收→成品保护。

（2）操作要点及技术要求：

①基层处理：将基层清扫干净，应平整、清洁、干燥。

②涂刷基层处理剂：用长柄滚刷将基层处理剂涂刷在已处理好的基层表面，并且要涂刷均匀，不得漏刷或露底。基层处理剂涂刷完毕，达到干燥程度（一般以不粘手为准）方可施行热熔施工，以避免失火。

③一般细部附加增强处理：用附加层卷材两面转角、三面阴阳角等部位进行附加增强处理，平立面平均展开。方法是：先按细部形状将卷材剪好，在细部贴一下，视尺寸、形状合适后，再将卷材的底面用火焰加热器烘烤，待其底面呈熔融状态，即可立即粘贴在已涂刷一道基层处理剂的基层上，附加层要求无空鼓，并压实铺牢。

④弹线：在已涂刷好的基层表面，按搭接缝尺寸（长边为100mm，短边为100 mm），将铺贴卷材的基准线弹好，以便按此基准线进行卷材铺贴施工。

⑤卷材：由下往上推滚卷材进行熔粘铺贴，将起始端卷材粘牢后，持喷灯

对着待铺的整卷卷材，使喷嘴距卷材及基层加热处0.3～0.5m施行往复移动烘烤（不得将火焰停留在一处致使火烧烤时间过长，否则易产生胎基外露或胎体与改性沥青基料瞬间分离），应加热均匀，不得过分加热或烧穿卷材，至卷材底面胶层呈黑色光泽并伴有微泡（不得出现大量气泡），及时推滚卷材进行粘铺，后随一人施行排气压实工序。

⑥接缝处理：用热熔法充分烘烤搭接边上卷材底面，必须保证搭接处卷材间的沥青密实熔合，且有熔融沥青从边端挤出，形成匀质沥青条。

⑦检查验收：铺贴时边铺边检查，检查时用螺丝刀检查接口，发现熔焊不实之处及时修补，不得留任何隐患。现场施工员、质检员必须跟班检查，检查合格后方可进入下一道工序施工，特别要注意平立面交接处、转角处、阴阳角部位的做法是否正确。

⑧待自检合格后报请监理及建设方按照《地下防水工程质量验收规范》（GB50208-2011）进行验收，验收合格后及时进行保护层的施工。

3.地下室顶板防水层施工

地下室顶板防水层采用SBS Ⅱ PYPE3mm，热熔法施工。

（1）工艺流程。基层处理→阴阳角、细部节点等部位涂刷基层处理剂→细部节点附加层施工→附加层验收→弹线→第一层SBS卷材热熔施工→检查验收→第二层防根刺卷材热熔施工→检查验收SBS卷材→成品保护。

（2）卷材的铺贴及搭接。卷材长边搭接宽度为100mm，短边搭接宽度为100 mm，搭接带要完全热熔形成密合、以自然溢出熔融沥青油为准。

（3）操作要点及技术要求：

①基层处理：将基层清扫干净，基层应平整、清洁。

②涂刷基层处理剂：将专用基层处理剂涂刷在已处理好的基层表面，并且要涂刷均匀，不得漏刷或露底。基层处理剂涂刷完毕，达到干燥程度（一般以不粘手为准）方可施行附加卷材的热熔施工。

③一般细部附加处理：附加层卷材结合现场实际的结构转角、三面阴阳角等部位进行附加层裁制，平立面平均展开。方法是先按细部形状将卷材剪好，在细部贴一下，视尺寸、形状合适后，再将卷材的底面用喷灯烘烤，待其底面呈熔融状态，即可立即粘贴在已涂刷一道基层处理剂的基层上，附加层要求无空鼓，并压实铺牢。

④施工SBS卷材：在已处理好的基层表面，按基准线进行卷材热熔铺贴施工。铺贴后，卷材应平整、顺直，搭接尺寸正确，不得扭曲。

⑤接缝处理：用汽油喷灯充分烘烤搭接边上层卷材底面和下层卷材上表面沥青涂盖层，必须保证搭接处卷材间的沥青密实熔合，且有熔融沥青从边端挤出，形成匀质沥青条，达到封闭接缝口的目的。

⑥检查验收SBS卷材：铺贴时边铺边检查，检查时用螺丝刀检查接口，发现熔焊不实之处及时修补，不得留任何隐患。现场施工员、质检员必须跟班检查，上下层卷材长边错开1/3～1/2幅宽卷材，短边错开不少于1.5m，检查合格后方可进入下一道工序施工。

⑦用汽油喷灯距离卷材350mm左右往返均匀加热，并保持匀速推滚（不得将火焰停留在一处致使火烧烤时间过长，否则易产生胎基外露或胎体与改性沥青基料瞬间分离），不得过分加热或烧穿卷材。至卷材底面胶层呈黑色光泽并伴有微泡（不得出现大量气泡），及时推滚卷材进行粘铺，后随一人施行排气压实，保证卷材搭接缝热熔密实。

⑧分工序自检合格后报请总包、监理及建设方按照国标《地下防水工程质量验收规范》（GB50208-2011）验收，验收合格后方可进入下一道工序施工。

第二节　屋面防水工程施工

一、屋面防水等级与材料

屋面防水工程采用的防水材料耐候性、耐温度、耐外力的性能尤为重要。因为屋面防水层，尤其是不设保温层的外露防水层长期经受着风吹、雨淋、日晒、雪冻等恶劣的自然环境侵袭与基层结构变形的影响。根据建筑物性质、重要程度、使用功能要求及防水层合理使用年限进行分级，根据不同级别，所用材料也有差异，详见表3-4。

表3-4　屋面防水等级

项目	屋面防水等级			
	Ⅰ	Ⅱ	Ⅲ	Ⅳ
建筑物类别	特别重要的民用建筑和对防水有特殊要求的工业建筑	重要的工业与民用建筑、高层建筑	一般民用建筑（如住宅、办公楼、学校、旅馆）、一般工业建筑、仓库等	非永久性的建筑（如简易宿舍、简易车间等）
防水耐用年限	25年	15年	10年	5年
选用材料	宜选用合成高分子防水卷材、高聚物改性沥青防水卷材、合成高分子防水涂料、细石防水混凝土等材料	宜选用高聚物改性沥青防水卷材、合成高分子防水卷材、金属板材、合成高分子防水涂料、高聚物改性沥青防水涂料、细石混凝土、平瓦、油毡瓦等材料	宜选用三毡四油沥青防水卷材、高聚物改性沥青防水卷材、合成高分子防水卷材、金属板材、高聚物改性沥青防水涂料、合成高分子防水涂料、细石混凝土、平瓦、油毡瓦等材料	可选用二毡三油沥青防水卷材、高聚物改性沥青防水涂料等材料
设防要求	三道或三道以上防水设防，其中必须有一道合成高分子防水卷材，且必须有一道以上厚的合成高分子涂膜	二道防水设防，其中必须有一道卷材，也可以采用压型钢板进行一道设防	一道防水设防，或两种防水材料复合使用	一道防水设防

根据屋面防水选用材料的不同，可分为柔性防水屋面（卷材防水、涂膜防水）、刚性防水屋面（细石混凝土防水层）及其他防水屋面等。

二、卷材防水施工

将沥青类或高分子类防水材料浸渍在胎体上，制作成防水材料产品，以卷材形式提供，称为防水卷材。防水卷材是主要用于建筑墙体、屋面以及隧道、公路、垃圾填埋场等处，起到抵御外界雨水、地下水渗漏的一种可卷曲成卷状的柔性建材产品。防水卷材作为工程基础与建筑物之间的无渗漏连接，是整个工程防水的第一道屏障，对整个工程起着至关重要的作用。卷材防水屋面属于柔性防水屋面，它具有自重轻、防水性能较好、能适应一定的振动和变形的优点，但造价比较高，易老化、起鼓，施工工序多，操作条件差，施工周期长，工效低，出现渗漏时修补比较困难，等等。

（一）常见防水卷材

根据特点与材料的不同，防水卷材有沥青防水卷材、高聚物改性沥青防水卷材及合成高分子防水卷材。常见的防水卷材的特点及适用范围如表3-5至表3-7所示。

表3-5　沥青防水卷材的特点及适用范围

沥青防水卷材名称	特点	适用范围
石油沥青纸胎油毡	低温时柔性差，防水层耐用年限较短，但价格较低	常用于三毡四油和二毡三油的层铺设的屋面工程
玻璃布沥青油毡	抗拉强度高，胎体不易腐烂，材料柔韧性好，耐久性比纸胎高1倍以上	多用于纸胎油毡的增强附加层和突出部位的防水层
玻纤毡沥青油毡	有良好的耐水性、耐腐蚀性和耐久性，柔韧性较好	常用作屋面和地下防水工程
黄麻胎沥青油毡	抗拉强度高，耐水性好，但胎体材料容易腐烂	常用作屋面增强附加层

表3-6　高聚物改性沥青防水卷材的特点及适用范围

高聚物改性沥青防水卷材名称	特点	适用范围
SBS改性沥青防水卷材	耐高温、耐低温性能较好，卷材的弹性和耐疲劳性较好	单层铺设的屋面防水工程或复合使用，适用于寒冷地区和结构变形频繁的建筑
APP改性沥青防水卷材	具有良好的强度、延伸性、耐热性、耐紫外线照射及耐老化性	单层铺设，适合于紫外线辐射强烈及炎热地区的屋面使用
PVC改性沥青防水卷材	有良好的耐热及耐低温性能，最低开卷温度为−18℃	有利于在冬季施工
再生胶改性沥青防水卷材	有一定的延伸性，且低温柔性较好，有一定的防腐蚀能力，价格低廉，属于低档防水卷材	变形较大或要求较低的防水工程

表3-7 合成高分子防水卷材的特点及适用范围

合成高分子防水卷材名称	特点	适用范围
三元乙丙橡胶防水卷材	防水性能优异，耐久性、耐臭氧性好，耐化学腐蚀性、弹性和抗拉强度大，对于基层变形开裂适用性强，重量轻，使用温度范围宽，寿命长，但价格高，黏结材料尚需配套完善	防水要求较高、防水年限较长的工业与民用建筑，单层或复合使用
丁基橡胶防水卷材	有较好的耐候性、耐油性、抗拉强度和延伸率，耐低温性能稍低于三元乙丙防水卷材	单层或复合使用，用于防水要求较高的防水工程
氯化聚乙烯防水卷材	具有良好的耐候性、耐臭氧性、耐热老化、耐油性、耐化学腐蚀及抗撕裂性能	单层或复合使用，宜用于紫外线强的炎热地区防水工程
氯化聚乙烯-橡胶共混防水卷材	不但具有聚氯乙烯特有的高强度和优异的耐臭氧性、耐老化性能，而且具有橡胶所特有的高弹性、高延伸性及良好的低温柔性	屋面、地下室等防水、防潮，对防水要求较高的或有阻燃要求的防水工程尤为合适
三元乙丙橡胶-聚氯乙烯共混防水卷材	热塑弹性材料，有良好的耐臭氧性和耐老化性能，使用寿命长，低温柔性好，可在负温条件下施工	建筑屋面，受震动、易变形的建筑工程防水，尤其适用于要求较高的防水工程

（二）卷材防水屋面的构造

卷材防水屋面是用胶黏剂将卷材逐层黏结铺设而成的防水屋面。

结构层起承重作用；隔气层能阻止室内水蒸气进入保温层，以免影响保温效果；保温层的作用是隔热保温；找平层用以找平保温层或结构层；防水层主要防止雨雪水向屋面渗透；保护层是保护防水层免受外界因素的影响而遭到损坏。其中，隔气层和保温层可设可不设，主要应根据气温条件和使用要求而定。不保温屋面与保温屋面相比，只是没有隔气层和保温层。卷材防水屋面分为保温屋面和不保温屋面，保温卷材屋面一般由结构层、隔气层、保温层、找平层、防水层和保护层组成。

（三）基层处理剂和胶黏剂

为了增强防水材料与基层之间的黏结力，常常在防水层施工之前，先要涂刷基层处理剂。常用的基层处理剂有如下几种。

1.冷底子油

屋面工程采用的冷底子油是将10号或30号石油沥青溶解于柴油、汽油、二甲苯等溶剂中而制成的溶液，是一种可涂刷在水泥砂浆、混凝土基层或金属配件的基层处理剂，它可以在基层表面与卷材沥青胶结材料之间形成一层胶质薄膜，以此来提高其胶结性能。

2.卷材基层处理剂

用于高聚物改性沥青和合成高分子卷材的基层处理，一般采用合成高分子材料进行改性，基本上由卷材厂家配套供应。

3.合成高分子卷材胶结剂

合成高分子卷材胶结剂是以合成弹性体为基料，用于高分子防水卷材冷黏接的专用胶黏剂。

（四）卷材防水施工（以SBS防水卷材为例）

1.施工要求

在铺贴卷材前应先进行细部处理（阴阳角、管根等部位），然后用火焰喷灯或喷枪烘烤卷材的地面和基层，使卷材表面的沥青熔化，边烘烤，边向前滚卷材，随后用压棍滚压，使其与基层黏结牢固。注意烘烤温度和时间，以使沥青层呈熔融状态。

2.工艺流程

清理基层→涂刷基层处理剂→铺贴卷材附加层（细部处理）→热熔铺贴大面防水卷材→热熔封边→蓄水试验→保护层施工→质量验收。

3.操作要点

（1）把基层浮浆、杂物清扫干净，要求地面平整无凸凹、干燥、含水量低于9%。

（2）涂刷基层处理剂：基层处理剂一般为溶剂型橡胶改性沥青黏剂。将基层处理剂均匀涂刷在基层，要求厚薄均匀，形成一层整体防水层。

（3）铺贴附加层卷材：基层处理剂干燥后，按设计要求在构造节点部位铺贴附加层卷材，根据工程实际，需要放线时，放线施工。

（4）热熔铺贴大面防水卷材：将卷材定位后，重新卷好，点燃火焰喷枪（喷灯）烘烤底面与基层的交接处，使卷材底面的沥青熔化，边加热边向前滚动卷材，并用压辊滚压，使卷材与基层黏结牢固，应注意调节火焰的大小和移动速度，以卷材表层刚刚熔化为好（此时沥青的温度在200℃～230℃），火焰喷枪与卷材的距离为0.3m左右。若火焰太大或距离太近，会烤透卷材，造成黏连打不开卷；若火焰小或距离远，卷材表层熔化不够，会造成与基层黏结不牢。

（5）第一层SBS改性沥青防水卷材热熔卷材铺黏完后进行热熔封边，用抹子或开刀将接缝处熔化的沥青抹平压实，要求无翘边、开缝等现象。

（6）第一层SBS改性沥青防水卷材铺贴完毕和热熔封边后，开始铺贴第二层SBS改性沥青防水卷材（带页岩），技术要求与第一层防水卷材一样。再用聚氨酯防水涂料进行密封。

（7）卷材末端收头处理：用喷枪火焰烘烤末端收头卷材和基层，再用铁抹子抹压服帖，然后用金属条钉等固定，用密封材料密封。

（8）检查防水层施工质量：

①卷材铺贴完成后，按要求进行检验。平屋面可采用蓄水试验，蓄水深度为20mm，蓄水时间不宜少于24h；坡屋面可采用淋水试验，持续淋水时间不少于2h，屋面无渗漏和积水、排水系统通畅为合格。

②细部结构和接点是防水的关键，所以其做法必须符合设计要求和规范的规定。

③卷材铺贴方法、方向和搭接顺序应符合规定，搭接宽度应正确，卷材与基层、卷材与卷材之间黏结应牢固，接缝缝口、节点部位密封应严密，不得皱褶、鼓包、翘边。

三、涂膜防水屋面施工

涂膜防水屋面是在屋面基层上涂刷防水涂料，经固化后形成一层一定厚度和弹性的整体涂膜，从而达到防水目的的一种防水屋面形式。其特点是操作简便，无污染，冷操作，无接缝，能适应复杂基层，温度适应性强，易修补，价格低等，但厚度难以保持均匀。其适用于防水等级为Ⅲ级、Ⅳ级的屋面防水，也可作为Ⅰ级、Ⅱ级屋面多道防水设防中的一道防水层。

（一）涂膜防水材料

1.沥青基防水涂料

常用的有石灰乳化沥青涂料、膨润土乳化沥青涂料和石棉乳化沥青涂料。

2.高聚物改性沥青防水涂料

常用的有氯丁橡胶沥青防水涂料、SBS改性沥青防水涂料、PP改性沥青防水涂料。

3.合成高分子防水涂料

常用的有聚氨酯防水涂料、有机硅防水涂料、丙烯胶防水涂料。

（二）工艺流程

涂膜防水的施工工艺流程：基层表面处理（找平）→喷涂基层处理剂→特殊部位附加增强处理→涂布防水涂料及铺贴胎体增强材料→清理、检查、修整→保护层施工。

（三）涂膜防水施工要点

（1）防水涂膜应分遍涂布。待先涂的涂层干燥成膜后，方可涂布后一遍涂料。

（2）高聚物改性沥青防水涂料，在屋面防水等级为Ⅱ级时，涂膜不应小于3mm；对于合成高分子防水涂料，在屋面防水等级为Ⅲ级时，不应小于1.5mm。

（3）在板端、板缝、檐口与屋面板交接处，先干铺一层宽度为150～300mm的塑料薄膜缓冲层。

（4）需铺设胎体增强材料时，屋面坡度小于15%时可平行于屋脊铺设，屋面坡度大于15%时应垂直于屋脊铺设，胎体长边搭接宽度不应小于50mm，短边搭接宽度不应小于70mm；采用两层胎体增强材料时，上、下层不得相互垂直铺设，搭接缝应错开，其间距不应小于幅宽的1/3。

（5）涂膜防水层应设置保护层。

①采用块材作为保护层时，应在涂膜与保护层之间设隔离层。

②采用细砂等作为保护层时，应在最后一遍涂料涂刷后随即撒上。

③采用浅色涂料作为保护层时，应在涂膜固化后进行。

四、刚性防水屋面工程施工

刚性防水屋面是用细石混凝土、块体材料或补偿收缩混凝土等材料做屋面防水层，依靠混凝土密实并采取一定的构造措施，以达到防水目的的屋面。其主要适用于防水等级为Ⅲ级的防水，也可用作Ⅰ、Ⅱ级屋面多道防水中的一道防水层，不适用于震动较大或者坡度大于15%的屋面。

（一）工艺流程

刚性防水层屋面施工工艺流程：基层处理→设分格缝→浇筑细石混凝土→压浆抹光→养护。

（二）细石混凝土屋面施工要点

细石混凝土防水层是刚性防水的一种，多用于结构刚度大、无保温层的装配式或整体式钢筋混凝土屋盖。除细石混凝土屋面外，刚性防水屋面常见的还有补偿收缩混凝土屋面、预应力混凝土屋面、钢纤维混凝土屋面、块体刚性防水屋面等。

1.细石混凝土屋面的构造要求

（1）对承重基层的要求。装配式结构的屋面板作为防水层的承重基层时，必须有良好的刚度。

（2）隔离层处理。为了减少结构变形和温度应力对防水层的影响，应在结构层与刚性防水层之间设置一层隔离层，使之不相互黏结。对隔离层的要求是隔离性能好，平整度高。一般采用低强度等级的砂浆、卷材、塑料薄膜等材料做隔离层。

（3）细石混凝土防水层及分格缝设置。细石混凝土防水层厚度不小于40mm。为了提高细石混凝土防水层的抗裂性能，内配制直径为4mm、间距100～200mm的双向钢筋网片；或配制双向预应力筋，以抵抗温度应力，防止混凝土防水层开裂。

为了减少因温差、荷载和振动等变形造成的防水层开裂，防水层应设置分格缝。如设计无要求时，可按以下要求设置分格缝。

①分格缝应设在结构层屋面板的支撑端、屋面转折处（如屋脊）、防水层与突出屋面结构的交接处，并应与板缝对齐。

②纵横分格缝间距不宜大于6m或“一间一分格”，分格面积不宜超过$36m^2$。

③现浇板与预制板交接处，按结构要求留有伸缩缝、变形缝的部位应设分格缝。

④分格缝上口宽为30mm，下口宽为20mm。

分格缝的做法是在浇筑细石混凝土前，先在隔离层上定好分格缝位置，再用木条做分格缝，按分块浇筑混凝土，待混凝土初凝后将木条取出即可。分格缝必须有防水措施，通常用油膏嵌缝，泛水高度不低于120mm，并与防水层一次浇捣完成，泛水转角处要做成圆弧或钝角。

2.细石混凝土防水层施工

配制细石混凝土应遵守规范规定：水泥宜采用普通硅酸盐水泥或硅酸盐水泥，水泥标号不宜低于425号等。

浇筑细石混凝土防水层时，一个分格内的混凝土必须一次浇筑完毕，不留施工缝。浇筑时，应将双向钢筋网片设于防水层中部略偏上的位置，钢筋保护层厚度不应小于10mm，通常是先浇筑20mm厚细石混凝土，放置钢筋网片后，再浇筑20mm。

细石混凝土施工时，气温宜为5℃～35℃，低温或高温烈日下不宜施工。细石混凝土浇筑12～24h后应及时进行洒水养护，养护时间不得少于14天。

五、屋面防水工程的质量检验及防治屋面渗漏的方法

（一）屋面防水的质量要求

（1）防水层不得有渗漏积水现象。

（2）使用材料应符合设计要求和质量标准的规定。

（3）找平层的表面应平整，不得有酥松、起砂、起皮现象。

（4）保护层的厚度、含水量和表观密度应符合设计要求。

（5）天沟、檐沟、泛水和变形缝等的构造应符合设计要求。

（6）卷材的表贴方法和搭接顺序应符合设计要求，搭接宽度要正确，接缝

要严密，不得有皱褶、鼓泡和翘边现象。

（7）刚性防水层表面应平整、压光、不起砂、不起皮、不开裂。分格缝应平直，位置要正确。

（8）嵌缝密封材料应与两次基层粘牢，密封部位要光滑、平直，不得有开裂、鼓泡、下塌现象。

（二）隐蔽工程检查与记录

（1）屋面板细石混凝土灌缝是否密实，上口与板面是否平齐。

（2）预埋件是否遗漏，位置是否准确。

（3）钢筋位置是否正确，分格缝处是否断开。

（4）混凝土和砂浆的配合比是否正确，外掺剂的掺量是否正确。

（5）防水混凝土最薄处不得少于40mm。

（6）分格缝位置是否正确，嵌缝是否可靠。

（7）混凝土和砂浆的养护是否充分，方法是否正确。

验收细石混凝土刚性防水层的质量，关键在于混凝土本身的质量、混凝土的密实性和施工时的细部处理，因此，将混凝土材料的质量、配合比定为主控项目，对节点处理和施工质量采取试水办法来查，同时将防水的首要功能——不渗漏作为主控项目。混凝土的表面处理、厚度、配筋，分格缝和平整度均列为一般质量检查项目，用来控制整体防水层质量。

第三节　室内防水工程施工

像厨房、卫生间这些地方的用水量较多且较频繁，室内积水的机会也多，容易发生漏水现象。因此，对这些地方要采取有效的防潮、防水措施，满足其防水要求。室内有防水要求的防水工程同样是关系到建筑使用功能的关键工程。有防水要求的房间主要有卫生间、厨房、淋浴间等。这些房间普遍存在面积较小、管道多、工序多、阴阳转角复杂、房间长期处于潮湿受水状态等不利条件。房间的防水层以涂膜、刚性防水为主，主要选用聚氨酯涂膜防水或聚合物水泥砂浆。卷材防水不适应这些部位防水施工的特殊性。对房间内防水层的要求和施工工序基本与屋面、地下防水层相同。所以，保证房间防水质量的关键是合理安排好工序，并做好成品保护。

一、厨房、卫生间防水构造

浴厕间一般采用迎面防水，地面防水层设置在结构找坡、找平层上面并延伸至四周墙面边角，至少需要高出地面150mm以上。

地面及墙面找平层采用20mm厚的1：2.5～1：3（质量比）的水泥砂浆，四周抹八字脚，水泥砂浆中宜采用外加剂。地面防水宜采用涂膜防水材料，防水层四周卷起150mm高。

穿出地面管道，其预留孔洞应采用细石混凝土填塞，管根四周应设凹槽，并用密封材料封严，且与地面竖管转角处均附加300mm宽卷衬（布）。根据工程性质采用高、中、低档防水材料（卫生间采用涂膜防水时，一般应将防水层布置在结构层与地面层之间，以便使防水层得到保护）。

厨房、卫生间、阳台等的地面标高应比门外标高低，一般标高差不少于20mm。对于存在地漏的，用60mm厚的细石混凝土向地漏找坡（最深处不小于30mm厚）；对于面层多为8～10mm的防滑地砖，用干水泥擦缝。

对淋水墙面防水处理的要求也非常严格。

二、厨房、卫生间防水施工

（一）工艺流程

厨房卫生间防水施工工艺流程：墙面抹灰、镶贴→管道、地漏就位正确→堵洞→围水试验→找平层→防水层→蓄水试验→保护层→面层→二次蓄水试验。

（二）主要工序的施工方法和要求

1.墙面防水

墙面若有防水就必须在墙面装饰前完成，要先将墙内各种配管安装完毕后抹灰、压光，作为涂膜防水的基层，然后涂刷涂膜防水层，在涂刷涂膜防水层干燥之前撒上一层砂粒，以便装饰层施工。墙面装饰不能一次到底，以便墙面和楼地面防水层的搭接或防水层上泛。

2.管道、地漏就位

所有立管、套管、地漏等构件必须正确就位，安装牢固，不得有任何松动现象。特别是地漏，标高必须准确，否则无法保证排水坡度。

3.堵洞、管根围水试验

所有楼板的管洞、套管洞周围的缝隙均用掺加膨胀剂的细石混凝土浇灌、密实、抹平，对于孔洞较大的，须进行吊模浇筑膨胀混凝土。待全部处理完成后进行管根围水试验，如24h无渗漏，方可进行下道工序。

4.找平层

基层采用水泥砂浆找平层时，在水泥砂浆抹平收水后进行二次压光和充分养护，使找平层与下一层结合牢固，不得有空鼓，并且表面应密实，不得有起砂、蜂窝和裂缝等缺陷，否则应用水泥胶腻子进行修补，使之平滑。找平层表面2m内平整度的允许偏差为5mm。所有转角处一律做成半径不小于10mm均匀一致的平滑圆角，不得将圆弧做得太大，否则将会影响墙面装修。找平层的排水坡度必须符合设计要求，房间防水应以防为主，以排为辅，在完善设防的基础上，可将水迅速排走，以减少渗水机会，所以，正确的排水坡度很重要，坡度宜为1.5%~2%，坡向地漏、无积水。

5.防水层、蓄水试验

将基层清理干净，当含水率达到要求以后就可以涂布底胶了，将聚氨酯甲乙料按材料要求比例配合搅拌均匀，先用油刷蘸底胶在阴阳角、管根等复杂部位均匀涂刷一遍，再刷大面积区域。待胶底固化后，开始涂膜施工。在防水层做完后，必须进行蓄水试验，一般蓄水深度为20~30mm，以24h内无渗漏为合格。

6.保护层、管根二次蓄水试验

对防水层的成品进行保护是非常重要的，一般是采用水泥砂浆，防止在施工面层时破坏防水层；在管根等部位应做出圆形或方形的止水台，其平面尺寸不宜小于100mm×100mm，高为20mm。对施工面层，要再次严格按照设计控制坡度，要求坡向地漏，无积水，可以观察检查和进行蓄水、泼水检验或利用坡度尺检查。待表面装修层完成后，进行第二次蓄水试验，要求同前。

第四章　深基坑工程施工

第一节　深基坑支护概述

近年来，随着我国经济建设和城市建设的迅速发展，地下工程日益增多。高层建筑地下室、地铁车站、地下车库、地下商场、地下人防工程、桥墩等施工时都需要开挖较深的基坑。大量深基坑工程的出现，促进了设计计算理论的提高和施工工艺的发展，通过大量的工程实践和科学研究，逐步形成了基坑工程这一新的学科。深基础施工是大型和高层建筑施工中极其重要的环节，而深基坑支护结构技术无疑是保证深基础顺利施工的关键。

一、基坑工程的发展现状

近年来，我国先后召开了若干关于深基坑工程的国内、国际学术交流会。国家先后颁布实施了行业标准《建筑基坑工程技术规范》（YB 9258–1997）和《建筑基坑支护技术规程》（JGJ120–2012）。上海、深圳、武汉、广东、浙江、江苏等省市也陆续制定了基坑工程的地方标准。新颁布的国家标准《建筑地基基础设计规范》（GB 50007–2011）也增加了“基坑工程”一章。

总体来看，我国的基坑工程有以下特点。

（1）基坑越挖越深。随着城市人口的急剧增加，城市土地资源日益紧张，为了在有限的土地上创造最大限度的经济收益，建筑投资者们不得不向空间发展。现在的大城市，高层、超高层建筑鳞次栉比，地下室已发展至–3～–4层，所以基坑深度有许多已大于10m，个别的已达到30m以上。

（2）工程地质条件和施工环境越来越差。由于经济的高速发展，高层、超高层建筑如雨后春笋，数量急剧增长，而且主要集中在市区繁华地段。建筑密度大，人口密集，交通拥挤，场地狭小，施工环境很差。城市建设往往要根据城市规划部门的安排，区域可选性越来越小，地质条件可选性差。这种情况下，在深基坑施工过程中，不仅要保证本基坑的作业安全，而且更要保证周围其他建筑、道路、管线的正常运营。

（3）基坑支护方法多。随着支护技术和理论的日益成熟，以及支护经验的不断交流，新的支护方法层出不穷。诸如人工挖孔桩、预制桩、深层搅拌桩、地下连续墙、钢支撑、木支撑、抗滑桩、拉锚、注浆、喷锚挂网支护等，各种桩、板、墙、锚杆以及土钉墙的联合支护等，应有尽有，各显神通。

（4）基坑工程事故多。此问题在建筑界显得异常突出，基坑与边坡工程事故危及四邻安全；给周围群众的生产、生活带来很大的不便，影响居民的正常生活；造成市政交通堵塞。深基坑事故的屡屡发生，给国家和人民的生命财产造成了很大损失。

（5）对基坑工程的时空效应与环境效应重视不够。基坑的深度和平面形状对基坑围护体系的稳定性和变形有较大的影响，空间效应的存在使得支挡结构所受土压力与经典土压力有较大的不同，在基坑围护体系设计和施工中要注意工程的空间效应，并加以利用。此外，基坑工程的开挖势必引起周围地基中地下水位的变化和应力场的改变，导致周围地基土体的变形，对相邻建筑、构筑物及地下管线产生影响。目前对这两点重视不够。因此，对基坑工程的空间效应与环境效应应予以重视。

（6）深基坑技术有待于尽快发展提高，以适应当前工程的需要。当前深基坑开挖支护工程已发展到以深、大、复杂为特点的新时期，特别是沿海地区，地下水位较高，深基坑工程施工工艺有待于进一步的研究和发展。

二、深基坑支护方法

尽管工程界流行深、浅基坑的说法，但目前并没有严格区分深、浅基坑的统一标准。Terzaghi和Peck曾建议把深度超过6m的基坑称为深基坑，但未得到普遍认可。国内也有人视深度超过5m的基坑为深基坑。现一般认为，当开挖深度大于6～7m时，便可以看作深基坑。

基坑支护是指为保证地下结构施工及基坑周边环境的安全，对基坑侧壁及周边环境采用的支挡、加固与保护措施。

支护结构主要承受侧向压力，包括水土压力及地面荷载、邻近建筑物基底压力，相邻场地施工荷载等引起的附加压力，以水土压力为主。土压力是基坑周围一定范围内的土体与支护结构之间相互作用的结果。传统的支护设计理论是把基坑周围土体当作荷载，作为支护结构的“对立面”，然后根据围护墙的位移情况，分别按静止土压力、主动土压力或被动土压力来进行支护设计，称此类支护为被动支护。事实上，基坑周围土体具有一定的自支撑能力，可以将它用作支护材料的一部分，源于这一观点的支护设计是设法充分发挥和提高基坑周围土体的自支撑能力，并补强其不足部分，称此类支护为主动支护。

（一）被动支护

被动支护是一种被广泛应用的、传统的深基坑支护方法，其支护结构主要包括围护墙和撑锚体系，排桩式围护墙通常还包括止水帷幕。

1.围护墙

（1）排桩式围护墙。为简便起见，并参照《建筑基坑支护技术规程》（JGJ 120-2012）的规定，把采用钻孔灌注桩、人工挖孔桩、预制钢筋混凝土桩、钢板桩等桩型按队列式布置组成的墙体均归为排桩式围护墙。按布桩方式，排桩围护墙可分为柱列式排桩围护墙、连续排桩围护墙和双排桩围护墙等。对于开挖深度在6～10m的各安全等级基坑均可采用排桩围护墙支护。

（2）地下连续墙。地下连续墙是先在地面以下开挖一段狭长的深槽，其内充满泥浆以保护槽壁稳定，然后吊放钢筋笼，水下浇筑混凝土，筑成一段钢筋混凝土墙段，再将这些墙段连接起来形成的地下墙壁。它在施工时噪音较少，除用作基坑施工时的围护墙外，一般还是地下结构的一部分。它适用于各种地质条件和安全等级的基坑，并可进行逆作法施工。

2.撑锚体系

（1）内支撑。内支撑是设置于基坑内部，承受围护墙传来的水土压力等外荷载的结构体系，由支撑、围檩（腰梁）和立柱等构件组成，排桩式围护墙顶部还设置帽梁（冠梁）。在软土地区，特别是建（构）筑物密集的城市中开挖深基坑，内支撑被广泛应用。目前采用的支撑材料主要有型钢、钢管和钢筋混凝土等。内支撑平面布置形式除惯用的井字形加角撑外，针对不同的基坑平面形状，巧妙地运用力学原理，还开发应用了圆形、椭圆形钢筋混凝土环梁封闭式桁架平面布置。为达到增大坑内挖土空间而又能保证支撑体系刚度的目的，近年来，采用了边桁架代替传统的围檩、受力性能良好的曲线形杆代替单一的直杆、桁架杆代替实腹杆等新技术。此外，还常将一些方便施工的栈桥和起重机架等与内支撑结构相结合，使之成为整体的支撑系统，以达到增加支撑刚度和方便施工的双重目的。

（2）拉锚。当施工场地周围条件许可且工程地质较好时，可采用坑外拉锚形成对围护墙的支撑作用。拉锚形式有土层锚杆、锚锭拉锚和锚桩拉锚等。土层锚杆在深基坑支护中被广泛应用，它设置在围护墙背后，为挖土、地下结构施工创造了条件。土层锚杆的一端通过围墙与围护墙连接，另一端深入稳定的土层中。土层锚杆由锚固头、拉杆和锚固体组成，分自由段和锚固段两部分。拉杆可以是粗钢筋、钢筋束或钢绞线，以钢绞线较多用。传统土层锚杆的锚固体为水泥砂浆圆柱体，后又出现了带扩大头或通过多次高压注浆形成的葫芦串锚固体。为回收拉杆材料，近年来还成功地设计和施工了可拆卸式土层锚杆。目前土层锚杆的设计理论还落后于工程实践，致使设计和施工不当而造成的浪费和工程事故不少。

（二）主动支护

主动支护是以充分发挥和提高基坑周围土体自支撑能力的新型支护方法，其发挥和提高土体自支撑能力可以从物理、化学和几何的途径着手，相应的支护形式主要有以下几种。

1.水泥土墙支护

水泥土墙是在搅拌桩的基础上基于化学加固土体的机制，它是利用水泥系材料作固化剂，通过特殊的拌和机械（如深层搅拌机或高压旋喷机）就地将原状土和固化剂（粉体或浆体）强制拌和，经过土与固化剂（或掺合料）产生一系列物理、化学作用，形成具有一定强度、整体性和水稳性的重力式支护结构。

水泥土墙支护一般适用于开挖深度不大于6m，基坑侧壁安全等级为二、三级，且水泥土桩施工范围内地基土承载力不大于150kPa的情况。

在水泥搅拌桩内加劲性型钢，形成复合围护墙，这种在日本已经成熟应用的方法（Soil Mixing Wall，SMW），此法需消耗大量造价高的型钢，早年由于我国经济条件不允许，而未能得到推广应用。近些年，由于工字型钢拔出技术、钢管甚至竹木加劲部分地取代型钢加劲技术的研究成功，使SMW工法在我国得到推广应用并有所创新，特别是在上海、广州、深圳等沿海城市，当前正在被广泛使用。

2.土钉墙支护

土钉墙是在新奥法的基础上基于物理加固土体的机制。它由被加固土放置于原位土体中的细长金属杆件（土钉）及附着于坡面的混凝土面板组成，形成一个类似于重力式的支护结构。土钉墙通过在土体内放置一定长度和密度的土钉，使土钉与土共同工作，来大大提高原状土的强度和刚度。

土钉墙支护一般适用于开挖深度不大于12m，侧壁安全等级为二、三级的非软土场地基坑。当地下水位高于坑底时，应采取降排水或截水措施。

3.喷锚支护

喷锚支护是在新奥法的基础上基于物理加固土体的机制，它与土钉墙支护在施工工艺上有相似之处，但在构造作用机理和适用等方面有较大差别。在构造上，喷锚支护的锚杆较长，要伸入滑移线以外的稳定土层中，分自由段和锚固段；土钉则较短，大多位于滑移线以内或附近，无自由段、锚固段之分。此外，土钉设置间距比锚杆密得多。在工作机理方面，喷锚支护是利用锚杆逐次超前“缝合”优势滑移控制面的裂缝而使土体形成整体的自稳能力，土钉墙支护则利用土钉与土体的共同工作，以弥补土体自身强度和刚度的不足。在适用上，土钉墙支护一般不适于流沙、淤泥和淤泥质土等黏结力低的软弱土层，而喷锚支护则在这类土层中有较好的适应性。喷锚支护基坑最大开挖深度目前已达18m，在淤泥地基，坑深也已超过10m。

4.冻结支护

冻结支护是基于物理加固土体的机制。其应用人工制冷技术，使基坑周围土层中的水结冰，形成一道具有一定强度、整体性的冻土墙，它既能挡土又能止水。冻结法施工在采矿工程中已经得到了广泛的应用，并进行了大量的研究，积累了较丰富的经验，用于深基坑支护则是近几年的事。冻结支护适用于各种复杂的地质条件，尤其在淤泥、淤泥质土及流沙层中更显示出优越性。采用冻结支护时，基坑工程的设计内容和要求将有非常大的变化，目前仅做了少量试验性工程。在某些地区，它是一种很有前途的深基坑支护新技术。

5.拱形支护

拱形支护是出于围护墙的几何形状与受力特性方面的考虑，利用基坑有利的平面现状，把围护墙做成圆形、椭圆形、组合抛物线形或连拱式等形式，以充分发挥支护结构的空间效应、土体的结构强度和材料的力学性能。一方面，作用在闭合拱形围护墙上的水土压力大部分可自行平衡或得到调节；另一方面，利用土体自身的起拱作用，可减小作用于围护墙上的水土压力；再者，围护墙基本处于受压状态，可充分发挥混凝土材料的强度特性。围护墙可采用排桩、地下连续墙或现浇逆作拱墙等。根据受力情况，可设置围檩甚至内支撑或土层锚杆。其中逆作拱墙犹如人工挖孔桩的护壁施工，是一种无嵌固深度的围护墙，它一般适用于开挖深度不大于12m，侧壁安全等级为二、三级的基坑。当地下水位高于坡脚时，应采取降水措施，对淤泥或淤泥质土不宜采用。排桩、地下连续墙拱形支护结构的适用条件与前述排桩、地下连续墙作为一般支护结构的适用条件相同。

三、深基坑支护技术应用前景

深基坑支护是岩土工程中一个新的领域，由于地质的复杂性、受力状态的多变性、结构形式的多样性，构成了其自身的特殊性，给深基础工程领域带来了新课题。相信随着科学技术的飞速发展和计算机的应用，依靠工程界、学术界的共同努力，在深基坑支护技术方面一定会出现新的突破，其应用前景体现在以下方面。

（一）改变传统的静态设计观念

对于深基坑支护结构的设计，国内外至今尚没有一种精确的计算方法，我国也没有统一的支护结构设计规范。深基坑支护结构的设计仍采用传统的“结构荷载法”，计算结果与深基坑支护结构的实际受力有较大差距，既不安全也不经济。国内外岩土工作者对探讨和建立动态设计体系已形成共识，许多学者已开始从事这方面的研究。近十几年来，我国在深基坑支护技术上已经积累了很多实践经验，收集了施工过程中的一些技术数据，已初步摸索出岩土变化支护结构实际受力的规律，为建立深基坑支护结构设计的新理论打下了良好的基础。

（二）建立新的变形控制工程设计方法

变形控制设计中，变形控制量应根据基坑周围环境条件因地制宜确定，不是要求基坑围护变形愈小愈好，也不宜简单地规定一个变形允许值，应以基坑变形对周围市政道路、地下管线、建（构）筑物不会产生不良影响，不会影响其正常使用为标准。鉴于此，应建立新的变形控制设计方法，着重研究以下问题：支护结构变形控制的标准，这是关系支护结构成败的决定性数据，但至今仍没有一个具体标准；空间应变简化为平面应变，这是如何将开挖过程中的空间效应转化为设计中的平面应变问题；地面超载的确定及其对支护结构变形的影响。

（三）探讨新型支护结构的计算方法

随着大量高层、超高层建筑以及地下工程的不断涌现，对基坑工程的要求越来越高，随之出现的问题也越来越多，导致许多新的支护结构形式相继问世，如双排桩、土钉、组合拱帷幕、旋喷土锚、预应力钢筋混凝土多孔板等。但是这些支护结构形式的计算模型如何建立，计算简图怎样选取，设计方法如何趋于正确，仍是当前新型支护结构设计中急需解决的问题。目前，深基坑支护结构正在向着综合性方向发展，即受力结构与止水结构相结合、临时支护结构与永久支护结构相结合、基坑开挖方式与支护结构形式相结合。这些结合必然使支护结构受力复杂，因此，工程技术人员必须探讨新型支护结构的计算方法。

（四）开展支护结构的试验研究

理论来自实践，我国至今在深基坑支护结构方面尚未进行系统的试验研究。在支护工程施工的过程中积累的技术资料很丰富，但缺少科学的测试数据，无法进行科学分析。一些支护结构工程成功了，也讲不出具体成功之处；一些支护结构工程失败了，也说不清失败的真实原因。因此，开展支护结构的试验研究是非常有必要的。需通过实验室模拟试验和工程现场试验，发现问题，总结规律，寻找解决问题的最佳途径，为其他工程提供经验和方法，减少工程事故的发生，为深基坑支护结构计算方法提供可靠的第一手资料。

（五）优化深基坑支护结构方案

深基坑支护结构的设计与施工不同于上部结构，除地基土类别的不同外，地下水位的高低、土的物理力学性质指标以及周围环境条件等，都直接与支护结构的选型有关。在深基坑工程中，支护结构方案的选择至关重要，支护结构形式选择合理，就能做到安全可靠、施工顺利、缩短工期，从而带来可观的经济效益与社会效益。反之，一个不合理的方案即使造价很高，也不一定能保证安全。可见，支护结构形式的优化选择是深基坑支护技术发展的必然趋势。

（六）发展信息监测与信息化施工技术

基坑工程力学参数的不确定性及施工过程的不可预见性，使基坑工程设计和施工中难免出现与实际地层条件不符合的情况，需要在施工过程中通过监测信息的反馈来修正设计，指导施工。因此，基坑工程监测是基坑工程施工中的一个重要环节，组织良好的监测能够将施工中的各方面信息及时反馈给基坑开挖组织者，根据预测判定施工对周围环境造成影响的程度，对基坑工程围护体系变形及稳定状态加以评价，并预测进一步挖土施工后将导致的变形及稳定状态的发展，制定进一步施工策略，实现信息化施工。

第二节　复合土钉墙支护技术

一、复合土钉墙支护技术的产生及应用

土钉支护技术自应用以来，就以其工期短、施工便捷、经济节能、稳定可靠等诸多优点迅速得到发展，在诸如高层建筑多层地下室、地下停车库、地下铁道及车站等各种涉及深基坑支护工程的民用与工业设施的兴建过程中，得到广泛应用。

但是土钉支护也有其缺点和局限性，主要是：现场需有允许设置土钉的地下

空间，若为永久性土钉，更需长期占用这些地下空间，当基坑附近有地下管线或建筑物基础时，则在施工时有相互干扰的可能；在松散砂土、软塑或流塑黏性土以及有丰富地下水源的情况下不能单独使用土钉支护，必须与其他加固支护法相结合，尤其在饱和黏性土及软土中设置土钉支护更需要谨慎，土钉在这些土中的抗拔力低，需要有很长很密的土钉，软土的徐变还可使支护位移显著增加；土钉支护如果作为永久性结构，需要专门考虑锈蚀等耐久性问题。

土钉支护的局限性从多方面妨碍了该技术的应用与发展。而目前在我国，经济发展最快、建设最广泛的地区都是在东南沿海城市，如上海、广州、福州、深圳等，这些地方地下水丰富，地下水位较高，承压水头高，地质条件差。即地层上部一般为疏松的杂填土、粉质或淤泥质土，下部为深厚的淤泥质黏土，土体强度值偏低，而且其中大多数深基坑工程位于城市中心，周边建筑物密集，环境复杂，支护边坡的变形对周边的影响很大。因此，土钉支护在这些地区的应用受到很大挑战。

因此，在土钉支护技术的基础上，一些学者和工程技术人员提出了复合土钉墙支护技术。复合土钉墙支护技术是以土钉墙支护为主，辅以其他补强措施以保持和提高土坡稳定性的复合支护方法。目前，复合土钉墙支护技术的加固部分主要有土体超前加固法和结构加固法。它针对不同的场地条件和地质条件，采取因地制宜、灵活多变的组合支护结构，保持了传统土钉支护的优点，克服了传统土钉支护技术的固有缺陷。

虽然复合土钉墙支护技术在基坑工程中已经得到了广泛的应用，但目前的规范对复合土钉墙的设计基本是借鉴土钉墙的设计方法，在设计计算中未考虑超前支护和止水帷幕的作用。对复合土钉墙的研究目前尚未形成统一的规范，在现场监测手段与方案、加固机理、支护结构受力情况等方面的研究仍然存在不足的地方。

二、复合土钉墙的形式

复合土钉墙支护是把土钉与其他支护形式或施工措施联合应用，在保证支护体系安全稳定的同时，满足某种特殊的工程需要，如限制基坑上部的变形、阻止边坡土体内水的渗出、解决开挖面的自立性或阻止基坑地面隆起等。主要有以下五种形式。

（一）土钉与止水帷幕（水泥土桩）配合使用

进行土钉–防渗墙联合支护，可有效解决传统土钉支护工艺无法在地下水位以下施工的难题，且利用搅拌桩与土钉共同作用，产生良好的抗渗性和一定强度，解决基坑开挖后存在临时无支撑条件下的自立稳定问题，避免了土钉支护无插入深度的问题。利用其挡土墙的作用，可适当减少土钉布置的数量和密度，以降低工程成本。根据工程的具体情况，止水帷幕可采用深层搅拌桩、高压旋喷桩等水泥土桩形式，并应在基坑开挖前进行施工，然后再分层开挖进行土钉墙支护。支护时，应先用水钻或麻花钻成孔，穿透帷幕桩，通常采用机械打入钢管作为土钉。

（二）土钉与预应力锚杆（锚索）配合使用

该形式可有效解决土钉支护变形大的问题。通过预应力锚杆将被加固区锚固于潜在滑移面以外的稳定岩土体中，锚杆的预应力通过锚下承载结构和支护面层传递给加固岩土体，其预应力在被加固岩土体中产生压应力区，大大减小了塑性区的范围，延缓了潜在滑移面的形成和岩土体的破坏，有效控制了基坑的变形，增加了基坑的稳定性。但是，这种复合支护方式要求面层和自由段的土体应有足够的抗压强度，因此，在软土、砂土等不良地质土层中，预应力往往难以达到设计值，故不宜使用该种支护方式。

（三）土钉与超前锚杆（预支护微型桩）配合使用

一般由超前垂直打入的注浆钢管做成，钢管直径较小，施工时较易打入土中，施工方便，速度快，其作用是解决基坑分层开挖后无支护条件下的自立问题。通常在基坑开挖前，在开挖线外垂直打入，在钢管内高压注入水泥浆，形成沿基坑开挖线以一定间距分布的一组微型桩。基坑分层开挖进行土钉支护，并与超前锚杆联成一个整体。当支护工程土质较好、安全性较高时，也可采用木椽、槽钢或未注浆的钢管作为超前锚杆。

（四）土钉与混凝土灌注桩、加筋水泥土、内支撑等其他支护形式配合使用

在外部荷载大、基坑安全性低的某些基坑工程中，可采用此方法。比如在止水帷幕的水泥土桩上进行插筋，应用目前比较成熟的基坑支护SMW工法，可以有效提高水泥土的抗剪、抗弯强度，在止水的同时起到挡土作用，并结合土钉墙支护，大大提高了基坑的安全性。

（五）土钉与以上多种形式的复合土钉支护

在实际工程应用中，根据地质条件的复杂程度、周边荷载的影响情况等多方面的问题，为达到经济合理、安全可靠、施工便捷的目的，往往采用该方法，比如土钉+止水帷幕+预应力锚杆、土钉+预应力锚杆+超前锚杆、土钉+止水帷幕+预应力锚杆+超前锚杆等组合形式。

三、复合土钉墙支护结构及施工工艺

（一）土钉支护部分的构造及施工

土钉支护结构的基本构造除被加固的土体外，主要由土钉、面层及防排水系统三部分组成。

1.土钉

土钉在整个复合结构中发挥着重要的作用，它有效地增大了土体的抗剪强度，使本来松散的土体变成整体性比较强的类似加筋土的复合体。当土钉置入土体后，由于钉土之间产生相对位移，从而在钉土之间产生摩擦力，土钉依靠钉土之间的摩擦力分担了超出原状土所能承受的过大的应力，这种应力转移和重分布可以大大推迟和延缓土体的塑性流动和滑塌。

土钉主要可分为钻孔注浆钉与击入钉两种，其中前者最为常见。

（1）钻孔注浆钉。钻孔注浆钉首先在土中采用机械或人工成孔，置入钢筋，然后沿全长注浆填充形成钻孔注浆钉。土钉的成孔方法在很大程度上取决于土体的特点，常用的方法有洛阳铲、螺旋钻、轻型地质钻、冲击锤成孔等。为使土钉钢筋周围有足够的浆体保护层，一般需沿钉长每隔1.5～2.0m设置对中

支架。土钉墙宜采用Ⅱ、Ⅲ级钢筋，直径一般为16～32mm，置于直径为70～120mm的钻孔中。注浆材料可采用强度等级不低于M10的水泥浆或水泥砂浆，注浆方式一般采用低压（≤0.5MPa）重力式注浆，也可采用一次高压注浆技术，以增加土钉与土层的黏结力。土钉与面层的连接一般宜做成由带螺纹的钢筋与螺母、钢垫板组成，待注浆体及面层硬结后用扳手拧紧螺母，也有在面层内设置加强筋使土钉与加强筋焊接连接的形式。对于永久土钉，一般在钢筋外还需要加环氧树脂防腐涂料或用水泥浆填充密封的波纹塑料保护层，以提高钢筋防锈蚀能力。

（2）击入钉。击入钉一般采取震动、冲击、液压等措施将土钉（角钢、钢管、钢筋等）击（射）入土体中形成土钉。由于不需预钻孔，施工速度快，在工程中有一定的应用前景，但不宜用于密实胶结土及永久性支护工程中。

普通击入钉：即在土体中直接打入角钢、钢管或圆钢等，不再注浆，因此与土体的黏结强度较低；由于钉长又受限制，所以一般为短而密的布置，支挡土坡高度也受到限制。

注浆击入钉：即用周围带孔的钢管（工程中多称钢花管），通常在钢管周围凿孔作为注浆孔眼，并在孔眼边焊接倒刺制成。击入土中后，从管内通过壁孔将注浆体渗到周围土体中，从而提高击入钉与周围土体的黏结力。注浆击入钉宜用于砂性土中。

高压喷射注浆击入钉：是利用高频冲击震动锤将土钉击入土体，同时以高压（20MPa）把水泥浆从土钉端部的小孔中或通过焊接于土钉上的薄壁管射出进入周围土中，从而提高与周围土体的黏结力。高压喷射注浆击入钉可适用于各类一般黏土层和砂性土层。

气动射入钉：用高压气体作动力将土钉射入土中，一般钉径为25～38mm，长度不超过6m。

2.喷射混凝土面层

喷射混凝土面层可以使分布在土体中的土钉协调工作，一旦局部一个或几个土钉达到极限状态，通过面层可以转移到其他土钉上去，这样就限制了坡面的鼓胀和局部塌落，保持坡面的完整性，并有效防止了雨水的冲刷。

临时性土钉支护施工面层一般由80～150mm厚的网状加筋混凝土组成，钢筋网钢筋直径一般为6～10mm，网格间距一般为150～300mm。土钉端部与面层的连接可采用螺母、承载板方法，也可采用土钉与局部设加强筋的钢筋网焊接。钢筋混凝土面层一般采用干喷或湿喷工艺，直接将混凝土混合料喷射在钢筋网上，形成强度等级不低于C20的混凝土面层。对于永久性土钉支护，面层厚度一般为150～250mm，可分几次喷成。喷射混凝土面层宜插入基坑底部0.2m以上，坑顶宜设置1～2m厚的喷射混凝土护顶。

3.防排水系统

地下水对土钉墙施工及其耐久性是非常主要的。开挖面上的渗水量太大可诱发施工期间开挖面的稳定问题，增大对喷射混凝土面层的压力，同时还不能形成令人满意的喷射混凝土施工面层。土钉墙的防排水措施包括土工织物面层排水、浅层聚氯乙烯（PVC）排水管和排水孔、表面集水和截水明沟，以及表面防水等。施工前在地面设置排水沟引走地表水，坡顶部位应进行硬化处理，以防止地表水向下渗透。随着向下开挖和支护的进行，在面层上可根据开挖土层含水情况设置必要的泄水孔，以便将喷射混凝土面层背后的水排走。基坑开挖到底后，在坡角附近应再设置一道排水沟和集水井，以保证坑内积水顺利排出。

（二）辅助加固部分的构造及施工

1.止水帷幕

当对基坑有防渗要求时，为防止因基坑周围地下水位下降而引起地面沉降，工程中通常采用深层搅拌桩或高压旋喷桩做止水帷幕。止水帷幕作为临时挡墙和隔水帷幕，避免了土体开挖后由于土体渗水引起土体强度降低，以致出现不能临时直立而失稳以及基底隆起、管涌等问题。

复合土钉支护结构中将深层搅拌桩或高压旋喷桩在基坑开挖前沿基坑边线外侧布置。根据基坑边坡的土质条件、基坑深度、坡顶荷载、变形控制要求和场地环境条件设置1～3排桩，使之相互叠合形成止水帷幕。桩长一般要求进入基坑底残积土层，或桩长足以阻止地下水和软土在基坑开挖后由基坑外向基坑内的渗流。当桩长小于10m时，桩间搭接宽度取100～150mm；当桩长大于10m时，桩间搭接宽度取200mm。

深层搅拌桩止水帷幕适用于黏土、淤泥质土和粉土地基。对于含有高岭石、蒙脱石等黏土矿物的土层，加固效果较好；而对于含有伊利石、氯化物和水铝英石或有机质含量高、pH值较低的土层，加固效果较差。

深层搅拌桩的施工一般采用喷浆工艺，施工程序一般为桩机定位→预搅下沉→备浆→喷浆搅拌提升→重复搅拌下沉→重复喷浆提升→结束。水泥浆液水灰比一般为 0.45 ～ 0.55，加入适量的外加剂（如木质素磺酸钙），水泥掺入量为 12% ～ 16%，搅拌钻杆的钻进下沉速度一般为 0.38 ～ 0.75m/min，喷浆提升速度一般为 0.3 ～ 0.5m/min，搅拌钻杆（轴）的转速为 60r/min，根据场地的土质条件采用 2 ～ 4 次重复搅拌，其最大施工深度一般控制在 23m 以内。

高压旋喷桩适用于砂类土、粉土、黄土及黏土等土层，对于含有较多的大粒径块石的卵砾石层以及含有大量有机质的腐殖土，效果较差。高压旋喷桩分单管法、二重管法和三重管法。复合土钉支护结构中的高压旋喷桩一般采用单管法施工。喷浆压力通常采用10～20MPa甚至更大的压力。水泥浆液的水灰比为0.45～0.55，掺入2%～4%的水玻璃，对抗渗性能有明显的提高。垂直施工时，钻孔的倾斜度一般不得大于1.5%，注浆管的提升速度为0.2～0.25m/min，旋转速度一般为20r/min。

另外，在深层搅拌桩和高压旋喷桩施工过程中，为了提高复合土钉支护结构的整体刚度，也常常在成桩后立即置入型钢。

2.超前微型桩

土钉与微型桩结合的方式适用于土质松散、自立性较差、对基坑没有防渗止水要求，或地下水位较低、不需要进行防渗处理的地层情况，对增强土体自立性、增加边坡稳定性以及防止坑底涌土十分有利。

基坑复合土钉支护结构中通常采用钢管桩或树根桩实施超前加固，桩端宜嵌入基坑底面以下1～3m。钢管桩一般采用直径48～150mm的无缝钢管或焊接钢管，用100型或200型地质钻成孔，间距为0.5～1.0m，通过钢筋网和加强筋与之焊接连成整体。钢管内采用压密注浆，注浆前对钢管地面端1m范围内与钻孔间隙用M10砂浆密封并设置排气管，浆液采用水灰比为0.45～0.60的水泥净浆或水灰比为0.4～0.45的水泥砂浆，注浆压力一般为0.5～1.5MPa。注浆时，注浆管插至距钢管底250～500mm，待注满浆后密封钢管口和排气管，保持压力3～5min。

树根桩一般采用直径为100～250mm的小直径钻孔灌注桩，可视土质情况布置一排或双排，双排通常采用梅花式布置。树根桩间距为0.5～1.0m，利用加强筋与面层连接成整体。钻孔通常采用地质钻，成孔后向孔内放入钢筋笼或型钢，并注入水泥净浆或水泥砂浆。树根桩地面端多采用钢筋混凝土冠梁将树根桩连成整体。

3.预注浆处理

在基坑开挖前，沿开挖面超前竖向钻孔或打入注浆管把浆液均匀地注入基坑开挖边线外侧上部的松散土体中，浆液以填充、渗透、挤密等方式将原来松散的土粒或裂隙胶结成一个整体，从而改善土体的物理和力学性能，提高基坑开挖时该部分土体的自稳能力。

注浆管一般采用直径为48～60mm、壁厚3.5mm的钢管，钢管上环像梅花状钻眼，采用人工或机械静压方法打入被加固的土体中。注浆压力是在不会使地表产生明显隆起变形和邻近建筑物不受到影响的前提下可能采用的最大压力，使浆液通过钢管的小孔渗入周围土体。注浆孔间距以被加固土体的土质情况和采用的注浆压力而定，一般为300～1000mm。注浆采用水泥净浆，水灰比为1：0.5～1：1，对于含水丰富的地层，加入适量的外加剂（如三乙醇胺、水玻璃等）可以加速浆液对土体的固化作用。

4.超前土钉支护

对于较松散的土层或含水量较大的土层，当开挖后土层不能形成自稳的工作面时，需对开挖的工作面做超前支护。工程中通常采用超前土钉支护，即在开挖下一层工作面前通过人工的方法向下一支护层打入超前土钉，超前支护下一层，提高该层在土方开挖和土钉支护施工期间的自稳能力。超前土钉的材料可采用角钢、槽钢、钢管、螺纹钢筋、木桩、竹桩等，其上端通常与上一排土钉或加强筋连接。超前土钉的长度一般不小于被超前支护层开挖深度的两倍，间距为300～500mm。对于垂直开挖的基坑，超前土钉与坑壁的夹角一般为5°～10°，对于有一定坡度的基坑，超前土钉可以垂直打入。工程中应用最多的是一种注浆花管超前土钉，花管多为直径为48mm、厚3.5mm的普通钢管，钢管上环向钻眼，打入头制作成锥形，打入后用注浆泵注入1：0.5～1：1的水泥净浆，注浆压力一般控制在0.3～0.5MPa。

5.预应力锚索（杆）

对于基坑周边变形要求比较严格的情况，单独使用土钉支护往往造成基坑边坡侧向位移过大，影响周围建筑物的正常使用。采用土钉与预应力锚索（杆）组合支护技术，是复合土钉支护常用而有效的支护形式，可以较好地解决此类基坑的支护问题，有效地控制基坑变形，大大提高基坑边坡的整体稳定性。

预应力锚索（杆）的成孔通常采用锚杆钻机或100型、200型地质钻，孔径为100~150mm，杆体一般采用高强钢绞线束。当锚杆的轴向荷载小于350kN时，可以采用直径为25~32mm的螺纹钢筋，头部设螺杆，用螺母拧紧实施张拉预应力。预应力锚杆的锚固段要求进入土体滑裂面1m以外的稳定岩土层。

预应力锚索（杆）的注浆一般采用一次注浆工艺，浆液为水灰比为0.45~0.60的水泥净浆或水灰比为0.4~0.45的水泥砂浆，并加入适量的外加剂。注浆时设置止浆塞或止浆袋子和排气管，一次注浆压力控制在0.4~0.6MPa，一次劈裂注浆的压力一般为2~3MPa。预应力锚索（杆）端部与面层的连接一般采用腰梁或承压板。腰梁可以是现浇的混凝土梁或槽钢，锚索（杆）穿过腰梁并用专业锚具进行张拉锁定。

6.桩锚支护

对于硬度较大的卵砾石地层，可钻性差，易坍塌，基坑支护若单纯采用桩锚支护，施工难度大，工效低，工程造价高。另外，对于开挖深度较大的基坑，若完全采用锚杆桩墙支护体系，则需要多层锚杆，且护壁桩所承受的水平力过大，为满足受弯要求，需增加护壁桩的桩径和配筋量，工程造价也很高。采用土钉和桩锚联合的支护形式可大幅减少桩的数量，节省工程投资，提高工效，缩短施工工期。

常见的桩锚复合土钉支护形式有以下两种：一种为上部一定深度采用土钉支护，下部采用桩锚支护，桩顶设置冠梁；另一种为沿基坑开挖线以一定间距设置桩锚支护，桩与桩之间再设置土钉。

第三节　预应力锚杆支护技术

一、概述

预应力锚杆是一种高效、经济、实用的工程技术，得到了岩土工程行业的高度重视，广泛应用于各类岩土体加固工程，如隧道与地下洞室加固，岩土边坡加固，深基坑支护，混凝土坝体加固，结构抗浮、抗倾覆，各种结构物稳定与锚固等。在国内的土建工程（例如高层建筑深基础工程、水电工程、铁道工程、交通工程、矿山工程、军工工程等基础设施工程）中逐渐得到广泛应用。比较典型的工程有北京京城大厦深基坑支护工程、三峡永久船闸高边坡预应力锚杆加固工程、首都机场扩建工程地下车库抗浮工程、小浪底水利枢纽地下厂房支护工程、京福高速公路边坡加固及滑坡整治工程。

近年来，还发展了一种新的用于基坑开挖和边坡稳定的支挡技术——预应力锚杆柔性支护技术。该技术是由预应力锚杆与喷射混凝土面层或木板面层结合而成的一种支护方法。

预应力锚杆柔性支护体系作为一种新型的支挡技术，具有诸多优点：工程造价低；施工方便，工期短；基坑变形小；施工简单，安全性好。由于强大的预应力作用，改变了基坑的受力状态，减小了基坑坑壁位移，因此预应力锚杆柔性支护法特别适用于位移控制要求严格的基坑及超深基坑的支护。但是，其工作机理与设计方法的研究还不够深入，目前尚未有一个较为完整的计算模型能模拟其支护机理及力学性能，且其理论分析方法明显滞后于工程实践。

二、预应力锚杆支护技术

（一）构造组成和分类

预应力锚杆是一种可承受拉力的结构系统。它的一端被固定在稳定地层中

（或结构中），另一端与被加固物紧密结合，形成一种新的结构复合体。它的核心受拉体是高强预应力筋（预应力钢丝、钢绞线等）。它在安装后，可立即向被加固体主动施加压应力，限制其发生有害变形和位移。

预应力锚杆主要由锚头、杆体和锚固体三部分组成。锚头位于锚杆的外露端，通过它与基坑围护结构的连接，最终实现对锚杆施加预应力，并将锚固力传给结构物。杆体连接锚头和锚固体，利用其弹性变形的特征，在锚固过程中对锚杆施加预应力。锚固体位于锚杆的根部，把拉力从杆体传给地层。

根据土层锚杆结构形式的不同，预应力锚杆可分为圆柱形、端部扩大头型和连续球体型三类锚杆；根据其传力机制的不同，预应力锚杆可分为普通拉力型、普通压力型锚杆和分散拉力型、分散压力型锚杆；根据其服务年限的不同，预应力锚杆可分为永久性锚杆和临时性锚杆。

（二）施工工艺

预应力锚杆施工程序为定位→钻孔→杆体制作与安放→注浆（一次常压或二次高压）→外锚头制作→张拉锁定→外锚头防腐。

预应力锚杆施工工艺主要包括钻孔、杆体制作与安放、注浆及张拉与锁定等。

1.钻孔

钻孔是锚杆施工的关键工作，其施工主要包括钻机就位、钻孔和清孔三个工序。锚杆钻孔直径一般为110～180mm。

（1）钻孔方式。钻孔方式可根据岩土类型、钻孔直径和深度、地下水情况、接近锚固工作面的条件、所用洗孔介质的种类以及锚杆种类和要求的钻进速度进行选择。岩层中钻孔一般采用气动冲击钻及相配套的潜孔冲击器、钻头；土层中钻孔一般采用回转式、冲击回转式和回转冲击反循环式钻机；在不稳定地层（含水层、易塌孔地层、卵砾石层等）多采用套管护壁、常规球齿形潜孔锤冲击回转钻机进行钻孔。

（2）钻孔作业。锚杆钻孔方式选定后，施工中要根据工程及地质条件的具体变化及时调整锚杆孔钻进施工工艺，以确保锚杆施工的顺利进行。

采用回转式旋转钻机时，如在地下水位以下钻进，对于土质松散的粉质黏土、粉细砂及软黏土等地层应用套管保护孔壁以避免塌孔。采用回转的螺旋钻杆时，根据不同的土质需选用不同的回转速度和扭矩，螺旋钻进时不需用水循环，不使用套管护壁，因此辅助作业时间减少，钻进速度快。一般螺旋钻效率为15 ~ 16m/h。

（3）清孔。冲击钻机和旋转钻机经常选用气动法进行洗孔，在干燥岩层中使用效果较好，也可用于稍潮湿岩层。水洗方法适用于旋转式取芯钻孔和套管护壁钻孔，在城市密集区及地下洞室内由于气动冲击会产生较大噪声及粉尘，宜采用水洗循环钻进，但注意一定要有完备的给排水措施。另外，使用水洗时应慎重，因为水洗会降低岩土层的力学性能，影响锚杆锚固体与周围地层的黏结强度。

2.杆体制作与安放

（1）杆体制作。锚杆的结构形式与种类不同，其杆体材料与制作方式也不同。杆体材料可用高强钢丝和钢绞线、精轧螺纹钢筋、中空螺纹钢材以及普通钢筋等。

①钢筋杆体的制作。按照设计要求长度截取较为平直的钢筋并除油、除锈，若需接长，要按照有关规范进行焊接或采用专用连接器。杆体自由段一般采用隔离涂层、加套管等方法进行隔离，对防腐有特殊要求的锚固段钢筋应严格按照设计要求进行制作。为确保杆体保护层厚度，沿杆体轴线方向每隔 1.5 ~ 2.0m 还要设置一个对中支架，支架高度不小于 25mm。最后将注浆管（常压、高压）、排气管等与锚杆杆体绑扎牢固。

②钢绞线、高强钢丝杆体的制作。其制作方法与钢筋杆体的制作基本相同。需要注意的是，钢绞线出厂时一般为成盘方式包装，杆体加工抽线时应搭设放线装置，以免线盘扭弯、抽线困难或抽伤操作人员。另外，锚杆杆体一般由多股组成，所采用的对中支架常为塑料或钢材焊接成型的环状隔离架。此外，在自由段和锚固段对每股钢绞线均要按照设计要求进行相应的隔离与防腐处理。

③可重复高压注浆锚杆杆体的制作。其制作需安放可重复注浆套管，并在自由段与锚固段的分界处设置止浆密封装置。二次高压注浆套管一般采用直径较大的塑料管，管侧壁间隔1.0m左右开有环形小孔，孔外用橡胶环圈盖住，使二次注浆浆液只能从管内流向管外，一根小直径的注浆钢管插入注浆套管，注浆钢管前后装有限定注浆区段的密封装置。此外，工程中还经常采用简易的二次高压注浆方法锚杆，二次高压注浆管在管末端及中部按一定间距开有环状小孔，并用橡胶

环圈密封，注浆管前端连接有小直径钢管以便于与注浆泵的高压胶管相连。二次注浆管与杆体绑扎牢固，与锚杆杆体一并预埋。

④压力分散型锚杆或拉力分散型锚杆的制作。一般先采用无黏结钢绞线制作成单元锚杆，再由2个或2个以上单元锚杆组装成复合型锚杆。当单元锚杆的端部采用聚酯纤维承载体时，无黏结钢绞线应绕承载体弯曲成U形，并用钢带与承载体捆绑牢靠；当采用钢板承载体时，则挤压锚固件要与钢板连接可靠，绑扎时要注意不能损坏钢绞线的防腐油脂和外包PVC软管。同时，各单元锚杆的外露端要做好区分标记，以便于锚杆张拉或芯体拆除。

此外，锚杆杆体制作时还需要预留出一定杆体长度，以满足施工完毕后的预应力张拉要求，预留长度一般为600～1000mm。杆体需要切断时，应采用切割机进行，禁止采取电气焊等方法切割，以防止影响并降低杆体强度。

（2）杆体存储。杆体加工制作完成后存放要保持平顺、清洁、干燥，并确保杆体在使用前不被污染、锈蚀，存放时间较长的杆体在使用前应该进行检查，发现问题处理后方可使用。

（3）杆体安放。锚杆杆体放入钻孔之前要对钻孔情况重新进行检查，并要检查杆体的加工质量，看其是否满足设计要求，防腐体系是否完备。杆体安放时，要与钻孔角度保持一致并保持平直，防止杆体扭压、弯曲。杆体插入孔内深度不应小于锚杆长度的98%，杆体安放后不宜随意扰动。

3.注浆

（1）注浆浆液。锚杆注浆通常是将水泥浆或水泥砂浆注入锚杆孔，使其硬化后形成坚硬的灌浆体，将锚杆与周围地层锚固在一起并保护锚杆预应力筋。注浆浆液通常选用灰砂比为1：0.5～1：1的水泥砂浆或水灰比为0.45～0.50的纯水泥浆，必要时，可加入一定量的外加剂或掺合料以保证浆液的可灌性。水泥砂浆浆液的配置一般采用强度不小于32.5级的普通硅酸盐水泥和干净的细砂与水，砂与水的质量比通常为1：1～1：3，水泥砂浆一般只用于一次灌浆。注浆浆液的强度控制一般为7d不低于2MPa，28d不低于30MPa；压力型锚杆浆体的强度要求较高，一般为7d不低于25MPa，28d不低于35MPa。

（2）注浆作业要点。注浆作业采用注浆泵通过与高压胶管相连的锚杆注浆管进行，要点如下。

①注浆浆液要搅拌均匀，随搅随用，并要在初凝前使用，储浆池要有适当遮

盖，以防止杂物混入浆液。

②往倾孔内注浆时，注浆管出浆口应插入距孔底300～500mm处，浆液自下而上连续灌注，确保从孔内顺利排水与排气。

③往向上倾斜的钻孔内注浆时，要在孔口设置密封装置，将排气管端口设于孔底，注浆管放置在离密封装置不远处。

④注浆设备要有足够的额定压力，注浆管要保证通畅顺滑，一般在1h内要完成单根锚杆的连续注浆。

⑤注浆时，发现孔口溢出浆液或排气管停止排气时，可停止注浆。

⑥锚杆张拉后，应对锚头与锚杆自由段间的空隙进行补浆。

⑦注浆后，不要随意扰动杆体，也不能在杆体上悬挂重物。

4.张拉与锁定

锚杆张拉就是通过张拉设备使预应力杆体的自由段产生弹性变形，在锚固结构上产生预应力。锚杆的张拉设备一般有扭力扳手、液压油泵、千斤顶、高压油管、油压表以及压力传感器和百分表等。

（1）锚具。在预应力锚杆结构体系中，锚具是对结构物施加预应力、实现锚固的关键部分，通常根据不同的预应力杆体采用不同类型的锚具。锚具主要有锁定预应力钢丝的锻头锚具和锥形锚具、锁定钢绞线的挤压锚具、精轧螺纹钢筋锚具、锁定中空锚杆的螺纹锚具、普通钢筋螺纹锚具等。

（2）张拉作业。锚杆的张拉方法取决于锚杆的种类、所选用的锚具类型和施加预应力的大小。张拉前，可采取在被锚固结构表面设置承载板等措施，以确保施加的预应力始终作用于锚杆轴线方向，使预应力杆体不产生任何弯曲。

对螺纹锚具采用千斤顶张拉至设计荷载之后，即可使用扳手拧紧螺母来保持施加的拉力。当千斤顶上的压力显示稍有下降时，就表示螺母已完全压紧作用于承压板之上，随后就可卸压，完成张拉作业。

对钢丝或钢绞线用的锚具一般采用千斤顶、工具锚板和夹片及限位板进行张拉。张拉时，首先将工具锚板套在预应力筋上并紧贴承载板，放入夹片固定；然后将限位板、千斤顶、工具锚依次套在预应力筋上，在工具锚上放入工具锚夹片，预紧后再将高压油泵与高压油管、千斤顶相连，安装好位移测量装置后即可进行张拉。千斤顶的拉力按逐级加荷的要求增大至需要张拉的荷载值时，记录锚头位移与张拉油压，千斤顶卸荷、工具锚夹片回缩就锁定了预应力筋，由此达到张拉预应力筋的目的。当采用前卡式千斤顶对单根预应力筋进行张拉时，则不需要工具锚板和夹片，是理想的卸锚千斤顶和二次补偿张拉千斤顶。

荷载分散型锚杆的张拉可按设计要求先对单元锚杆进行张拉，消除单元锚杆在相同荷载作用下因自由段长度不等引起的弹性伸长差后，再同时张拉各单元锚杆并锁定，也可按设计要求对各单元锚杆从远端开始按顺序进行张拉锁定。

第四节　型钢水泥土复合搅拌桩支护结构技术

一、型钢水泥土复合搅拌桩支护结构技术的产生

型钢水泥土复合搅拌桩支护结构技术（也称为SMW工法），它是一种劲性复合围护结构，该工法通过在各施工单元之间采取重叠搭接施工，然后在水泥土混合体未结硬前插入H型钢或钢板作为其应力补强材，至水泥结硬，形成一道具有一定强度和刚度、连续完整、无接缝的地下墙体。将承载与防渗挡水结合起来，使之成为同时具有受力和抗渗双重功能的支护挡墙。这种结构充分发挥了水泥土混合体和受拉材料的力学特性，同时具有经济、工期短、高止水性、对周围环境影响小等特点。作为基坑围护结构的一种施工方法，它在日本、美国、法国以及东南亚等许多地方得到了广泛应用。

SMW挡土墙主要是把水泥土的止水性和芯材的高强度特性有效组合而成的一种抗渗性好、刚度高、经济的围护结构。水泥土柱列墙与芯材所形成的SMW组合挡墙具有以下功能：止水墙的功能，承担抵抗侧压（水土压）的功能，承担拉锚或逆作法工程中荷载的垂直分量的功能。

该技术具有以下技术特点：施工时对邻近土体扰动较少，故不至于对周围建筑物、市政设施造成危害；可做到墙体全长无接缝施工，墙体水泥土渗透系数k可达10^{-9}m/s，因而具有可靠的止水性；成墙厚度可低至550mm，故围护结构占地和施工占地大大减少；废土外运量少；施工时无振动，无噪声，无泥浆污染；工程造价较常用的钻孔灌注排桩的方法节省20%～30%。

二、SMW 工法的分类

根据钻机轴数，SMW挡墙分为单轴、双轴、三轴、五轴等。

根据施工排数，SMW挡墙分为单排、双排、多排等。

根据芯材作用，SMW挡墙分为无芯材、抗拉筋、刚性芯材等。无芯材形式主要用于防渗功能，用作防渗墙、防污墙等；抗拉筋形式是在SMW挡墙的受拉区布置抗拉筋（如竹筋、钢筋等）以提高墙体的抗拉性能，适于浅基坑工程；刚性芯材形式是在墙芯插入刚度较大的芯材作为主要的抗弯构件，这种SMW墙又可称为RSW（Reinforced Soil Wall，加筋土墙），芯材可为H型钢、U型钢、钢管、预制钢筋混凝土等。大多数SMW挡墙工程中较多采用H型钢芯材，所以一般把这种形式的地下墙称为SMW。

根据芯材的回收性，SMW挡墙分为不可回收、可回收两种形式。

根据型钢布置形式有密插、插二跳一和插一跳一三种。

三、SMW 工法的施工工艺

（一）工艺要点

1.开挖导沟，设置导向架及定位卡

为使搅拌机施工时的涌土不致冒出地面，桩机施工前，沿SMW桩墙体位置开挖宽1.0m、深1.5m左右的导沟。为确保搅拌桩及H型钢插入位置的准确，沿沟槽旁边间距4～6m埋设4根2.5m长的10号槽钢作为导向桩，同时设置钢围檩导向架及H型钢定位卡。围檩导向架及定位卡都由型钢或工字钢做成，型钢定位卡间距比型钢宽度增加20～30mm。导向架施工时要控制好轴线与标高，施工完毕后在导向架上标出桩位及插入型钢的位置。

2.桩机就位搅拌桩施工

在确定地下无障碍物、导沟及导向架施工完毕后，SMW桩机就位并开始搅拌施工，施工前必须调整好桩架的垂直度达到1%以上，必须先进行工艺试桩，以标定各项施工技术参数，主要包括搅拌机钻进速度、提升速度，桩底标高，灰浆的水灰比，灰浆泵的压力，每米桩长或每根桩的输浆或送灰量，灰浆经输浆管到达喷浆口的时间等。

3.H型钢插入

三轴水泥搅拌桩施工完毕后，吊机立即就位，准备吊放H型钢。

（1）起吊前，检查设在沟槽定位型钢上的H型钢定位卡是否牢固、水平、位置准确，而后将H型钢底部中心对正桩位中心，并沿定位卡徐徐垂直插入水泥土搅拌桩体内，垂直度用经纬仪或线锤控制。

（2）若H型钢插放达不到设计标高，则采取提升H型钢，重复下插，使其插到设计标高。

4.H型钢的回收

（1）待地下主体结构完成并达到设计强度后，采用专用夹具及千斤顶以圈梁为反梁，起拔回收H型钢。

（2）用6%~10%的水泥浆自流充填H型钢拔除后的空隙，减少对邻近建筑物及地下管线的影响。

（二）关键技术措施

1.设备选型

SMW法的主要优点在于它的成桩质量均匀，防水帷幕连续可靠，这与所选用的机械设备密切相关。选用日本引进的三轴搅拌机或江阴振冲器厂研制的SJBD60型搅拌桩机，都可以满足设计提出的技术和质量要求。

2.搅拌注浆与成墙方式

钻机在钻孔和提升全过程中，应始终保持螺杆匀速转动、匀速下钻和匀速提升；根据下钻和提升两种不同的速度，注入不同掺量、搅拌均匀的水泥浆液，并采取高压喷气进行孔内水泥土翻搅，使水泥土搅拌桩在初凝前达到充分搅拌，确保搅拌桩的成孔质量。另外，配比准确、搅拌均匀是控制水泥土搅拌桩成桩质量的两大关键，施工中必须严格做到。

（1）控制水灰比与用水量：按设计要求严格控制水灰比，水灰比一般为1.5，水灰比确定后就可确定不同施工幅段中的用水量，用水量确定后，必须定时测定水泥浆液的比重，发现问题及时纠正，确保成桩质量。

（2）控制搅拌速度与注浆量：

①严格控制注浆量和下沉钻进速度，防止出现夹心层和断浆情况。施工中出现意外中断注浆或提升过快现象时，立即暂停施工，重新下钻至停浆面或少浆桩

段以下1m的位置，重新注浆10～20s后恢复提升，保证桩身完整，防止断桩。

②钻进搅拌速度与地质土层有关：对于黏性土一般为0.5～1m/min，对于砂土为1～1.5m/min。而提升搅拌速度一般为1～2m/min。钻进搅拌速度比提升搅拌速度慢1倍左右，可使水泥土充分搅拌混合均匀，有利于型钢的顺利插入。特别需要注意的是，提升速度不宜过快，以免出现真空负压、孔壁塌方等现象。

③水泥浆搅拌时间不少于2～3min，滤浆后倒入集料池中，随后不断地搅拌，防止水泥离析，压浆也要连续进行，不可中断。按照SMW工法的施工工艺，三轴搅拌机下钻时，注浆的水泥用量占总数的70%～80%，而提升时为20%～30%。

在水泥浆液中适当掺入一定量的木质素磺酸钙或膨润土，利用其吸水性以提高水泥土的变形能力，提高SMW墙的抗渗抗裂性能。

采用跳槽式双孔复搅成墙确保搅拌桩的隔水帷幕及成型搅拌桩的垂直度。

3.型钢起吊、插入与拔出

H型钢应保证其平直、光滑、无弯曲、无扭曲，焊缝质量应达到要求。轧制型钢或工厂定型型钢在插入前应校正其平直度。

（1）型钢起吊：由于插入的型钢一般都较长，为防止型钢在起吊过程中因不断转动而出现扭曲变形，在型钢起吊前于端部用铁块加以固定，使型钢端部与地面仅有一个角支撑点。

（2）型钢插入：尽可能在搅拌桩施工完成后30min内插入H型钢，当水灰比或水泥掺量较大时，H型钢的插入时间可相应增加。

H型钢插入前，在H型钢表面涂减摩隔离剂，涂刷隔离剂时严格按照操作规程作业，确保隔离剂的黏结质量符合要求。

当H型钢插放达不到设计标高时，则采取提升H型钢、反复下插，使其达到设计标高；若不能靠自重下沉，可借助适当外力（柴油锤或振动锤）将H型钢插入到位，下插过程始终检查H型钢垂直度。

SMW桩完成后，凿除桩顶部水泥土，露出的H型钢表面用隔离材料包扎或粘贴，然后再施工压顶冠梁。

（3）型钢的起拔回收：要确保型钢顺利回收，施工前要做好型钢抗拔验算。若不满足，可增加H型钢板厚度或提高型钢的强度，这同时也提高了墙体的刚度，对工程稳定有利。另外，H型钢可以涂抹减摩材料，减小拔出阻力，确保型钢顺利回收。

4.连续施工与冷缝处理

（1）SMW工法的最大特点是能不间断施工，确保防水帷幕的连续性和可靠性。因此，在施工中，应对机械维修和故障排除有专门的应急措施；对发生停电、停水和其他突发事件要早做准备，确保桩与桩的搭接时间不大于水泥土的凝结时间。

（2）若桩与桩的搭接时间过长，接近水泥土的凝结时间，则在第2根桩施工时增加注浆量20%，同时减慢下沉速度。

（3）施工中一旦出现意外情况，使第2根桩因相隔时间太长无法搭接，则按施工冷缝处理。冷缝处理一般在搅拌桩的外侧补搅素桩，素桩与围护桩搭接厚度约为100mm，以此确保将来基坑开挖时不出现渗水现象。

（4）为防止意外事故发生，产生施工冷缝，在SMW的施工中，根据不同的地质情况可在水泥土中掺入适量的缓凝剂。

（三）SMW 工法桩和 H 型钢的保护

（1）为了有效保护SMW工法桩，保证桩墙的稳定和止水效果及型钢的顺利拔出，要求机械挖土至SMW工法桩边200mm时，采用人工清除SMW工法桩上的土体。

（2）严禁挖土机械碰损SMW工法桩，若SMW工法桩桩体被挖损并碰划到H型钢，使型钢表面减摩剂破损，应将型钢表面清理干净，重涂减摩剂。

（3）H型钢的起拔力与H型钢的变形形状密切相关，因此基坑开挖过程中应根据土体变形的时空效应，及时架设支撑，尽可能缩短基坑开挖与支撑架设的时间间隔；施工中加强监控量测，并准确、及时反馈信息，指导现场及时采取相应对策，把基坑变形控制在最小范围以内。

（4）SMW工法围护结构变形受水位变化的影响比较大，在基坑开挖过程中，必须采取措施进行坑内降水，并及时封堵渗漏点，以达到减少基坑变形的目的。

（5）拆除钢支撑及围檩时，将型钢表面打磨光滑，补涂减摩剂，防止型钢锈蚀无法顺利拔出。

第五节　环梁支护结构技术

一、环梁支护结构的产生

环梁支护工艺用“钢筋混凝土预制桩”做竖向围护结构，在以基础底中心为圆心、直径为50m的圆周上，每隔1m设置一根预制混凝土方桩；沿桩身由上至下设置四道现浇混凝土环梁，支撑着竖向结构。实践证明，在软土地基深基坑工程中采用环形拱梁支护体系有很多优点，主要有结构受力合理、环形拱梁结构能够有效地利用施工空间、工作量小、适用范围广等，得到了越来越多专家的青睐，特别是在超大体积的深基坑工程中采用大直径环梁支护体系的经济效益尤为显著。

二、环梁支护结构的施工工艺

环梁支护结构的施工，无论采用哪种形式，一般均先做防水帷幕和挡土结构，然后边开挖土方边做环梁等支撑系统。对于防水帷幕和挡土结构等的施工技术在此不再赘述，重点介绍环梁等支撑系统的施工技术。

（一）圆形及格构式椭圆形环梁支护结构的施工工艺

在格构式椭圆形环梁支护结构施工中做每道环梁的同时，应做好其下支柱、围护桩上连系梁以及环梁与连系梁之间的连接支撑。

（二）钢筋混凝土环梁及帽梁施工

钢筋混凝土环梁和帽梁的施工皆遵循一般现浇钢筋混凝土构件施工的有关程序和规定。本节仅就其施工中应特别注意的问题作一阐述。

1.钢筋混凝土帽梁施工

围护桩在基坑开挖及地下结构施工过程中，各桩受力是不一致的，而且一般开挖面中部受侧压力最大，靠两边的则较小，在围护桩顶做帽梁将各独立桩连在一起可以调整各桩所受压力值，使之接近一致。因此，桩顶帽梁在支护结构中起着重要的作用，施工应注意以下几点。

（1）帽梁与围护桩之间的混凝土连接。由于围护桩先行施工，待其强度达到设计要求时，一般才破桩头做帽梁，桩头与帽梁之间势必存在一个薄弱连接。因此，破桩头时必须凿净浮浆层露出硬灰，将桩头凿毛并清理干净，以保证桩顶与帽梁混凝土连接可靠。另外，帽梁底边一般在桩顶以下50mm以上，包裹住桩头，保证帽梁与桩可靠地传递剪力。当帽梁作为第一道支撑的撑点时，更应注意此处的施工质量。

（2）帽梁的断面尺寸。施工时，必须保证帽梁断面尺寸的正确，将混凝土振捣密实，确保帽梁具有足够的刚度，满足其协调桩体受力和变形的功能。

（3）围护桩顶纵向钢筋的锚固。围护桩顶纵向钢筋伸入帽梁内的长度，一般来说，要满足规范要求的锚固长度，但对不作为首道支撑撑点的帽梁，一般将桩的纵筋伸至帽梁上层钢筋即可。当个别桩的钢筋长度不够伸入帽梁时，可将桩的纵筋隔一接一，锚入帽梁内。这已有许多成功的工程实践证实是可行的。

（4）浇筑帽梁混凝土时，尽量少留设施工缝。需留设时，也要避开支撑设置位置。在施工缝处继续浇筑混凝土时，按照施工缝的要求进行必要的处理。

（5）基坑的开挖一定要待帽梁混凝土强度达到规定的强度值后才可开挖下一步土方，以免发生事故。某市交通银行深基坑支护边坡滑移失稳事故中，桩顶未做帽梁即挖土且一次挖至坑底标高就是事故原因之一。

2.钢筋混凝土环梁和连系梁施工

环梁在环形支护结构中是最主要的受力构件，为保证其能可靠地承载，施工时必须注意以下几点。

（1）环梁施工放线必须准确，否则将严重影响环梁及整个支护结构的受力，这是由圆拱构件受力特点决定的。

（2）为保证环梁可靠受力，在环梁与连系梁交叉处应先绑扎环梁钢筋，后绑扎连系梁内的钢筋，连系梁内的钢筋需要插入绑扎。

（3）格构式环形支护结构中，环梁、连系梁及其之间的钢筋混凝土短撑一般应同时浇筑。

（4）环梁、连系梁的混凝土浇筑一般不留施工缝，需留设时，必须避开环梁与连系梁的结节处、钢（钢筋混凝土）支撑端部的环梁附近及悬空部分的环梁段上。

（三）水平钢支撑施工

在格构式拱撑环梁支护结构中，为控制基坑长边中间段的侧移，减小环梁内力，设有组合钢支撑。钢支撑可随挖土进程逐步架设，方便大型施工机械下坑作业，提高生产率。

1.安装钢支撑的准备工作

安装水平钢支撑之前必须做好以下各项工作。

（1）钢支撑、钢支柱及预埋件等的制作均应按钢结构现行设计规范和施工规范等执行，严格按图施工。

（2）预埋件的埋设位置关系到钢支撑的安装，埋设位置偏差应符合规范规定数值。

（3）支柱的施工可随工程桩一起进行。利用工程桩支承支柱的，需经设计人员同意。支柱的承载比较复杂，不只是钢支撑的自重和施工荷载，还有其上拱力或下拱力，比如在澳东大厦基坑支护中，拆除支柱后，钢支撑有的上拱达50mm，其下支柱肯定就处于受拉状态。因此，支柱下端支承在工程桩上时，要与工程桩的主筋焊牢，并要埋入桩顶设计标高以下足够长度，从而满足锚固要求。对于单独设桩支承的支柱，也必须保证足够的埋入长度，使支柱既可承压又能受拉，确保水平钢支撑在竖向的约束可靠。对于支柱未能可靠锚入其下支承桩出现吊脚现象的，处理起来相当困难，因此，在打支柱下的支承桩时必须严格控制灌灰面的高度，宁高勿低。

（4）支柱的上端也应留出余量，一般控制在300～500mm。一般地，为了缩短安装钢支撑所用时间，可在开挖土方的同时处理支柱顶端，即将支柱按所需标高切割，然后与连接板（连接板是用来固定钢支撑用的）焊牢。同一支撑下各支柱连接板顶面标高应严格控制，保证与支撑托座在同一标高上。

（5）钢支撑端部托座的施工必须注意轴线位置及托座的标高符合设计要求，并保证托座与环梁内预埋件的焊接质量。

（6）钢支撑的拼接要保证各节在同一轴线上。在连接法兰螺栓时，应采用对角和分等分顺序扳紧。

2.钢支撑的就位安装

由于土方的开挖，支护结构已产生一定的变形，因此钢支撑就位前，需根据两边环梁支撑位置的实际距离用气割截平钢支撑的一个端头，然后吊装就位。吊装时需注意吊点位置，就位时按轴线对中，然后在钢支撑和预埋件之间塞钢板垫块并焊牢固定。对先安装的第一根钢支撑要采取措施，保证其水平面内的稳定。两根相邻钢支撑之间也应用水平系杆连接牢靠，控制钢支撑水平面内的侧向稳定。

第五章　建筑工程项目合同管理

通过本章的学习，读者应掌握建设工程招标文件与投标文件的编制技能要求，从而提高建设工程招标及建设工程施工合同管理的能力；了解建设工程合同的概念、类型和作用，了解国际建设工程承包合同的管理。

第一节　建筑工程项目合同概述

一、建设工程合同的概念

我国合同法规定了15种典型的合同，建设工程合同就是其中的一种。建设工程合同，又称工程项目合同，是指承包商进行工程建设，业主支付相应价款的合同。实际上，它是一类特殊的加工承揽合同，建设工程具有投资大、回收期长、风险大等特点，在合同的履行和管理中有较强的特殊性，涉及的法律问题比一般的承揽合同复杂得多，所以合同法将建设工程合同从加工承揽合同中分离出来，单独进行规定。

工程建设一般要经过勘察、设计、施工等过程。建设工程合同通常包括工程勘察合同、设计合同、施工合同等。定义中的“承包商”是指在建设工程合同中负责工程项目的勘察、设计、施工任务的一方当事人；“业主”是指在建设工程合同中委托承包商进行工程项目的勘察、设计、施工任务的建设单位（项目法人）。

二、建设工程合同的特点

建设工程合同作为一种特殊的合同形式，具有合同的一般特征又有自己独有的特征。

（一）建设工程合同的主体只能是法人

建设工程合同的主体一般只能是法人。“法人”是相对于“自然人”而言的，是指具有独立民事权利能力和民事行为能力，依法独立承担民事义务的组织。业主应是经过批准能够进行工程建设的法人，有国家批准的项目建设文件，并具有相应的组织协调能力。

承包商必须具备法人资格，同时具有从事相应工程勘察、设计、施工的资质条件。建设工程合同的标的是建设工程，它具有投资大、建设周期长、质量要求高、技术力量要求全面等特点，这是公民个人（自然人）不能够独立完成的。同时，并不是每个法人都可以成为建设工程合同的主体，而是需要经过批准并加以限制。因此，建设工程合同的主体不仅是法人，而且必须是具有某种资格的法人。

（二）建设工程合同的标的仅限于建设工程

建设工程合同的标的只能是建设工程而不能是其他物。这里所说的建设工程主要是指土木工程、建筑工程、线路管道和设备安装工程及装修工程等。建设工程对于国家、社会有特殊的意义，其工程建设对合同双方当事人都有特殊要求，使得建设工程合同区别于一般的加工承揽合同。

（三）建设工程合同主体之间经济法律关系错综复杂

在一个建设工程中，涉及业主、勘察设计单位、施工单位、监理单位、材料设备供应商等多个单位。各单位之间的经济法律关系非常复杂，一旦出现工程法律责任，往往出现连带责任。所以建设工程合同应当采用书面形式，并且受法律保护，这是由建设合同履行的特点所决定的。

（四）合同履行周期长且具有连续性

由于建设项目实施的长期性，合同履行必须连续且循序渐进地进行，履约方式也表现出连续性和渐进性。合同履行要求项目合同管理人员随时按照合同的要求结合实际情况对工程质量、进度等予以检查，确保合同的顺利实施。履约期长是由工程项目规模大、内容复杂所致。合同履行期间，项目合同管理人员应按照合同约定，认真履行合同规定的义务，对项目合同实施全过程管理。

（五）合同的多变性与风险性

工程项目投资大，周期长，在建设中受地区、环境、气候、地质、政治、经济及市场等各种因素变化的影响较大，在项目实施过程中经常出现设计变更及进度计划的修改，以及对合同某些条款的变更。因此，在项目管理中，要有专人及时做好设计或施工变更洽谈记录，明确因变更而产生的经济责任，妥善保存好相关资料，作为索赔、变更或终止合同的依据。建设工程合同的风险相对一般合同来说要大得多，在合同的签订、变更以及履行的过程中，要慎重分析研究各种风险因素，做好风险管理工作。

三、建设工程合同的类型

（一）按建设工程合同的任务进行分类

按建设工程合同任务的类型，将建设工程合同分为勘察设计合同、施工合同、监理合同、物资采购合同等。

1.勘察设计合同

建设项目勘察设计合同，指业主与勘察、设计单位为完成一定的勘察设计任务，明确双方权利、义务关系的协议。

根据双方签订的勘察设计合同，合同承包商（勘察、设计单位）负责完成业主委托的勘察、设计任务，如工程的地理位置和地质状况的调查研究工作、工程初步设计和施工图设计等工作，并就勘察、设计的成果向业主负责。业主有义务接受符合合同约定的勘察、设计成果，并付给承包商相应的报酬。如果勘察、设计的成果不符合合同约定，业主有权拒绝接受该成果，并拒绝支付报酬。

2.施工合同

施工合同，是指建筑安装工程承包合同，是建设项目的主要合同。施工合同具体是指具有一定资格的业主（业主或总承包单位）与承包商（施工单位或分包单位）为完成建筑安装工程的施工任务，明确双方权利、义务关系的协议。

承包商完成建筑安装工程任务，并就工作成果向业主负责。如果存在分包关系，对施工工作成果，承包商与施工人对业主负连带责任。业主应接受符合合同规定的工作成果并支付相应报酬。

3.监理合同

监理合同，是指业主（委托方）与监理咨询单位为完成某一工程项目的监理服务，规定并明确双方的权利、义务和责任关系的协议。建设工程委托监理合同是指委托人与监理人对工程建设参与者的行为进行监督、控制、督促、评价和管理而达成的协议。监理合同的主要内容包括监理的范围和内容、双方的权利与义务、监理费的计取与支付、违约责任、双方约定的其他事项等。

4.物资采购合同

建设项目物资采购合同，是指具有平等民事主体的法人及其他经济组织之间，为实现建设物资的买卖，通过平等协商，明确相互权利义务关系的协议。它实质上是一种买卖合同。

物资采购合同按照采购物资的类别，分为材料采购合同、设备采购合同和成套设备采购合同。材料采购合同和设备采购合同主要是以工程所需的材料、设备的买卖为目的，可以按照一般买卖合同来对待。

成套设备的采购合同与前两类合同一样都是买卖合同，但是它具有特殊性。买方需要向设备成套公司提供设备的详细技术资料、施工要求和设备清单。设备成套公司按照买方提供的成套设备清单进行供应，并收取额外费用。项目的建设过程中，设备成套公司要向项目现场派驻服务人员，负责现场成套设备的技术服务。必要时，要组织有关的设备生产企业到场开展技术服务，处理有关设备方面的问题。

另外，设备成套采购合同的买方必须是已经列入国家基本建设计划的建设单位，而设备成套采购合同的卖方一般是国家为工程建设服务而专门组织的设备成套公司。

（二）按照承包的形式进行分类

1.总承包合同

总承包合同是指业主与承包商就建设工程的勘察、设计、施工、设备采购等一项或多项任务签订总承包合同。总承包商可以将其中的某些任务分包给其他单位，作为总承包商，对其承包的勘察、设计、施工任务或者采购设备的质量负总责。

2.专业承包合同

专业承包合同是指专业承包商同建设单位或总承包商就某项专业任务签订的承包合同。

专业承包企业可以自行完成所承接的全部任务，也可以将其中的某些劳务作业分包给具有相应资质的分包单位。

3.分包合同

分包是指已经与业主签订建设工程合同的总承包商与第三方签订合同，将其承包的工程建设任务的一部分（主体工程除外）交给第三方完成。在法律结构中，总承包商与业主之间签订的建设工程合同称为总包合同；总承包商与第三方签订的建设工程合同称为分包合同。

（三）按照承包工程计价方式分类

按照承包工程计价方式，建设工程合同可以分为以下几种。

1.总价合同

这种合同是业主以一个总价的形式将工程委托给承包商，承包商以总价投标报价，双方签订合同，并以总价结算。总价合同分为固定总价合同、可调总价合同和固定工程量总价合同等。固定总价合同即合同总价一次包死，不因环境因素变化而调整，承包商承担全部风险的合同；可调总价合同是承包商以总价投标，并以总价结算，但总价可以在执行过程中因物价、法律等环境因素的变化而调整的合同；固定工程量总价合同是投标人投标时按单价合同的办法分别填报分项工程单价，并计算出合同总价，据之签订合同，如果改变设计或增加新项目，则用合同中已经确定的单价来计算新的工程量和调整总价。

2.单价合同

单价合同是实际工程价款按单价和实际工程量结算的合同形式。单价合同也有三种：估价工程量单价合同、纯单价合同以及单价与包干混合式合同。估价工程量单价合同是以工程量表和工程单价表计算合同价格的，实际结算以实际完成的工程量计算，估计工程量计算出的总价只作投标报价之用；纯单价合同是业主不需给出工程量，承包商投标时只需对分部分项工程报价，工程量以实际完成的数量计算；单价与包干混合式合同是以单价合同为基础，对能计算工程量的项目采用单价形式，但对其中某些不易计算工程量的分项工程采用包干办法。

3.成本加酬金合同

这种合同主要适用于工程内容及技术经济指标尚未全面确定，投标报价的依据不充分的情况下，业主因工期要求紧迫必须发包的工程，或者业主与承包商具有高度的信任，承包商在某些方面具有独特的技术、特长和经验的工程。酬金部分通常采用固定百分比、固定金额、最高限额等形式确定。

四、建筑工程项目合同体系

前面对建设工程合同进行了详细的分类。下面从合同主体的角度系统地阐述建设工程合同体系。

从上面的分类论述可以看出，一个工程项目中，存在着多种多样复杂的合同关系，合同的数量少的几十份，多的上百份。这些合同都与特定的工程项目有关，形成了项目的合同体系。在这个体系中，业主的合同关系和承包商的合同关系是两大类主要的合同关系。业主方的主要合同通常包括监理（咨询）合同、勘察设计合同、施工合同、物资采购合同以及各种借款合同等。业主签订的合同通常称为主合同。

从承包商的角度看，承包商要完成与业主签订的主合同中规定的责任（包括工程量表中所确定的工程范围的施工、竣工及保修等），并为完成这些责任提供劳动力、施工设备、建筑材料、管理人员、临时设施等。承包商不可能具备这种全面的能力，既能进行专业的工程施工，又能生产千百种材料以及机械设备。因此，承包商只能通过买卖，从供应商那里购买所需的设备、材料。另外，由于专业施工力量或工期等方面的限制，承包商可能将部分工程委托给其他单位。所以，承包商除了与业主签订工程施工承包合同外，往往还会签订一些工程分包合同、设备和材料采购合同、运输合同、加工合同、租赁合同、劳务合同、借款合同等。

五、建筑工程项目合同管理的内容

建筑工程项目合同管理是指施工单位根据法律、法规和自身的职责，对所参与的建设工程合同的谈判、签订和履行进行的全过程的组织、指导、协调和监督。其中最主要的是与业主签订的施工合同的管理。

承包商对施工合同的管理主要包括以下内容。

（一）施工合同的策划与签订管理

一般承包商对于施工合同的策划，主要是参照业主的合同策划，因为承包商常常必须按照招标文件的要求编制标书，不允许修改合同条件，甚至不允许使用保留条件。但承包商也有自己的合同策划问题。承包商的合同策划主要有投标决策、投标策略与技巧的选择、合同谈判策略的确定、招标文件及合同文本分析等。

在施工合同签订前，应对业主和建设项目进行了解和分析，包括建设项目是否列入国家投资计划、施工所需资金是否落实、施工条件是否已经具备等，以免遭受重大损失。承包商通过投标中标后，在施工合同正式签订前还需与业主进行谈判。使用《建设工程施工合同文本》时，需要逐条与业主谈判，双方达成一致意见后，即可正式签订合同。

合同签订之前，应对合同进行评审，主要是对招标文件和合同条件进行审查、认定和评价。合同评审应包括下列内容：

（1）招标文件和合同的合法性审查。

（2）招标文件和合同条款的合法性和完备性审查。

（3）合同双方责任、权益和项目范围认定。

（4）与产品或过程有关要求的评审。

（5）合同风险评估。

承包商应仔细研究合同文件和业主提供的信息，确保合同要求得以实现。

（二）施工合同的实施管理

1.合同的实施计划

合同实施过程中，为确保合同各项内容的顺利实现，承包商需建立一套完整的合同管理制度，并设专门的机构，对于工程量较小的项目组织也应设立专职人员，保证合同管理的正常开展。为确保合同的顺利实施，承包商应编制合同实施计划。合同实施计划应包括合同实施总体安排、分包策划以及合同实施保证体系的建立等内容。合同实施保证体系应与其他管理体系协调一致，须建立合同文件沟通方式、编码系统和文档系统。承包商应对承接的合同做出总体协调安排。承包商所签订的各分包合同及自行完成工作责任的分配，应能涵盖主合同的总体责任，在价格、进度、组织等方面符合主合同的要求。

2.合同的实施控制

承包商要定期对合同的执行情况进行检查，做好合同实施控制，及时发现合同实施中出现的问题，找出责任人，及时解决问题，督促有关部门和人员改进工作。合同的实施控制主要包括合同交底、合同的跟踪与诊断、合同变更管理和索赔管理等工作。

（1）合同交底。合同实施前，合同谈判人员应进行合同交底。合同交底包括合同的主要内容、合同实施的主要风险、合同签订过程中的特殊问题、合同实施计划和合同实施责任分配等内容。

（2）合同的跟踪与诊断。合同管理人员应全面收集并分析合同实施的信息，将合同实施情况与合同实施计划进行对比分析，找出偏差。定期诊断合同履行情况，诊断内容应包括合同执行差异的原因分析、责任分析以及实施趋向预测。及时通报实施情况及存在的问题，提出有关意见和建议，并采取相应措施。

（3）合同的变更管理。合同的变更管理应包括变更协商、变更处理程序、制定并落实变更措施、修改与变更相关的资料以及结果检查等工作。

（4）合同的索赔管理。承包商为做好对业主、分包商、供应单位之间的索赔工作，应主动预测、寻找和发现索赔机会，积极收集索赔的证据和理由，调查分析干扰事件的影响，正确计算索赔值，及时提出索赔意向和索赔报告。承包商同样会面临业主、分包商、供应单位对己方提出的反索赔。对于反索赔，承包商应对收到的索赔报告进行详细的审查分析，收集反驳理由和证据，复核索赔值，起草并提出反索赔报告。同时，应提高合同管理水平，防止和减少反索赔事件的发生。

总之，在合同的履行过程中，要加强管理，妥善处理好各种合同变更、纠纷以及索赔等问题。

（三）施工合同的档案管理

在合同订立、实施过程中，要做好各种合同文件的管理，包括有关的签证、记录、协议、补充合同、备忘录、函件、电报、电传等，承包商应做好系统分类等管理工作。工程结束后，应将全部合同文件加以系统整理，建档保管，并及时组织合同终止后的评价，总结合同签订和执行过程中的经验教训，提出总结报告。

第二节　建筑工程项目施工合同的订立

一、施工合同订立的原则

施工合同的订立应当遵循合同订立的一般原则。

（一）平等原则

合同当事人法律地位一律平等，一方不得将自己的意志强加给另一方，各方应在权利、义务对等的基础上订立合同。

（二）自愿原则

自愿原则是贯彻施工合同活动整个过程的基本原则。在不违反强制性法律规范和社会公共利益的基础上，当事人依法享有自愿订立合同的权利，任何单位和个人不得非法干预。双方法人订立合同必须自愿协商、一致同意，无胁迫、玷污合同行为，不存在欺诈行为，合同没有出现实质性错误才具备法律约束力。

（三）公平、风险均担原则

我国的合同法规定当事人应当遵循公平原则确定各方的权利和义务。任何当事人不得滥用权力，不得在合同中规定显失公平的内容，根据公平原则确定风险的承担，确定违约责任的承担。合同的任何内容都不能以损害任何一方的正当利益作为成立的条件。订立合同时，不应规定使合同一方只享有权利不承担义务或权利、义务严重失衡的不合理条款。在建筑施工项目中，可以直接采用《建设工程施工合同（示范文本）》及分包合同文本等标准合同文本。

（四）诚实信用原则

我国合同法规定，当事人行使权利、履行义务应当遵循诚实信用原则。当事人应当诚实守信，善意地行使权利、履行义务，不得有欺诈等恶意行为。在法律、合同未作规定或规定不清的情况下，要依据诚实信用原则来解释法律和合同，平衡当事人的利益关系。

（五）守法原则

当事人订立、履行合同，应当遵守法律、行政法规，尊重社会公德，不得扰乱社会经济秩序，损害社会公共利益。施工合同所有条款的内容及合同签订的程序必须符合国家的法律、法令和社会公共利益。

二、施工合同订立的程序

与一般合同的订立过程一样，施工合同双方当事人也采取要约、承诺的方式达成一致意见，订立合同。当事人双方意思表示真实一致时，合同即可成立。

（一）要约

要约，是指希望和他人订立合同的意思表示。要约必须向特定的主体发出，且合同标的、价格、数量等实质性内容俱全，才能算是要约，否则不属于要约，只能算是要约邀请。施工合同订立中，业主发布的招标公告或招标邀请应该说是一种要约邀请而不是要约，承包商进行投标报价的行为则可看作是要约，是订立合同的行为。

（二）承诺

承诺，是受要约人同意要约的意思表示。承诺应当由受要约的特定人或非特定人向要约人以通知的方式作出，通知方式依要约要求可以是口头或书面形式。对于施工合同，由于涉及标的物特殊且金额巨大，因此承诺要以书面形式作出。有一种情况除外，根据交易习惯或者要约表明，可以通过行为作出承诺的应视为承诺有效。这种承诺也称为行为承诺，比如受要约人根据交易习惯做出实际履行行为等。

承诺的内容应当与要约人发出的要约内容一致。施工合同中，承诺有时并非简单地表现为对要约一字不差地接受，受要约人可能对要约的文字甚至内容作出修改，如果要求承诺必须与要约的内容绝对一致，可能会影响合同及时成立，不利于交易进行，对受要约人也不够公平。为此，我国合同法针对受要约人对要约内容的修改性质作出了相应的规定，规定受要约人对要约的内容作出实质性变更的，不视为承诺，应视为新要约。对要约内容的实质性变更是指对有关合同标的、数量、质量、价款或报酬、履行期限、履行地点和方式、违约责任和解决争议方法等内容的变更。

（三）合同的成立

我国法律规定，“承诺生效时合同成立”，也就是说，承诺生效的时间即为合同成立的时间。对采用合同书形式签订合同的，应以双方当事人签字或盖章时成立。如果双方当事人未同时在合同书上签字或盖章，则以当事人中最后一方签字或盖章的时间为合同的成立时间。施工合同属于要式合同，应采用书面形式，以在当事人签字盖章完毕后成立。

三、建筑工程项目投标管理

施工合同绝大多数采用招标投标的方式订立。投标是建筑工程项目的承包商获取合同的重要途径。投标指投标人根据招标人的招标条件，向招标人提交依照招投标文件要求编制的投标文件，向招标人提出自己的报价，以期承包到该招标项目的行为。

（一）投标主体的资格

一般的招投标活动对投标人的资格要求得并不是十分严格，投标人可以是法人，也可以是其他非法人组织，对于科研项目，投标人甚至可以是个人。但是对于建设项目的招投标活动来说，投标人必须是具有法人资格的组织，并且应具备相应的资质等级和投标条件。

（二）投标的程序

投标是指从填写资格预审调查开始，到将正式投标文件送交业主，再到最后中标签订承包合同为止所进行的全部工作。投标通常按下面的程序进行。

1.资格预审的准备

资格预审是承包商投标过程中的第一关，能否通过预审直接关系到投标的成败。承包商应注意做好以下几个方面的工作。

（1）首先，按业主的要求填写所有表格。

（2）注意尽量突出自己的特长，如施工经验、施工技术、施工水平和施工组织管理能力等。

（3）对强制性指标的填写应特别慎重，必须满足要求。

（4）注意平时的资料积累，做好资料储存工作，以便随时调用。

2.投标前的准备工作

在正式投标前，承包商要做大量的准备工作。准备工作充分与否，对能否中标以及中标后能否获得较大的利润有着很大的影响。承包商应从以下几个方面进行准备。

（1）投标环境的调查：投标环境是指招标工程项目所在国的政治、经济、法律、社会、自然条件等对投标和中标后履行合同有影响的各种宏观因素。具体包括以下方面。

①政治文化方面：如国内政局、国际关系、法律规定、风俗习惯、宗教信仰等。

②经济方面：如市场状况、生产水平、劳动力成本、汇率、利率、价格水平等。

③法律方面：如与承包活动有关的经济法、建筑法、劳动法、经济合同法等

相关法律政策。

④自然环境：如水文、地质、气候、自然灾害等。

⑤社会状况：如工程所在地的风俗习惯、宗教信仰、工会活动情况以及当地的治安状况等。

⑥市场情况：包括建筑材料、施工机械设备、燃料、动力、水和生活用品的供应情况、价格水平以及劳动力市场的状况。

有关投标环境的资料，可以通过多种途径获得。一般的工程项目投标可能不需要将上述各个方面面面俱到地调查一遍，但大型的工程项目，尤其是异地投标或国际投标的项目需要做好各方面的详细调查。

（2）工程项目情况调查。招投标工程项目本身的具体情况如何，是决定投标报价的微观因素，在投标之前必须详细地了解，调查的内容主要包括以下方面。

①工程的性质、规模、发包范围。

②工程的技术规模和对材料性能及工人技术水平的要求。

③对总工期和分批竣工交付使用的要求。

④工程所在地的气象和水文资料。

⑤施工现场的土质、地下水、交通运输、给排水、供电、通信条件等情况。

⑥工程项目的资金来源和业主资信状况。

⑦工程价款的支付方式。

⑧业主、监理工程师的资历和工作作风等。

⑨其他如竞争对手的状况、数量、竞争情况等。

这些情况主要通过研究招标文件、勘查现场、参加招标交底会或向业主询问等方式了解。

承包商通过上述调查获取信息后，应结合自身的状况，例如，施工力量、技术水平、管理水平、工程经验、在手工程数量、资金状况等决定是否参加投标。对于技术水平、管理水平、财务能力和竞争能力有难度或根本达不到工程要求的，不应参与投标。

（3）投标文件的编制和投送。工程投标的标书是衡量一个施工企业的资历、质量和技术水平、管理水平的综合文件，也是评标的主要依据。承包商做出投标决策之后，应着手按照招标文件的要求编制标书，对招标文件提出的实质性要求和条件作出响应。标书一般应包括下列内容。

①投标书。

②投标书附录。

③投标保证金。

④法定代表人资格证明书。

⑤法定代表人授权委托书。

⑥具有标价的工程量清单与报价表。

⑦辅助资料表。

⑧资格审查表（资格预审不采用）。

⑨对招标文件中的合同协议条款内容的确认和响应。

⑩项目管理规划。按招标文件要求提交的其他资料。

编制投标文件时，应注意做好校核工程量、编制项目管理规划以及报价计算等工作。

除此之外，承包商还应向招标单位提供以下材料：

a.企业营业执照和资质证书。

b.企业简介。

c.自有资金情况。

d.全员职工人数，包括技术人员、技术工人数量及平均技术等级等；企业自有的主要施工机械设备一览表。

e.近三年承建的主要工程及质量情况。

f.现有主要施工任务，包括在建和尚未开工工程一览表等。

投标单位应在招标文件要求提交投标文件的截止时间前，将投标文件送达投标地点。招标单位收到投标文件后，应当签收保存，不得开启。对于在招标文件要求提交投标文件的截止时间后送达的投标文件，招标人应当拒收。投标人在招标文件要求提交投标文件的截止时间前，可以补充、修改或者撤回已提交的投标文件，并书面通知招标人。补充、修改的内容作为投标文件的组成部分。

（4）在编制及投送标书时应注意下列事项：

①要防止可能造成无效标书的工作漏洞，如标书未密封、未加盖单位和单位法定代表人的印章、送达日期已超过规定的开标时间、字迹涂改或辨认不清等。

②不得改变标书的格式，如原有格式不能表达投标意图时，可另附补充说明作为参考资料，但是补充说明材料不能代替投标意见书主要内容作为评标的依据。

③对工程量清单中所列工程量进行校核，发现确有错误时，不得任意修改，也不能按自己核实的工程量计算标价，应将核实情况另附说明或补充和更正在投标文件中另附的专用纸上。

④计算数字要正确无误，无论单价、合计、分部合计、总标价及大写数字均应仔细核对。尤其在单价合同承包方式中的单价更应正确无误，否则中标签订合同后，整个施工期间均按错误合同单价结算，以致蒙受不应有的损失。

⑤投送标书应严格执行各项规定，不得行贿、营私舞弊，不得泄露自己的标价或串通其他投标者哄抬标价，不得隐瞒事实真相，不得有损害国家和他人利益的行为，否则将被取消投标或承包资格，并受到经济和法律的制裁。

（5）中标及承包合同的签订：

①中标后承包合同的签订：招标单位通过开标、评标、定标等一系列程序，最终确定中标单位，向中标人发出中标通知书。中标通知书发出后，中标单位与招标单位应在规定期限内签订承包合同。我国《招标投标法》规定：中标通知书发出之日起30天内，双方应按照招标文件和中标人的投标文件签订正式书面合同，招标人和中标人不得再行订立背离合同实质性内容的其他协议。合同的主要内容必须与中标的标书内容一致，把工程造价、工期、质量、条件、违约责任等用合同条款确定下来。中标单位拒绝在规定时间内提交履约担保和签订合同，应按规定取消其中标资格，没收其投标保证金，业主可以考虑与排名第二的投标单位签订合同；建设单位如拒绝签订承包合同，除双倍返还投标保证金外还需赔偿有关损失。签订了承包合同，招标、投标工作即告圆满结束。

对于使用国有资金投资或者国家融资的项目，招标人应当确定排名第一的中标候选人为中标人。排名第一的中标候选人放弃中标，因不可抗力因素提出不能履行合同，或者招标文件规定应当提交履约保证金而在规定的期限内未能提交的，招标人可以确定排名第二的中标候选人为中标人，排名第二的中标候选人因前款规定的同样原因不能签订合同的，招标人可以确定排名第三的中标候选人为中标人。

②中标单位的法定义务：中标单位应当按照承包合同约定履行义务，完成

中标项目。中标人不得向他人转让中标项目，也不得将中标项目肢解后向他人转让。中标人按照合同约定或者经招标人同意，可以将中标项目的部分非主体、非关键性工作分包给他人完成。

接受分包的人应当具备相应的资格条件，并不得再次分包。中标人应当就分包项目向招标人负责，接受分包的人就分包项目承担连带责任。

四、施工合同的谈判

合同谈判是指合同双方在合同签订前进行认真仔细的会谈、商讨，最终订立合同的过程。采用招标投标方式订立合同的，合同谈判主要将双方在招投标过程中达成的协议具体化或做某些非实质性的增补与删改。

（一）合同谈判的准备

合同谈判对承包商和业主都是十分重要的，谈判结果直接关系到合同条款的订立是否于己方有利。因此，合同谈判正式开始前，承包商一定要深入细致地做好充分的思想准备、组织准备、资料准备等，为合同谈判的成功奠定基础。

1.合同谈判前的思想准备

合同谈判是一项艰苦复杂的工作，在谈判前，承包商必须对以下几个问题做好充分准备。

（1）确定谈判的目标。谈判时，首先要确定己方目标，摸清对方的谈判目标，有针对性地进行准备，并相应地采取一定的谈判方式和谈判策略。

（2）确立谈判的基本原则。在谈判前，应首先确定在谈判中哪些问题是必须坚持的，哪些可以做出一定让步，以及让步的程度。应以“公平合理、平等互利、符合国际惯例”去争取于己有利的合同条款。

（3）摸清对方的谈判意图。摸清对方的谈判意图，主要是摸清对方的诚意和动机，对谈判成功与否同样很重要。

2.合同谈判的组织准备

中标后，承包商必须尽快组织精明强干、经验丰富的谈判班子，进行具体的谈判准备和谈判工作。谈判班子的专业结构、基本素质和业务能力对谈判结果有着重要影响。一个合格的谈判小组应由技术人员、财务人员、法律人员等组成。挑选好主谈人，主谈人一定要思路清晰、熟悉谈判内容、有丰富的外事经验和谈判技巧，遇到意外情况，能冷静分析，妥善处理。

3.合同谈判中的资料准备

（1）准备并熟悉招标文件中的合同条件、技术要求等文件，报价书中报价、投标致函、施工方案以及向业主提出的建议等资料。

（2）准备好业主索取的资料以及可能回答业主提问的相关材料。

（3）准备好足够的宣传本公司实力（成绩、经验、工作能力和资信程度等）的各种资料，使业主确信承包商有完成工作的能力。

4.谈判方案的准备

具体会谈开始前，仔细研究分析有关合同谈判的各种文件资料，拟定好谈判提纲，做出不同的谈判方案，以便在一个方案谈判不成的情况下，及时提出有希望谈判成功的备用方案。谈判时，可通过协商选择双方都能接受的最佳方案。

5.会议具体事务的安排

会议具体事务的安排主要包括以下内容：

（1）谈判时机和地点的选择。

（2）会谈议程的安排。选择恰当的谈判时间和地点，合理安排好谈判日程，适当地与对方进行交流，增进感情，对合同谈判的成功是十分有利的。

（二）合同谈判中应解决的主要问题

合同谈判中，承包商需要与业主讨论的问题主要有以下几个方面（采用招标投标方式订立合同的，合同谈判不能对招标文件和中标人的投标文件已形成的内容作实质性的修改）。

1.施工活动的主要内容

施工活动的主要内容即承包商应承担的工作范围，主要包括施工、材料和设备的供应、工程量确定、施工人员和质量要求等。

2.合同价款

合同价款及支付方式等内容是合同谈判中的核心问题，也是双方争取的关键。价格是受工作内容、工期及其他各种义务制约的，对于支付条件及支付的附带条件等内容需要进行认真谈判。

3.工期

工期是承包商控制工程进度、安排施工方案、合理组织施工、控制施工成本的重要依据，也是业主对承包商进行拖期罚款的依据。因此，承包商在谈判过程中要依据施工规划和确定的最优工期，考虑各种可能的风险影响因素，争取与业主商定较为合理、双方都满意的工期，保证足够的时间完成合同，同时不致影响其他项目的进行。

4.验收

验收是工程项目建设的一个重要环节，需要在合同中就验收的范围、时间、质量标准等作出明确规定，以免在执行过程中出现不必要的纠纷。在合同谈判的过程中，双方需要针对细节性问题仔细商讨。

5.保证

保证主要有各种付款保证、履约保证等内容。

6.违约责任

由于在合同执行过程中各种不利因素的不可预见性，为防止当事人一方由于过错等原因不能履行或不完全履行合同，过错一方有义务承担损失并承担向对方赔偿的责任，这就需要双方在商签合同时规定惩罚性条款。这一内容关系到合同能否顺利执行、损失能否得到有效补偿，因而也是合同谈判中双方关注的焦点之一。

7.分包合同的订立

承包商经业主同意或按照合同约定，将承包项目的部分非主体工程、非关键工作分包给具有相应资质条件的分包商完成，并与分包商签订分包合同。工程项目的分包比较复杂，虽然分包合同的主体只涉及总承包商与分包商两方，但在合同的订立及履行过程中还会涉及业主、监理方等其他各方，各方之间存在着复杂的关系。当业主、总承包商和分包商中的任何一方无力偿付债务甚至破产时，受损方能否根据有关合同从尚有偿付能力的一方那里得到合理补偿，很大程度上取决于分包前相关工作的成功与否。

分包是相对于承包商的总承包而言的，分包合同则是相对于施工总承包合同而言的，当存在分包关系时，通常称承包商为总承包商。从合同订立的法律过程来讲，分包合同的订立与其他合同的订立基本一样，要经过仔细的谈判、协商，经过要约、承诺等阶段，最后签订双方都满意的合同。总承包商与分包商之间是平等的民事主体关系。但是分包合同又有它的特殊性，在订立分包合同时，应当搞清楚双方的关系和权利义务，以及与其他各方的关系，尽量避免产生漏洞。

（1）分包的目的。分包在工程中使用较多，总承包商进行工程分包的目的主要有以下几种。

①技术上的需要。承包商不可能也不需要具备工程所需各种专业的施工能力，可以通过分包形式得到弥补。

②经济上的目的。对于某些分项工程，将其分包给有能力且报价低的分包商，可以降低成本，获得一定的经济效益。

③转嫁或减小风险。通过分包可将风险部分地转移给分包商。

④业主的要求。出于自身需要，业主可以指定一些承包商将某些分项工程分包出去。

总承包商进行分包时，可根据不同的情况或目的，抓住重点，进行合同条款的设计和谈判。

（2）订立分包合同。在签订分包合同时，应注意以下几点注意事项。

①必须经过业主的同意。

②总承包商只能将自己承包的部分工作交由第三方完成，禁止将承包的全部工程转包给第三人。

③禁止总承包商将全部建设工程肢解并以分包的名义转包给第三人。

④主体工程不得分包，必须由总承包商自行完成。

⑤禁止分包商将分包工程进行转让或再次分包。

⑥第三方必须具备相应的资质条件，禁止总承包商将工程分包给不具备相应资质条件的单位。

⑦分包商仅从总承包商处接受指示，并执行其指示，分包商与总承包商对分包的工程承担连带责任。

⑧分包合同中应详细规定双方的进度配合、现场配合、竣工时间、工程变更及与监理工程师的关系。

⑨分包合同的条款通常与总包合同的相关条款一致，并能够通过总承包商行使总承包合同的管理功能，总承包商应提供总包合同供分包商查阅。

总承包商在决定对部分工程进行分包时，应慎重选择分包商，应选择有经济技术实力和资信可靠的分包商，在“共担风险”的原则下，签订分包合同，否则在工程分包实际运作过程中，将会出现很多问题。总承包商不宜将工程分包给在同一项目上没能通过资格预审的分包商，因为业主在资格预审时筛掉这类承包商的原因必定是其在经济、施工经验或管理等方面存在缺陷，资格预审的结果应该可供总承包商借鉴。

第三节　建筑工程项目施工合同的实施

一、施工合同内容的实施

施工合同各项内容的实施主要体现在双方各自权利的实现及义务的完全履行。

（一）合同双方的主要工作

1.业主的主要工作

（1）办理土地征用、拆迁补偿、平整施工场地等工作，使施工场地具备施工条件，开工后负责解决以上事项遗留问题。

（2）将施工所需水、电、电信线路从施工场地外部接至合同中专用条款约定的地点，保证施工期间的需要。

（3）开通施工场地与城乡公共道路通道，以及合同专用条款中约定的施工场地内的主要道路，满足施工运输的需要，保证施工期间道路畅通。

（4）向承包商提供施工场地的工程地质和地下管线资料，对资料的真实准确性负责。

（5）办理施工许可证及其他施工所需证件、批件和临时用地、停水、停电、中断道路交通、爆破作业等的申请批准手续（证明承包商自身资质的证件除外）。

（6）确定水准点与坐标控制点，以书面形式交给承包商，进行现场交验。

（7）组织承包商和设计单位进行图纸会审和设计交底。

（8）协调处理施工场地周围地下管线和邻近建筑物、构筑物（包括文物保护建筑）、古树名木的保护工作，并承担有关费用。

（9）业主应做的其他工作，双方在合同专用条款内约定。

业主可以将上述部分工作委托承包商办理。

2.承包商的主要工作

（1）根据业主委托，在其设计资质等级和业务允许的范围内，完成施工图设计或与工程配套的设计，经工程师确认后使用，业主承担由此发生的费用。

（2）向工程师提供年度、季度、月度工程进度计划及相应进度统计报表。

（3）根据工程需要，提供和维修非夜间施工使用的照明、围栏设施，并负责安全保卫。

（4）按合同中专用条款约定的数量和要求，向业主提供施工场地办公和生活的房屋及设施，业主承担由此发生的费用。

（5）遵守政府有关主管部门对施工场地交通、施工噪声以及环境保护和安全生产等的管理规定，按规定办理有关手续，并以书面形式通知业主，业主承担由此发生的费用（因承包商责任造成的罚款除外）。

（6）已竣工工程未交付业主前，承包商按合同中专用条款约定负责已完工程的保护工作，期间发生的损坏，承包商自费予以修复；业主要求承包商采取特殊措施保护的工程部位和相应追加的合同价款，双方在专用条款内约定。

（7）按合同专用条款约定做好施工场地地下管线和邻近建筑物、构筑物（包括文物保护建筑）、古树名木的保护工作。

（8）保证施工场地清洁符合环境卫生管理的有关规定，交工前清理现场达到专用条款约定的要求，承担因自身原因违反有关规定造成的损失和罚款。

（9）承包商应做的其他工作，双方应在合同中专用条款内约定。

（二）施工合同履行的规则

根据合同法的规定，履行施工合同应遵循以下十项共性规则。

1.履行施工合同应遵循的原则

（1）全面履行原则，即实际履行和适当履行。“实际履行”指当事人应严格按照合同标的完成合同义务，“适当履行”指当事人必须按合同条款内容履行。

（2）诚实信用原则，即合同当事人应以诚实、善意的态度履行合同义务，行使合同权利，维护双方利益的对等、自身利益和社会利益的平衡，不得损害第三人利益和社会利益。

（3）协作履行原则，即双方当事人团结协作，相互帮助，共同完成合同标的，履行各自应尽的义务。

（4）遵守纪律、行政法规和社会公德，不得扰乱社会经济秩序和社会公共利益。

2.对约定不明条款履行的规则

（1）协议补充。

（2）规则补充（解释补充），指以合同的客观内容为基础，依据诚实信用的原则，斟酌交易习惯，对合同的漏洞作出符合合同目的的填补。规则补充方法可按合同条款确定，也可根据交易习惯确定。

（3）法定补充，根据法律的直接规定（合同法第六十二条）对合同漏洞加以补充。

3.施工合同履行过程中价格发生变动时的履行规则

按照合同法第六十三条的规定执行：执行政府定价或者政府指导价的，在合同约定的交付期限内政府价格调整时，按照交付时的价格计价。逾期交付标的物，遇价格上涨的，按照原价格执行；价格下降时，按照新价格执行。逾期提取标的物或者逾期付款的，遇价格上涨时，按照新价格执行；价格下降时，按照原价格执行。

4.债务人向第三人履行债务时的履行规则

合同法第六十四条规定："当事人约定由债务人向第三人履行债务的，债务人未向第三人履行债务或者履行债务不符合约定，应当向债权人承担违约责任。"

5.第三人向债权人履行债务时的履行规则

合同法第六十五条规定："当事人约定由第三人向债权人履行债务的，第三人不履行债务或者履行债务不符合约定，债务人应当向债权人承担违约责任。"

6.双务合同中的同时履行和同时履行抗辩权规则

"同时履行规则"指在双务合同中，当事人对履行顺序没有约定，当事人应当同时履行自己的义务。"同时履行抗辩权"指双务合同当事人一方在对方未履行之前有权拒绝其履行请求，一方在对方履行债务不符合约定时，有权拒绝其相应的履行请求。

7.双务合同中顺序履行及其抗辩权的规则

当事人互负债务，有先后履行顺序的，先履行一方未履行的，后履行一方有权拒绝其履行要求；先履行一方履行债务不符合约定的，后履行一方有权拒绝其相应履行要求。

8.债权人发生变化时的履行规则

债权人分立、合并或者变更住所没有通知债务人，致使履行债务发生困难的，债务人可以中止履行或将标的物提存。

9.债务人提前履行债务的履行规则

合同法第七十一条规定："债权人可以拒绝债务人提前履行债务，但提前履行不损害债权人利益的除外。债务人提前履行债务给债权人增加的费用，由债务人负担。"

10.债务人部分履行债务的履行规则

合同法第七十二条规定："债权人可以拒绝债务人部分履行债务，但部分履行不损害债权人利益的除外。债务人部分履行债务给债权人增加的费用，由债务人负担。"

二、施工合同实施控制

（一）合同实施控制的主要内容

合同实施控制的主要任务是收集合同实施信息，将合同实施情况与合同实施计划进行对比分析，找出偏差。主要包括以下几个方面的内容。

1.成本控制

依据各分项工程、分部工程、总工程的成本计划资料以及人力、材料、资金计划资料和实际成本支出情况进行对比判断，对支出偏差进行控制调整，保证按计划成本完成工程，防止成本超支和费用增加。

2.质量控制

依据合同规定的质量标准及工程说明、规范、图纸、工作量表等资料对工程质量完成情况进行检查检验、控制，保证按合同规定质量完成工程，使工程顺利通过验收，交付使用，达到预定的功能要求。

3.进度控制

依据合同规定的工期及总工期计划、详细的施工进度计划、网络图、横道图等资料对实际工程进度进行检查，控制调整，保证按预定的进度计划进行施工，按期交付工程，防止承担工期拖延责任。

4.其他合同内容的控制

依据合同规定的各项责任对合同履行进行控制，保证全面完成合同责任，防止违约。

（二）合同监督

合同责任通过具体的合同实施工作完成。有效的合同监督可以分析合同是否按修正的计划实施，是正确分析合同实施状况的有力保障。

1.落实合同实施计划

落实合同实施计划，为工程队、分包商工作提供必要保证。如施工现场的平面布置，人、材、机等计划的落实，各工序间搭接关系的安排和其他必要的准备工作。

2.协调各方工作关系

合同范围内协调项目组织内外各方的工作关系，切实解决合同实施中出现的问题。如对各工程队和分包商进行工作指导，做经常性的合同解释，使各工程小组具有全局观念；经常性地会同项目管理的有关职能人员检查、监督工程队、分包商的合同实施情况，对照合同要求的数量、质量、技术标准和工程进度情况进行监督、检查，发现问题及时采取措施。

3.严格合同管理程序

主要包括以下四方面。

（1）合同的任何变更，都应由合同管理人员负责提出。

（2）对分包商的任何指令，业主的任何文字答复、请示，必须经合同管理人员审查，并记录在案。

（3）由合同管理人员会同估算师对业主提出的工程款账单和分包商提交的收款账单进行审查和确认。

（4）承包商与业主、与总（分）包商的任何争议的协商和解决都必须有合同管理人员的参与，并对解决结果进行合同和法律方面的审查、分析和评价。

（5）工程实施中的各种文件，如业主和工程师的指令、会议纪要、备忘录、修正案、附加协议等由合同管理人员进行审查。确保工程施工一直处于严格的合同控制中，使承包商的各项工作更有预见性。

4.文件资料及原始记录的审查和控制

文件资料和原始记录不仅包括各种产品合格证，检验、检测、验收、化验报告，施工实施情况的各种记录，而且包括与业主（监理工程师）的各种书面文件进行合同方面的审查和控制。

（三）合同的跟踪

工程实施过程中，常常与预定目标（计划和设计）发生偏离。如果不采取措施，这种偏差会由小到大，逐渐积累，对合同履行造成严重影响。合同跟踪可以不断地找出偏差，不断地调整合同实施过程，使之与总目标一致。合同跟踪是合同控制的主要手段，是决策的前导工作。在整个工程过程中，合同跟踪能使项目管理人员一直清楚地了解合同实施情况，对合同实施现状、趋向和结果有一个清醒的认识。

1.合同跟踪的依据

合同跟踪的依据主要是合同和合同监督的结果。如各种计划、方案、合同变更文件等，是合同实施的目标和依据；各种原始记录、工程报表、报告、验收结果、计量结果等，是合同实施的现状；工程技术、管理人员的施工现场的巡视，与各种人谈话，召集小组会议，检查工程质量、计量的情况是最直观的感性知识。

2.合同跟踪的对象

（1）对具体的合同事件进行跟踪。即对照合同事件表的具体内容（如工作的数量、质量、工期、费用等），分析事件的实际完成情况，找到偏差的原因和责任，发现索赔机会。

（2）项目组织内的合同实施情况的日常工作检查分析。

（3）主动与业主（监理工程师）进行沟通、汇报。在工程中，承包商应积极主动地做好工作，及时与监理工程师沟通，汇报项目实施情况，及时听取业主（监理工程师）的意见，收集各种工程资料，对各种活动、双方的交流做记录。对有恶意的业主提前防范，以便及时采取措施。

（4）对工程项目进行跟踪。即对工程的实施状况进行跟踪。对工程整体施工环境进行跟踪。如果出现以下干扰事件，合同实施必然有问题：出现事先未考虑到的情况和局面，如恶劣的气候条件，场地狭窄、混乱、拥挤不堪；协调困难，如承包商与业主（监理工程师）、施工现场附近的居民、其他承包商、供应商之间协调困难，合同事件之间和工程小组之间协调困难；发生较严重的质量、安全事故等。

对已完工的工程没通过验收或验收不合格、出现大的工程质量问题、工程试生产不成功或达不到预定的生产能力等进行跟踪。

对计划和实际的进度、成本进行描绘。施工进度未达到预定计划、主要的工程活动出现拖期，在工程周报和月报上计划和实际进度出现大的偏差。在工程项目管理中，工程累计成本曲线对合同实施的跟踪分析起很大作用。计划成本累计曲线通常在网络分析、各工程活动成本计划确定后得到。

（四）合同的诊断

在合同跟踪的基础上对合同进行诊断。合同诊断是对合同执行情况的评价、判断和趋向分析、预测。

1.对合同执行差异原因进行对比分析

通过对不同监督和跟踪对象的计划和实际对比分析，不仅可以找到差异，而且可以分析差异形成的原因。原因分析可以采用鱼刺图、因果关系图、成本量差、价差分析等方法定性地或定量地进行。例如，通过计划成本和实际成本累计曲线的对比分析，得到总成本的偏差值，分析差异产生的原因。进一步分析各个原因的影响量大小。

2.对合同执行的差异责任进行分辨

对合同执行的差异责任进行分辨，即分析合同执行差异产生的原因，并找出造成合同执行差异的责任人或有关人员，这常常是索赔的理由。只要以合同为依据，分析详细，有根有据，对合同实施的趋向进行预测，分别考虑不采取调控措施和采取调控措施，以及采取不同的调控措施情况下，合同的最终执行结果。

（1）最终的工程状况，包括总工期的延误、总成本的超支、质量标准、所能达到的预期结果。

（2）承包商承担的后果和责任，如被罚款，甚至被起诉，对承包商的资信、企业形象、经营战略造成的影响等。

（3）最终工程经济效益等。

综合上述各点，可对合同执行情况做出综合评价和判断。

诊断发现差异，表示工程实施偏离了工程目标，必须详细分析差异的影响，对症下药，及时采取调整措施，以免差异逐渐积累，越来越大，最终导致工程实施远离计划和目标甚至导致整个工程的失败。

（4）纠偏通常采取以下措施：

①变更技术方案，采用效率更高的施工方案。

②增加人员投入、重新计划或调整计划、派遣得力的管理人员。在施工中经常修订进度计划对承包商来说是有利的。

③增加投入、对工作人员进行经济激励等。

④进行合同变更，签订新的附加协议、备忘录，通过索赔解决费用超支问题等。

⑤合同执行后，必须进行合同评价。将合同签订和执行过程中的利弊得失、经验教训总结出来，作为以后工程合同管理的借鉴依据。

三、分包合同的实施

（一）分包商的一般责任

（1）分包商应按照分包合同的各项规定实施和完成分包工程，并修补缺陷。

（2）分包商应为分包工程的实施、完成以及修补缺陷所需的劳务、材料、工程设备等进行监督。

（3）分包商在审阅分包合同和主合同时，或在分包工程的施工中，如果发现分包工程的设计或规范存在错误、遗漏、失误或其他缺陷，应立即通知承包商。

（二）分包合同有关各方关系的处理

下面介绍存在分包合同的情况下，分包商与承包商、业主以及监理工程师之间的关系。

1.总承包商与分包商之间关系的处理

总承包商就整个工程对业主负全部法律和经济责任，同时根据分包合同对分包商进行管理并履行相关义务。总承包商将一项具体工程施工分包给分包商，仍需对分包商在施工质量和进度等方面的工作负全面责任；分包商要接受总承包商的统筹安排和调度，只对总承包商承担分包合同内规定的责任并履行相关义务。分包商与总承包商就分包工程对业主负连带责任。

总承包合同只构成业主与总承包商之间的法律制约关系，分包商并不受总承包合同的制约，也没有履行总承包合同的义务，只是受与总承包商签订的分包合同的制约。分包商在施工过程中不履行或不正确履行分包合同的行为会对总承包商履行总包合同造成影响。例如，分包商的延误通常会造成总承包商的工程延误，致使总承包商在总承包合同条款制约下蒙受罚款。不管分包合同中是否明确提及罚款事宜，只要总承包合同中列明有罚款条件，分包商就应该赔偿总承包商的等额经济损失。同时，总承包商有权要求分包商赔偿其相应的停工损失和延期费用等。总承包商通常在分包合同中写明："总承包商拥有总承包合同中业主对待总承包商同样的权利对待分包商"，达到总承包合同制约关系的实际转移。如同业主通常会要求总承包商通过自己认可的银行提供投标担保、履约担保一样，总承包商也会要求分包商通过总承包商可以接受的银行，开出以总承包商为受益人的各类保函，从而避免可能发生的经济损失。总承包商在处理与分包商之间的关系时，除合同条款必须作出具体规定外，分包合同的责、权、利条款应尽量与总承包合同挂钩，尤应注意使用经济制约手段，并注意采用现代化手段加强管理。如果总承包商违反分包合同，则应该赔偿分包商的经济损失；而如果分包商违反分包合同并造成业主对总承包商的罚款或制裁，则分包商应该赔偿总承包商的损失。

2.分包商与业主之间的关系处理

由于分包合同只是分包商与总承包商之间的协议，从法律角度讲，分包商与业主之间没有合同关系，业主对于分包商，可以说既没有合同权利又没有合同义务。也就是说，业主和分包商的关系与业主和总承包商的关系有着本质上的区别。除非合同中另有明确规定，分包商不能就付款、索赔和工期等问题直接与业主交涉，甚至无权就此状告业主，一切与业主的往来均须通过总承包商进行。业主只是负责按照总承包合同支付总承包商的验工计价款并赔偿其可能的经济损失，而分包商是从总承包商处再按分包合同索回其应得部分。如果总承包商无力偿还债务，则分包商同样将蒙受损失。因此，分包商的效益通常与总承包商的效益密切相关。

3.监理工程师与分包商的关系

监理工程师无权直接干涉分包合同的具体细节及总承包商与分包商之间的关系，但是有权批准分包合同。在批准分包合同前，咨询工程师有权对分包商的施工能力、财务状况和实施类似工程的相关经验等进行审查，并确信分包的结果不会干扰整个合同的协调和正常执行。尤其是对于大型分包，分包必须征得监理工程师的书面认可。征得总承包商的书面同意后，监理工程师就一些技术问题直接与分包商进行沟通，监理工程师应该将有关函件抄送总承包商，及时通报有关情况，尤其当涉及付款和进度计划时，以便总承包商在适当时候提出意见或采取相应的行动。总承包商通常希望并同意分包商与监理工程师直接就技术规范和施工设计的有关细节问题进行联系，并在分包合同中做出明确的责任划分，以缓解分包商无法就分包工程的设计与监理工程师交换意见的矛盾。

4.分包合同的实施控制

分包合同的实施控制可以参考施工合同的实施控制。

第四节　建筑工程项目施工合同的变更、终止和争议解决

一、施工合同的变更

合同的变更有广义和狭义之分。广义的合同变更包括合同内容的变更与合同当事人即主体的变更，狭义的合同变更仅指合同内容的变更。合同主体的变更在合同法中称为合同的转让。合同法中的合同变更仅指合同内容的变更。这里所说的施工合同的变更指的是狭义的合同变更，即合同内容的变更。

（一）施工合同变更产生的原因

合同内容频繁变更是施工合同的特点之一。较为复杂的工程合同，实施中的变更可能有几百项。合同变更一般主要有如下几方面的原因。

（1）业主的原因。如业主新的要求、业主指令错误、业主资金短缺、倒闭、合同转让等。

（2）勘察设计的原因。如工程条件不准确、设计错误等。

（3）承包商的原因。如合同执行错误、质量缺陷、工期延误等。

（4）监理工程师的原因。如错误的指令等。

（5）合同的原因。如合同文件问题，必须调整合同目标，或修改合同条款等。

（6）其他方面的原因。如工程环境的变化、环境保护要求、城市规划变动、不可抗力影响等。

（二）施工合同变更的内容和方式

1.施工合同变更的内容

施工合同变更的内容主要是工程变更，通常包括以下几个方面。

（1）工程量的增减。

（2）质量及特性的变化。

（3）工程标高、基线、尺寸等变更。

（4）施工顺序的改变。

（5）永久工程的删减。

（6）附加工作。

（7）设备、材料和服务的变更等。

2.业主提出变更

项目实施的过程中，业主（或监理工程师）通过发布指令或要求承包商提交建议书的方式，提出变更。业主提出变更后，承包商应遵守并执行每项变更，并作出书面回应，提交下列资料。

（1）对建议的设计和要完成工作的说明，以及实施的进度计划。

（2）根据原进度计划和竣工时间的要求，承包商对进度计划做出必要修改的建议书。

（3）承包商对调整合同价格的建议书。

3.承包商不能执行变更的理由

如果承包商认为业主提出的变更不合理或难以遵照执行，也应作出书面回应，及时向业主（或监理工程师）发出通知，说明不能执行的理由。不能执行变更的理由一般有以下三种。

（1）承包商难以取得变更所需要的货物。

（2）变更将降低工程的安全性或适用性。

（3）对履约保证的完成产生不利的影响。

4.承包商提出建议书

业主（或监理工程师）接到承包商不能执行变更的通知，应取消、确认或改变原指示。另外，承包商也可以随时向业主提交书面建议，提出他认为采纳后将产生类似如下良好作用的建议。

（1）能加快竣工。

（2）能降低业主的工程施工、维护或运行费用。

（3）能提高业主的竣工工程的效率或价值，或给业主带来其他利益的建议。

业主（或监理工程师）收到此类建议书后，应尽快给予批准、不批准或提出意见的回复。在等待答复期间，承包商应继续按原计划施工，不应延误任何工作。

由于业主通常是委托监理工程师代替自己行使各种权利，所以通常施工合同变更的决策权在现场监理工程师手中，应由他审查各方提出的变更要求，并向承包商提出合同变更指令。承包商可根据授权和施工合同的约定，及时向监理工程师提出合同变更申请，监理工程师进行审查，并将审查结果通知承包商。

（三）施工合同变更责任分析

施工合同变更更多的是工程变更，它在工程索赔中所占的份额最大。工程变更的责任分析是确定相应价款变更或赔偿的重要依据。

1.设计变更

设计变更主要指项目计划、设计的深度不够，项目投资设计失误，新技术、新材料和新规范的出台、设计错误、施工方案错误或疏忽。设计变更实质是对设计图纸进行补充、修改。设计变更往往会引起工程量的增减、工程分项的新增或删除、工程质量和进度的变化、实施方案的变化等。

对于业主要求、政府城建、环保部门的要求、环境的变化、不可抗力、原设计错误等原因导致的设计变更，应由业主承担责任。对于涉及费用增加或工期拖延的，业主应予以补偿并批准延期。由于承包商施工过程、施工方案出现错误、疏忽而导致设计变更，必须由承包商自行负责。

2.施工方案变更

（1）承包商承担由于自身原因修改施工方案的责任。

（2）重大的设计变更会导致施工方案的变更。如果设计变更由业主承担责任，则相应的施工方案的变更也由业主负责；反之，则由承包商负责。

（3）对异常地质条件引起的施工方案变更，一般应由业主承担。工程中承包商采用或修改实施方案都要经业主（或监理工程师）的批准。

（四）施工合同价款的变更

合同变更后，当事人应按照变更后的合同履行。根据合同法规定，合同的变更仅对变更后未履行的部分有效，对已履行的部分无溯及力。因合同的变更使当事人一方受到经济损失的，受损一方可向另一方当事人要求损失赔偿。施工合同的变更中，主要表现为合同价款的调整，通常合同价款的调整按下列方法处理。

（1）合同中已有适用于变更工程的价格，按该价格变更合同价款。

（2）合同中只有类似于变更工程的价格，可按照类似价格变更合同价款。

（3）除上述两种情况以外的，由承包商提出适当的变更价格，经监理工程师确认后执行，与工程款同期支付。

由于承包商自身责任导致的工程变更，承包商无权要求追加合同价款。

二、施工合同的终止

合同终止是指因发生法律规定或当事人约定的情况，使当事人之间的权利、义务关系消灭，使合同终止法律效力。

（一）合同终止的原因

合同终止的原因有很多，较常见的有两种：一种情况是合同双方已经按照约定履行完合同，合同自然终止；另一种情况是发生法律规定或当事人约定的情况，或经当事人协商一致，合同关系终止，称为合同解除。承包商、业主履行完合同全部义务、竣工结算、价款支付完毕，承包商向业主交付竣工工程后，施工合同即告终止，这属于前一种情况，即合同自然终止。后一种情况（合同解除）可以有两种方式：合意解除和法定解除。合意解除指根据当事人事先约定的情况或经当事人协商一致而解除合同，法定解除是指根据法律规定解除合同。

施工合同履行的过程中，如有下列情形之一，承包商或业主可以解除合同。

（1）因不可抗力因素致使合同无法履行。在发出中标通知书后，如果发生了双方无法控制的意外情况，使双方中的任何一方受阻而不能履行其合同责任，或者合同的履行不合法时，双方无须进一步履行合同，如自然灾害、战争等；国家法律在合同签订后发生变动，规定禁止使用合同规定的某些设备等。

（2）因一方违约致使合同无法履行，可分以下四种情况。

①业主违约的情况。如业主未能根据监理工程师的付款证书在合同规定期限内支付工程款项；干涉、阻挠或拒绝任何付款审批的发放；干扰或阻碍承包商工作。

②承包商违约的情况。如承包商延误工期、出现严重质量缺陷和其他违约行为；承包商未经业主同意，转让合同等。

③双方协商一致同意解除合同。如双方都认为没必要继续履行合同，或出现合同继续履行下去，会导致更大的损失的情况等，双方可合意解除合同。

④承包商或业主自身破产或无力偿还债务的。一方在发生上述情况要求解除合同时应以书面形式向对方发出解除合同的通知，并在发出通知前告知对方，通知到达对方时合同即告解除。

（二）合同终止后的义务

合同终止后，不影响双方在合同中约定的结算和清理条款的效力。承包商应妥善做好已完工程和已购材料、设备的保护和移交工作，按业主要求将自有机械设备和人员撤出施工场地。业主应为承包商撤出提供必要条件，并支付以上发生的费用，同时按合同约定支付已完工程价款。已预定的材料、设备由订货方负责退货或解除订货合同，不能退还的货款和因退货、解除订货合同发生的费用，由业主承担，因未及时退货造成的损失由责任方承担。

另外，合同终止后，合同双方应遵循诚实信用原则履行合同终止义务，并做好保密、保护、协助等后合同义务。

三、违约与争议

（一）违约责任

违约责任指当事人违反合同义务应承担的民事责任。合同法第一百零七条规定："当事人一方不履行合同义务或者履行合同义务不符合规定的，应当承担继续履行、采取补救措施或者赔偿损失等违约责任。当事人双方都违反合同的，应当各自承担相应的责任。"

1.违约责任的认定

我国《建设工程施工合同（示范文本）》通用条款中对施工合同的违约责任作出以下规定。

（1）发生下列情况时，业主承担违约责任。

①业主不按时支付预付工程款。

②业主不按合同约定支付工程款，导致施工无法进行。

③业主无正当理由不支付工程竣工结算价款。

④业主不履行合同义务或不按合同约定履行义务的其他情况。

（2）发生下列情况时，承包商承担违约责任。

①承包商不按照协议书约定的竣工日期或未经监理工程师同意顺延工期。

②因承包商的原因致使工程质量达不到协议书约定的质量标准。

③承包商不履行合同义务或不按合同约定履行义务的其他情况。

2.承担违约责任的方式

（1）继续履行。继续履行，又称实际履行或强制实际履行，指合同当事人一方请求人民法院或仲裁机构强制违约方实际履行合同义务。例如，业主无正当理由不支付工程竣工结算价款，承包商可以诉诸法律，请求法院或仲裁机构强制业主继续履行付款义务，给付工程款。

（2）补救措施。补救措施，指当事人一方履行合同义务不符合规定，对方可以请求人民法院或仲裁机构强制其在继续履行合同义务的同时采取补救履行措施。例如，在合同履行过程中，业主或监理工程师发现，承包商的部分工程施工质量不符合合同约定的质量标准，可以要求承包商对该工程进行返修或者返工。承包商的返修或返工行为就是一种补救措施。

（3）赔偿损失。当事人一方不履行义务或履行义务不符合约定的，在继续履行义务或采取补救措施后，对方还有其他损失的，应当赔偿损失。例如，工程质量不合格，承包商采取补救措施后，虽然质量达到了要求，但是导致总工期拖延了较长时间，给业主造成很大的损失。业主的这部分损失是由承包商的违约引起的，应由承包商进行赔偿。如果由于业主违约造成工期拖延的，业主除了给予承包商经济上的赔偿外，还应当给予工期上的赔偿，顺延工期。

当事人一方违约后，对方应当采取适当措施防止损失的扩大，如果因其没有采取措施而致使损失扩大的，则不得就扩大的损失要求违约方赔偿。当事人因防止损失扩大而支出的合理费用，由违约方承担。

损失的赔偿额相当于违约而造成的损失，包括合同正常履行后应当获得的利益。具体的赔偿金额计算方法由承包商和业主在合同的专用条款中约定。

（4）支付违约金。违约金是当事人约定或法律规定，一方当事人违约时应当根据违约情况向对方支付的一定数额的货币。

违约金的数额由承包商和业主在合同的专用条款中规定。双方约定的违约金低于实际造成损失的，当事人可以请求人民法院或仲裁机构予以增加；约定的违约金过分高于实际造成的损失的，当事人可以请求人民法院或者仲裁机构予以适当减少。

（5）负责事由。当事人一方因不可抗力不能履行合同的，应就不可抗力影响的全部或部分免除责任，但法律另有规定的除外。应当注意，当事人迟延履行合同后发生不可抗力的，不能免除责任。例如，在施工过程中，发生了双方都无法预料到的连续的风雨天气，导致了工期拖延并对已完工成品造成了损坏，由此造成的损失，承包商可以免除责任。但对于如果按照正常的施工计划能在雨期来临之前竣工的工程，因承包商的违约延迟到了雨期，由此造成的损失，承包商就应当承担违约责任。

（二）争议的解决

承包商和业主在履行合同时如果发生争议，可以和解或者要求有关主管部门调解。当事人不愿和解、调解不成的，双方可以在专用条款内约定通过仲裁或采取法律途径解决。

1.通常的程序

（1）出现争端和纠纷，双方应协商解决。

（2）协商不成，可以提请有关主管部门进行调解。

（3）当事人不愿意和解的，如果合同中约定有仲裁方式的，可以提请仲裁机构进行裁决。

（4）合同中没有约定仲裁方式或当事人不服仲裁结果的，可以向有管辖权的人民法院提起诉讼。

2.协商和调解方式

需要说明的是，争议如果能通过协商或调解方式解决的，应尽量采用协商或调解方式。

仲裁和诉讼都是法律行为，除非不得已，一般不宜采用，以免造成今后双方合作的困难。另外，发生争议后，应继续履行合同，保证施工连续，保护好已完工程。但是发生下列情况时，应当停止履行合同。

（1）单方违约导致合同确已无法履行，双方协议停止施工。

（2）调解要求停止施工，且为双方接受。

（3）仲裁机构要求停止施工。

（4）法院要求停止施工。

第六章　建筑工程项目施工成本管理

第一节　建筑工程项目施工成本管理概述

建筑工程项目施工成本管理，是在保证工期和质量满足要求的情况下，采取相应的管理措施，把成本控制在计划范围内，寻求最大程度的成本节约。

一、施工成本的基本概念

成本是一种耗费，是耗费劳动的货币表现形式。工程项目是拟建或在建的建筑产品，属于生产成本，是生产过程所消耗的生产资料、劳动报酬和组织生产管理费用的总和，包括消耗的主辅材料、结构件、周转材料的摊销费或租赁费，施工机械使用费或租赁费，支付给生产工人的工资和奖金，以及现场进行施工组织与管理所发生的全部费用支出。工程项目成本是产品的主要成分，降低成本以增加利润是项目管理的主要目标之一。成本管理是项目管理的核心。

施工项目成本是指建筑企业以施工项目为成本核算对象的施工过程中所耗费的全部生产费用的总和。包括主材料、辅材料、结构件、周转材料的费用，生产工人的工资，机械使用费，组织施工管理所发生的费用等。施工项目成本是建筑企业的产品成本，也称为工程成本。

（1）以确定的某一项目为成本核算对象。

（2）施工项目施工发生的耗费，称为现场项目成本，不包括企业的其他环节发生的成本费用。

（3）核算的内容包括主材料、辅材料、结构件、周转材料的费用，生产工人的工资，机械使用费，其他直接费用，组织施工管理所发生的费用等。

二、施工成本的分类

（一）按成本发生的时间来划分

1.预算成本

预算成本指按照建筑安装工程的实物量和国家或地区制定的预算定额单价及取费标准计算的社会平均成本，是以施工图预算为基础进行分析、归集、计算确定的，是确定工程成本的基础，也是编制计划成本、评价实际成本的依据。施工图预算反映的是社会平均成本水平，其计算公式如下：

施工图预算=工程预算成本＋计划利润

施工图预算确定了建筑产品的价格，成本管理是在施工图预算范围内做文章。

2.计划成本

计划成本指项目经理部在一定时期内，为完成一定建筑安装施工任务计划支出的各项生产费用的总和。它是成本管理的目标，也是控制项目成本的标准。是在预算成本的基础上，根据上级下达的降低工程成本指标，结合施工生产的实际情况和技术组织措施而确定的企业标准成本。

3.实际成本

实际成本指为完成一定数量的建筑安装任务，实际所消耗的各类生产费用的总和。

计划成本和实际成本都是反映施工企业成本水平的，它受企业本身的生产技术、施工条件及生产经营管理水平所制约。两者比较，可提示成本的节约和超支，考核企业施工技术水平及技术组织措施的执行情况和企业的经营成果。实际成本与预算成本比较，可以反映工程盈亏情况，了解成本节约情况。预算成本可以理解为外部的成本水平，是反映企业竞争水平的成本。

（1）实际成本比预算成本低，利润空间大。

（2）实际成本等于预算成本，只有计划利润空间，没有利润空间。

（3）实际成本高于预算成本+计划利润，施工项目出现亏损。

（二）按生产费用与工程量关系来划分

1.固定成本

固定成本指在一定期间和一定的工程量范围内，发生的成本不受工程量增减变动的影响而相对固定的成本。如折旧费、大修理费、管理人员工资。

2.变动成本

变动成本指发生总额随着工程量的增减变动而成正比例变动的费用。如直接用于工程的材料费。

（三）按生产费用计入成本的方式来划分

1.直接成本

直接成本指直接耗用并直接计入工程对象的费用。

直接成本是施工过程中耗费的构成工程实体和有助于工程形成的各项费用支出，包括人工费、材料费、机具使用费等，直接费用发生时，能确定其用于哪些工程，可以直接计入该工程成本。

2.间接成本

间接成本指企业的各项目经理部为施工准备、组织和管理施工生产所发生的全部施工间接费用的支出。包括现场管理人员的人工费、资产使用费、工具（用具）使用费、保险费、检验试验费、工程保修费、工程排污费以及其他费用等。

三、施工成本管理的特点和原则

（一）施工成本管理的特点

1.成本中心

从管理层次上讲，企业是决策中心和利润中心，施工项目是企业的生产场地，大部分的成本耗费在此发生。实际中，建筑产品的价格在合同内确定后，企业扣除产品价格中的经营性利润部分和企业应收取的费用部分，将其余部分以预算成本的形式，把成本管理的责任下达到施工项目，要求施工项目经过科学、合理、经济的管理，降低实际成本，取得相应措施。

例如，1000万元的合同，扣除300万元计划利润和规费，把剩下来的700万元任务下达到项目经理部。

2.事先控制

事先控制具有一次性的特点，只许成功不许失败，一般在项目管理的起点就要对成本进行预测，制订计划，明确目标，然后以目标为出发点，采取各种技术、经济、管理措施实现目标。即所谓“先算后干，边干边算，干完再算”。

3.全员参与

施工项目成本管理的过程要求与项目的工期管理、质量管理、技术管理、分包管理、预算管理、资金管理、安全管理紧密结合起来，组成施工项目成本管理的完整网络。施工项目中的每一项管理工作、每一个内容都需要管理人员完成，成本管理不仅仅是财务部门的事情，可以说人人参与了施工项目的成本管理，他们的工作与项目的成本直接或间接，或多或少的有关联。

4.全程监控

对事先设定的成本目标及相应措施的实施过程自始至终进行监督、控制和调整、修正。如建材价格的上涨、工程设计的修改、因建设单位责任引起的工期延误、资金的到位等变化因素发生，及时调整预算、合同索赔、增减账管理等一系列有针对性的措施。

5.内容仅局限于项目本身的费用

只是对施工项目的直接成本和间接成本的管理，根据具体情况，开展增减账的核算管理、合同索赔的核算管理等。

（二）施工成本管理的原则

1.成本最低化原则

成本最低化原则是在一定的条件下分析影响各种降低成本的因素，制定可能实现的最低成本目标，通过有效的控制和管理，使实际执行结果达到最低目标成本的要求。

2.全面成本管理原则

全面包括全企业、全员和全过程，简称“三全”。

其中，全企业指企业的领导者不但是企业成本的责任人，还是工程施工项目成本的责任人。领导者应该制定施工项目成本管理的方针和目标，组织施工项目成本管理体系的建立和维持其正常运转，创造使企业全体员工能充分参与项目成本管理、实现企业成本目标的内部环境。

3.成本责任制原则

将项目成本层层分解，即分级、分工、分人。

企业责任是降低企业的管理费用和经营费用，项目经理部的责任是完成目标成本指标和成本降低率指标。项目经理部对目标成本指标和成本降低率指标进行二次目标分解，根据不同岗位、不同管理内容，确定每个岗位的成本目标和所承担的责任，把总目标层层分解，落实到每一个人，通过每个指标的完成保证总目标的实现，否则就会造成有人工作无人负责的局面。

4.成本管理有效化原则

成本管理有效化原则即行政手段、经济手段和法律手段相结合。

5.成本科学化原则

施工项目成本管理中，运用预测与决策方法、目标管理方法、量本利分析法等科学的、先进的技术和方法，实现成本科学化。

四、施工成本管理的任务

施工成本管理的具体内容包括成本预测、成本计划、成本控制、成本核算、成本分析和成本考核等。施工项目经理部在项目施工过程中，通过对所发生的各种成本信息进行有组织、有系统的预测、计划、控制、核算和分析等工作，促使施工项目各种要素按照一定的目标运行，使施工项目的实际成本能够控制在预定的计划成本范围内。

（一）施工成本预测

施工成本预测就是根据成本信息和施工项目的具体情况，运用一定的专门方法，对未来的成本水平及可能发展的趋势作出科学估计，它是在工程施工以前对成本进行的估算。通过成本预测，在满足项目业主和本企业要求的前提下，选择成本低、效益好的最佳成本方案，并能够在施工项目成本形成的过程中，针对薄弱环节，加强成本控制，克服盲目性，提高预见性。因此，施工成本预测是施工项目成本决策与计划的依据。施工成本预测，通常是对施工项目计划工期内影响成本变化的各个因素进行分析，比照近期已完工施工项目或将完工施工项目的成本（单位成本），预测这些因素对工程成本中有关项目（成本项目）的影响程度，预测出工程的单位成本或总成本。

（二）施工成本计划

施工成本计划是以货币形式编制施工项目在计划期内的生产费用、成本水平、成本降低率以及为降低成本所采取的主要措施和规划的书面方案，是建立施工项目成本管理责任制、开展成本控制和核算的基础。一般来说，一个施工成本计划应包括从开工到竣工所必需的施工成本，是施工项目降低成本的指导文件，是设立目标成本的依据。可以说，成本计划是目标成本的一种形式。

（三）施工成本控制

施工成本控制是在施工过程中，对影响项目施工成本的各种因素加强管理，采取各种有效措施，将施工中实际发生的各种消耗和支出严格控制在成本计划范围内，随时揭示并及时反馈，严格审查各项费用是否符合标准，计算实际成本和计划成本之间的差异并进行分析，采取多种形式，消除施工中的损失、浪费现象。施工成本控制应贯穿于施工项目从投标阶段开始直至项目竣工验收的全过程，是企业全面成本管理的重要环节。施工成本控制可分为事先控制、事中控制（过程控制）和事后控制。在项目的施工过程中，需按动态控制原理对实际施工成本的发生过程进行有效控制。

（四）施工成本核算

施工成本核算包括两个基本环节：一是按照规定的成本开支范围对施工费用进行归集和分配，计算出施工费用的实际发生额；二是根据成本核算对象，采用适当的方法，计算出该施工项目的总成本和单位成本。施工成本管理需要正确及时地核算施工过程中发生的各项费用，计算施工项目的实际成本。施工成本核算所提供的各种成本信息是成本预测、成本计划、成本控制、成本分析和成本考核等环节的依据。施工成本以单位工程为成本核算对象，也可按照承包工程项目的规模、工期、结构类型、施工组织和施工现场等情况，结合成本管理的要求，灵活划分成本核算对象。

（五）施工成本分析

施工成本分析是在施工成本核算的基础上，对成本的形成过程和影响成本升降的因素进行分析，以寻求进一步降低成本的途径，包括有利偏差的挖掘和不利偏差的纠正。

施工成本分析贯穿于施工成本管理的全过程，在成本的形成过程中，主要利用施工成本核算资料（成本信息），与目标成本、预算成本以及类似的施工项目的实际成本等进行比较，了解成本的变动情况，同时分析主要技术经济指标对成本的影响，系统地研究成本变动的因素，检查成本计划的合理性，并通过成本分析，深入揭示成本变动的规律，寻找降低施工项目成本的途径，有效地进行成本控制。对于成本偏差的控制，分析是关键，纠偏是核心，针对分析得出的偏差发生原因，采取切实措施，加以纠正。

（六）施工成本考核

施工成本考核是指在施工项目完成后，对施工项目成本形成中的各种责任，按施工项目成本目标责任制的有关规定，将成本的实际指标与计划、定额、预算进行对比和考核，评定施工项目成本计划的完成情况和各责任者的业绩，并给予相应的奖励和处罚。通过成本考核，做到有奖有惩，赏罚分明，有效地调动每一位员工在各自施工岗位上努力完成目标成本的积极性，为降低施工项目成本和增加企业的积累，作出自己的贡献。

施工成本管理的每一个环节都是相互联系和相互作用的。成本预测是成本决策的前提，成本计划是成本决策所确定目标的具体化。施工成本控制则是对成本计划的实施进行控制和监督，保证决策的成本目标的实现，而成本核算又是对成本计划是否实现的最后检验，它所提供的成本信息又对下一个施工项目成本预测和决策提供基础资料。成本考核是实现成本目标责任制的保证和实现决策目标的重要手段。

五、施工成本管理的措施

为了取得施工成本管理的理想成效，应从多方面采取措施实施管理，通常将这些措施归纳为四个方面：组织措施、技术措施、经济措施、合同措施。

（一）组织措施

组织措施是从施工成本管理的组织方面采取的措施。施工成本控制是全员的活动，如实行项目经理责任制，落实施工成本管理的组织机构和人员，明确各级施工成本管理人员的任务和职能分工、权利和责任。施工成本管理不仅是专业成本管理人员的工作，而且各级项目管理人员都负有成本控制责任。

组织措施还要编制施工成本控制工作计划，确定合理详细的工作流程。要做好施工采购规划，通过生产要素的优化配置、合理使用、动态管理，有效控制实际成本；加强施工定额管理和施工任务单管理，控制活劳动和物化劳动的消耗；加强施工调度，避免因施工计划不周和盲目调度造成窝工损失、机械利用率降低、物料积压等使施工成本增加。成本控制工作只有建立在科学管理的基础之上，具备合理的管理体制、完善的规章制度、稳定的作业秩序、完整准确的信息传递，才能取得成效。组织措施是其他各类措施的前提和保障，一般不需要增加什么费用，运用得当，可以收到良好的效果。

（二）技术措施

技术措施不仅对解决施工成本管理过程中的技术问题是不可缺少的，而且对纠正施工成本管理目标偏差也有重要的作用。因此，运用技术纠偏措施的关键，一是能提出多个不同的技术方案，二是对不同的技术方案进行技术经济分析。

施工过程中，降低成本的技术措施，包括进行技术经济分析，确定最佳的施工方案；结合施工方法，进行材料使用的比选，在满足功能要求的前提下，通过代用、改变配合比、使用添加剂等方法降低材料消耗的费用；确定最合适的施工机械、设备使用方案；结合项目的施工组织设计及自然地理条件，降低材料的库存成本和运输成本；提倡先进的施工技术的应用、新材料的运用、新开发机械设备的使用等。在实践中，也要避免仅从技术角度选定方案而忽视对其经济效果的分析论证。

（三）经济措施

经济措施是最易被人们所接受和采用的措施。管理人员应编制资金使用计划，确定、分解施工成本管理目标。对施工成本管理目标进行风险分析，制定防范性对策。对各种支出，应认真做好资金的使用计划，并在施工中严格控制各项开支。及时准确地记录、收集、整理、核算实际发生的成本。对各种变更，及时做好增减账，及时落实业主签证，及时结算工程款。通过偏差分析和未完工工程预测，可发现一些潜在的问题，将引起未完工程施工成本增加，对这些问题，应以主动控制为出发点，及时采取预防措施。由此可见，经济措施的运用绝不仅仅是财务人员的事情。

（四）合同措施

采用合同措施控制施工成本，应贯穿整个合同周期，包括从合同谈判开始到合同终结的全过程。首先，选用合适的合同结构，对各种合同结构模式进行分析、比较，合同谈判时，正确选用适合于工程规模、性质和特点的合同结构模式。其次，合同的条款中应仔细考虑一切影响成本和效益的因素，特别是潜在的风险因素。最后，通过对引起成本变动的风险因素的识别和分析，采取必要的风险对策，如通过合理的方式，增加承担风险的个体数量，降低损失发生的比例，最终使这些策略反映在合同的具体条款中。合同执行期间，合同管理的措施是，既要密切注视对方对合同执行的情况，以寻求合同索赔的机会，同时要密切关注自己履行合同的情况，以防止被对方索赔。

第二节　建筑工程项目施工成本计划

成本计划通常包括从开工到竣工所必需的施工成本，是以货币形式预先规定项目在进行中的施工生产耗费的计划总水平，是实现降低成本费用的指导性文件。

一、施工成本计划的类型

（一）竞争性成本计划

竞争性成本计划，是工程项目投标及签订合同阶段的估算成本计划，是以招标文件中的合同条件、投标者须知、技术规程、设计图纸或工程量清单等为依据，以有关价格条件说明为基础，结合调研和现场考察获得的情况，根据本企业的工料消耗标准、水平、价格资料和费用指标，对本企业完成招标工程所需要支出的全部费用的估算。

（二）指导性成本计划

指导性成本计划，即选派项目经理阶段的预算成本计划，是项目经理的责任成本目标；是以合同标书为依据，按照企业的预算定额标准制订的设计预算成本计划，一般情况下只确定责任总成本指标。

（三）实施性成本计划

实施性成本计划，即项目施工准备阶段的施工预算成本计划，是以项目实施方案为依据，以落实项目经理的责任目标为出发点，采用企业的施工定额，通过施工预算的编制形成的实施性施工成本计划。

竞争性成本计划是投标及签订合同阶段的“估算成本计划”。以招标文件中的合同条件、投标者须知、技术规程、设计图纸、工程量清单为依据。指导性成本计划是选派项目经理阶段的“预算成本计划”，是项目经理的“责任成本目标”，是以合同为依据，按照企业的预算定额，制订的“设计预算成本计划”。实施性成本计划是施工准备阶段的“施工预算成本计划”，以项目实施方案为依据，采用企业的施工定额，通过施工预算的编制，形成的“实施性施工成本计划”。竞争性成本计划带有成本战略性质，是投标阶段商务标书的基础；指导性成本计划和实施性成本计划，是战略性成本计划的展开和深化。

二、施工成本计划编制的原则

（一）从实际情况出发

编制成本计划必须根据国家方针政策，从企业的实际情况出发，充分挖掘企业内部潜力，使降低成本指标既积极可靠，又切实可行。施工项目管理部门降低成本的潜力在于正确合理地选择施工方案，合理组织施工，提高劳动生产率，改善材料供应，降低材料消耗，提高机械利用率，节约施工管理费用等。

（二）与其他计划结合

编制成本计划，必须与施工项目的其他各项计划（如施工方案、生产进度、财务计划、材料供应及耗费计划等）密切结合，保持平衡。成本计划一方面根据施工项目的生产、技术组织措施、劳动工资和材料供应等计划编制，另一方面又影响着其他各种计划指标。每种计划指标都应考虑适应降低成本的要求，与成本计划密切配合，不能单纯考虑每种计划本身的需要。

（三）统一领导、分级管理

编制成本计划，应实行统一领导、分级管理的原则，走群众路线的工作方法，应在项目经理的领导下，以财务和计划部门为中心，发动全体职工共同参与，总结降低成本的经验，找出降低成本的正确途径，使成本计划的制订和执行具有广泛的群众基础。

（四）弹性原则

编制成本计划，应留有充分余地，保持计划的一定弹性。在计划期间，项目经理部的内部或外部的技术经济状况和供产销条件，很可能发生在编制计划时未预料的变化，尤其是在材料供应和市场价格方面，给计划拟定带来了很大的困难。因此，在编制计划时，应充分考虑到这些情况，使计划保持一定的应变能力。

三、施工成本计划的编制依据

编制施工成本计划，需要广泛收集相关资料并进行整理，作为施工成本计划编制的依据。根据有关设计文件、工程承包合同、施工组织设计、施工成本预测资料等，按照施工项目应投入的生产要素，结合各种因素的变化和拟采取的各种措施，估算项目生产费用支出的总水平，提出施工项目的成本计划控制指标，确定目标总成本。目标总成本确定后，应将总目标分解落实到各个机构、班组、便于进行控制的子项目或工序。最后，通过综合平衡，编制完成施工成本计划。

施工成本计划的编制依据如下。

（1）投标报价文件。

（2）企业定额、施工预算。

（3）施工组织设计或施工方案。

（4）人工、材料、机械台班的市场价。

（5）企业颁布的材料指导价、企业内部机械台班价格、劳动力内部挂牌价格。

（6）周转设备内部租赁价格、摊销损耗标准。

（7）已签订的工程合同、分包合同。

（8）拟采取的降低施工成本的措施。

（9）其他相关材料等。

四、施工成本计划的编制方法

施工成本计划的编制以成本预测为基础，关键是确定目标成本。计划的制定需结合施工组织设计的编制过程，通过不断地优化施工技术方案和合理配置生产要素，进行工、料、机消耗的分析，制订一系列节约成本的挖潜措施，确定施工成本计划。施工成本计划总额应控制在目标成本的范围内，使成本计划建立在切实可行的基础上。施工总成本目标确定后，通过编制详细的实施性施工成本计划把目标成本层层分解，落实到施工过程的每个环节，有效地进行成本控制。

（一）按施工成本组成编制施工成本计划的方法

施工成本可以按成本组成分解为人工费、材料费、施工机具使用费、企业管理费，按施工成本组成编制施工成本计划。

施工成本中不含规费、利润、税金，因此，施工成本分解要素中也没有间接费一项。

（二）按项目组成编制施工成本计划的方法

大中型工程项目通常是由若干单项工程构成的，每个单项工程包括多个单位工程，每个单位工程又由若干个分部分项工程构成。因此，首先要把项目总施工成本分解到单项工程和单位工程中，再进一步分解为分部工程和分项工程。

完成施工项目成本目标分解之后，接下来就要具体地分配成本，编制分项工程的成本支出计划，从而得到详细的成本计划表，见表6-1。

表6-1　分项工程成本支出计划表

分项工程编码	工程内容	计量单位	工程数量	计划成本	本分项总计

编制成本支出计划时，要在项目方面考虑总预备费，要在主要分项工程中安排适当的不可预见费，避免在具体编制成本计划时，发现个别单位工程或工程量表中某项内容的工程量计算有较大出入，使原来的成本预算失实。并在项目实施过程中尽可能地采取一些措施。

（三）按工程进度编制施工成本计划的方法

编制按工程进度的施工成本计划，通常利用控制项目进度的网络图进一步扩充得到。在建立网络图时，一方面确定完成各项工作所需花费的时间，另一方面确定完成工作合适的施工成本支出计划。

实践中，工程项目分解为既能表示时间，又能表示施工成本支出计划的工作是不容易的。通常，如果项目分解程度对时间控制合适的话，则对施工成本支出计划可能分解过细，以致不可能对每项工作确定施工成本支出计划；反之，亦然。因此，编制网络计划时，应充分考虑进度控制对项目划分的要求，还要考虑确定施工成本支出计划对项目划分的要求，做到二者兼顾。通过对施工成本目标按时间进行分解，在网络计划的基础上，获得项目进度计划的横道图，在此基础上编制成本计划。其表示方式有两种：一种是在时标网络图上按月编制的成本计划，另一种是利用时间–成本累计曲线（S形曲线）表示。我们主要介绍时间–成本累计曲线。

时间–成本累计曲线的绘制步骤如下。

（1）确定工程项目进度计划，编制进度计划的横道图。

（2）根据单位时间内完成的实物工程量或投入的人力、物力和财力，计算单位时间（月或旬）的成本，在时标网络图上按时间编制成本支出计划，见表6–2。

表6-2 单位时间的投资

时间/月	1	2	3	4	5	6	7	8	9	10	11	12
投资/万元	100	200	300	500	600	800	800	700	600	400	300	200

（3）将各单位时间计划完成的投资额累计，得到计划累计完成的投资额，见表6-3。

表6-3 计划累计完成的投资

时间/月	1	2	3	4	5	6	7	8	9	10	11	12
投资/万元	100	200	300	500	600	800	800	700	600	400	300	200
计划累计投资/万元	100	300	600	1100	1700	2500	3300	4000	4600	5000	5300	5500

（4）按各规定时间的投资值，绘制S形曲线。

每条S形曲线都对应某一特定的工程进度计划。在进度计划的非关键线路中存在许多有时差的工序或工作，因而S形曲线（成本计划值曲线）必然包括在由全部工作都按最早开始时间开始和全部工作都按最迟必须开始时间开始的曲线所组成的“香蕉图”内。项目经理可根据编制的成本支出计划合理安排资金，同时项目经理根据筹措的资金调整S形曲线，即通过调整非关键线路上的工序项目的最早或最迟开工时间，力争将实际的成本支出控制在计划的范围内。

一般而言，所有工作都按最迟开始时间开始，对节约资金贷款利息是有利的，但同时也降低了项目按期竣工的保证率，因此，项目经理必须合理地确定成本支出计划，达到既节约成本支出，又能控制项目工期的目的。

第三节　施工成本控制

一、施工成本控制的意义和目的

施工项目的成本控制，通常指在项目成本的形成过程中，对生产经营所消耗的人力资源、物质资源和费用开支进行指导、监督、调节和限制，及时纠正将要发生和已经发生的偏差，把各项生产费用控制在计划成本的范围之内，保证成本目标的实现。

施工项目的成本目标，有企业下达或内部承包合同规定的，也有项目自行制定的。成本目标只有一个成本降低率或降低额，即使加以分解，也是相对于明细的降本指标而言，且难以具体落实，以致目标管理流于形式，无法发挥控制成本的作用。因此，项目经理部必须以成本目标为依据，结合施工项目的具体情况，制订明细而具体的成本计划，使之成为“看得见、摸得着、能操作”的实施性文件。这种成本计划应该包括每一个分部分项工程的资源消耗水平，以及每一项技术组织措施的具体内容和节约数量金额，既可指导项目管理人员有效地进行成本控制，又可作为企业对项目成本检查考核的依据。

二、施工成本控制的原则

（一）开源与节流相结合的原则

降低项目成本需要一面增加收入，一面节约支出。因此，在成本控制中，也应该坚持开源与节流相结合的原则。做到每发生一笔金额较大的成本费用都要查一查有无与其相对应的预算收入，是否支大于收，在经常性的分部分项工程成本核算和月度成本核算中，要进行实际成本与预算收入的对比分析，从中探索成本节超的原因，纠正项目成本的不利偏差，提高项目成本的降低水平。

（二）全面控制原则

1.项目成本的全员控制

项目成本是一项综合性很强的指标，涉及企业内部各个部门、各个单位和全体职工的工作业绩。要想降低成本，提高企业的经济效益，必须充分调动企业广大职工“控制成本、关心降低成本”的积极性和参与成本管理的意识。做到上下结合，专业控制与群众控制相结合，人人参与成本控制活动，人人有成本控制指标，积极创造条件，逐步实行成本控制制度。这是实现全面成本控制的关键。

2.全过程成本控制

工程项目确定后，自施工准备开始，经过工程施工，到竣工交付使用后的保修期结束，整个过程都应实行成本控制。

3.全方位成本控制

成本控制不能单纯强调降低成本，必须兼顾各方面的利益，既要考虑国家利益，又要考虑集体利益和个人利益；既要考虑眼前利益，更要考虑长远利益。因此，成本控制中，决不能片面地为了降低成本而不顾工程质量，靠偷工减料、拼设备等手段，以牺牲企业的长远利益、整体利益和形象为代价，换取一时的成本降低。

（三）动态控制原则

施工项目是一次性的，成本控制应强调项目的过程控制，即动态控制。施工准备阶段的成本控制是根据施工组织设计的具体内容确定成本目标、编制成本计划、制订成本控制的方案，为今后的成本控制做准备；对于竣工阶段的成本控制，由于成本盈亏已基本成定局，即使发生了问题，也已来不及纠正。因此，施工过程阶段成本控制的好坏对项目经济效益的取得具有关键性作用。

（四）目标管理原则

目标管理是进行任何一项管理工作的基本方法和手段，成本控制应遵循这一原则，即目标设定、分解—目标的责任到位和成本执行结果—评价考核和修正目标，形成目标成本控制管理的计划、实施、检查、处理的循环。在实施目标管理的过程中，目标的设定应切合实际，落实到各部门甚至个人，目标的责任应全面，既要有工作责任，也要有成本责任。

（五）例外管理原则

例外管理是西方国家现代管理常用的方法，起源于决策科学中的“例外”原则，目前被更多地用于成本指标的日常控制。工程项目建设过程的诸多活动中，许多活动是例外的，如施工任务单和限额领料单的流转程序等，通常通过制度保证其顺利进行。但也有一些不经常出现的问题，我们称之为“例外”问题。这些“例外”问题，往往是关键性问题，对成本目标的顺利完成影响很大，因此必须予以高度重视。例如，成本管理中常见的成本盈亏异常现象，即盈余或亏损超过了正常的比例；本来是可以控制的成本，突然发生了失控现象；某些暂时的节约，有可能对今后的成本带来隐患（如由于平时机械维修费的节约，造成未来的停工修理和更大的经济损失）等，都应视为“例外”问题，因此要对其进行重点检查，深入分析，并采取相应措施加以纠正。

（六）责、权、利相结合的原则

要想使成本控制真正发挥及时有效的作用，必须严格按照经济责任制要求，贯彻责、权、利相结合的原则。

项目施工过程中，项目经理、工程技术人员、业务管理人员以及各单位和生产班组都负有成本控制的责任，从而形成整个项目的成本控制责任网络。另外，各部门、各单位、各班组肩负成本控制责任的同时，还应享有成本控制的权利，即在规定的权限范围内可以决定某项费用能否开支、如何开支和开支多少，以行使对项目成本的实质性控制。项目经理还要对各部门、各单位、各班组在成本控制中的业绩进行定期的检查和考评，并与工资分配紧密挂钩，有奖有罚。实践证明，只有责、权、利相结合的成本控制，才是名实相符的项目成本控制，才能收到预期效果。

三、施工成本控制的依据

（一）工程承包合同

施工成本控制要以工程承包合同为依据，围绕降低工程成本这个目标，从预算收入和实际成本两方面，挖掘增收节支潜力，以求获得最大的经济效益。

（二）施工成本计划

施工成本计划根据施工项目的具体情况制订施工成本控制方案，既包括预定的具体成本控制目标，又包括实现控制目标的措施和规划，是施工成本控制的指导文件。

（三）进度报告

进度报告提供了每一时刻工程的实际完成量、工程施工成本实际支付情况等重要信息。施工成本控制工作通过把实际情况与施工成本计划相比较，找出两者之间的差别，分析偏差产生的原因，采取措施改进工作。此外，进度报告还有助于管理者及时发现工程实施中存在的问题，在事态还未造成重大损失之前采取有效措施，避免损失。

（四）工程变更

项目的实施过程中，由于各方面的原因，工程变更是很难避免的。

工程变更一般包括设计变更、进度计划变更、施工条件变更、技术规范与标准变更、施工次序变更、工程数量变更等。一旦出现变更，工程量、工期、成本都将发生变化，使得施工成本控制工作变得更加复杂和困难。因此，施工成本管理人员应当通过对变更要求中的各类数据的计算、分析，随时掌握变更情况，包括已发生的工程量、将要发生的工程量、工期是否拖延、支付情况等重要信息，判断变更及变更可能带来的索赔额度等。

除上述几种施工成本控制工作的主要依据以外，有关施工组织设计、分包合同等也都是施工成本控制的依据。

四、施工成本控制的方法

施工阶段是控制建设工程项目成本发生的主要阶段，通过确定成本目标并按计划成本进行施工、资源配置，对施工现场发生的各种成本费用进行有效控制。具体控制方法如下。

（一）施工成本的过程控制方法

1.施工前期的成本控制

首先抓源头，随着市场经济的发展，施工企业处于“找米下锅”的紧张状态，忙于找信息，忙于搞投标，忙于找关系。为了中标，施工企业把标价越压越低。有的工程项目，管理稍一放松，就会发生亏损，有的项目亏损额度较大。因此，做好投标前的成本预测、科学合理地计算投标价格及投标决策尤为重要。为此，在投标报价时，要认真识别招标文件涉及的经济条款，了解业主的资信及履约能力，制作投标报价做到心中有数。投标标价报出前，应组织专业人员进行评审论证，在此基础上，报企业领导决策。

为做好标前成本预测，企业要根据市场行情，不断收集、整理、完善符合本企业实际的内部价格体系，为快速准确地预测标前成本提供有力保证。同时，投标也要发生多种费用，包括标书费、差旅费、咨询费、办公费、招待费等。因此，提高中标率、节约投标费用开支，也成为降低成本开支的一项重要内容。对于投标费用，要与中标价相关联的指标挂钩，实施总额控制，规范开支范围和数额，应由一名企业领导专门负责招标投标工作及管理。

中标后，企业在合同签约时，一方面要据理力争，因为有的开发商在投标阶段将不利于施工企业的合同条件列入招标文件，并且施工企业在投标时对招标文件已确认，要想改变非常困难；另一方面也要利用签约机会，对相关不利的条款与业主协商，尽可能地做到公平、合理，力争将风险降至最低程度后再与业主签约。签约后，要及时向公司领导及项目部相关部门的有关人员进行合同交底，通过不同形式的交底，使项目部的相关管理人员明确本施工合同的全部相关条款、内容，为下一步扩大项目管理的盈利点，减少项目亏损打下基础。

2.施工准备阶段的成本控制

根据设计图纸和技术资料，对施工方法、施工顺序、作业组织形式、机械设备选型、技术组织措施等进行认真的研究分析，运用价值工程原理，制订科学先进、经济合理的施工方案。根据企业下达的成本目标，以分部分项工程实物工程量为基础，结合劳动定额、材料消耗定额和技术组织措施的节约计划，在优化施工方案的指导下，编制详细而具体的成本计划，并按照部门、施工队和班组的分工进行分解，作为部门、施工队和班组的责任成本落实下去，为今后的成本控制做好准备。根据项目建设时间的长短和参加人数的多少，编制间接费用预算，对预算明细进行分解，并以项目经理部有关部门（或业务人员）责任成本的形式落实下去，为今后的成本控制和绩效考评提供依据。

3.施工过程中的成本控制

（1）人工费的控制。人工费的控制实行“量价分离”的方法，将作业用工及零星用工按定额工日的一定比例综合确定用工数量与单价，通过劳务合同进行控制。

①制定先进合理的企业内部劳动定额，严格执行劳动定额，并将安全生产、文明施工及零星用工下达到作业队进行控制。全面推行全额计件的劳动管理方法和单项工程集体承包的经济管理方法，以不超出施工图预算人工费指导为控制目标，实行工资包干制度，认真执行按劳分配的原则，使职工个人所得与劳动贡献一致，充分调动广大职工的劳动积极性，提高劳动力效率。把工程项目的进度、安全、质量等指标与定额管理结合起来，提高劳动者的综合能力，实行奖励制度。

②提高生产工人的技术水平和作业队的组织管理水平，根据施工进度、技术要求，合理配备各工种工人数量，减少和避免无效劳动。不断改善劳动组织，创造良好的工作环境，改善工人的劳动条件，提高劳动效率。合理调节各工序人数安排情况，安排劳动力时，尽量做到技术工不做普通工的工作，高级工不做低级工的工作，避免技术上的浪费，既要加快工程进度，又要节约人工费用。

③加强职工的技术培训和多种施工作业技能培训，培养一专多能的技术工人，不断提高职工的业务技术水平和熟练操作程度及作业工效。提倡技术革新并推广新技术，提升技术装备水平和工厂化生产水平，提高企业的劳动生产率。

④实行弹性需求的劳务管理制度。对于施工生产各环节上的业务骨干和基本的施工力量，要保持相对稳定；对于短期需要的施工力量，要做好预测、计划管理，通过企业内部的劳务市场及外部协作队伍进行调剂。严格做到项目部的定员随工程进度要求及时调整，进行弹性管理。打破行业、工种界限，提倡一专多能，提高劳动力的利用效率。

（2）材料费的控制。材料费控制按照“量价分离”的原则，控制材料用量和材料价格。

①材料用量的控制。在保证符合设计要求和质量标准的前提下，合理使用材料，通过定额管理、计量管理等手段有效控制材料物资的消耗，具体方法如下。

定额控制：对于有消耗定额的材料，以消耗定额为依据，实行限额发料制度。在规定限额内分期分批领用，对于超过限额领用的材料，必须先查明原因，经过审批手续方可领料。

指标控制：对于没有消耗定额的材料，则实行计划管理和按指标控制的办法。根据以往项目的实际耗用情况，结合具体施工项目的内容和要求，制定领用材料指标，以控制材料发放。对于超过指标的材料，必须经过一定的审批手续方可领用。

计量控制：准确做好材料物资的收发计量检查和投料计量检查。

包干控制：材料使用过程中，对于部分小型及零星材料（如钢钉、钢丝等），根据工程量计算出所需材料量，将其折算成费用，由作业者包干控制。

②材料价格的控制。材料价格主要由材料采购部门控制。由于材料价格是由买价、运杂费、运输中的合理损耗等组成，因此控制材料价格主要通过掌握市场信息，应用招标和询价等方式控制材料、设备的采购价格。

施工项目的材料物资包括构成工程实体的主要材料和结构件，以及工程实体形成的周转使用材料和低值易耗品。从价值角度看，材料物资的价值占建筑安装工程造价的60%～70%，重要程度自然不言而喻。由于材料物资的供应渠道和管理方式各不相同，所以控制的内容和所采取的控制方法也有所不同。

（3）施工机械使用费的控制。合理选择施工机械设备，合理使用施工机械设备对成本控制具有十分重要的意义，尤其是对高层建筑的施工意义更为重大。据工程实例统计，高层建筑地面以上部分的总费用中，垂直运输机械费用占6%～10%。由于不同的起重运输机械各有不同的用途和特点，因此在选择起重运输机械时，应根据工程特点和施工条件确定采用何种不同起重运输机械的组合方式。确定采用何种组合方式时，在满足施工需要的同时，还要考虑到费用的高低和综合经济效益。

施工机械使用费主要由台班数量和台班单价决定。为有效控制施工机械使用费支出，主要从以下四个方面进行控制。

①合理安排施工生产，加强设备租赁计划管理，减少因安排不当引起的设备闲置。

②加强机械设备的调度工作，尽量避免窝工，提高现场设备利用率。

③加强现场设备的维修保养，避免因不正确使用造成机械设备的停置。

④做好机上人员与辅助生产人员的协调与配合，提高施工机械台班产量。

（4）施工分包费用的控制。分包工程价格的高低，必然对项目经理部的施工项目成本产生一定的影响。因此，施工项目成本控制的重要工作之一是对分包价格的控制。项目经理部应在确定施工方案的初期就要确定需要分包的工程范围。决定分包范围的因素主要是施工项目的专业性和项目规模。对分包费用的控制，主要是做好分包工程的询价、订立平等互利的分包合同、建立稳定的分包关系网络、加强施工验收和分包结算等工作。

4.竣工验收阶段的成本控制

（1）精心安排，干净利落地完成工程竣工扫尾工作。从现实情况看，很多工程到扫尾阶段，会把主要施工力量抽调到其他在建工程，以至扫尾工作拖拖拉拉，战线拉得很长，机械、设备无法转移，成本费用照常发生，使在建阶段取得的经济效益逐步流失。因此，一定要精心安排（因为扫尾阶段工作面较小，人多了反而会造成浪费），采取“快刀斩乱麻”的方法，把竣工扫尾时间缩短到最低限度。

（2）重视竣工验收工作，顺利交付使用。在验收以前，要准备好验收所需要的各种资料（包括竣工图），送甲方备查。对验收中甲方提出的意见，应根据设计要求和合同内容认真处理，如果涉及费用，应请甲方签证，列入工程结算。

（3）及时办理工程结算。一般来说，工程结算造价按原施工图预算增减账目。施工过程中，有些按实际结算的经济业务，由财务部门直接支付的，项目预算员不掌握资料，往往会在工程结算时遗漏。因此，在办理工程结算以前，要求项目预算员和成本员进行认真全面的核对。

（4）工程保修期间，应由项目经理指定保修工作的责任者，并责成保修责任者根据实际情况提出保修计划（包括费用计划），以此作为控制保修费用的依据。

（二）赢得值法

赢得值法（Earned value Management，EVM）作为一项先进的项目管理技术，最初是美国国防部于1967年确立的，也叫挣值法。到目前为止，国际上先进的工程公司已普遍采用赢得值法进行工程项目的费用、进度综合分析控制。用赢得值法进行费用、进度综合分析控制，基本参数有三项，即已完工作预算费用、计划工作预算费用和已完工作实际费用。

1.赢得值法的三个基本参数

（1）已完成工作量的预算费用。已完成工作预算费用（Budgeted Cost for Work Performed，BCWP），指在某一时间已经完成的工作（或部分工作），以批准认可的预算为标准所需要的资金总额。由于业主是根据这个值为承包人完成的工作量支付相应的费用，也就是承包人获得（挣得）的金额，故又称赢得值或挣值。

已完成工作量的预算费用（BCWP）=已完成工作量×预算（计划）单价

（2）计划工作预算费用。计划工作量的预算费用（budgeted cost for work scheduled，BCWS），即根据进度计划在某一时刻应当完成的工作（或部分工作），以预算为标准所需要的资金总额，一般来说，除非合同有变更，BCWS在工程实施过程中保持不变。

计划工作预算费用（BCWS）=计划工作量×预算（计划）单价

（3）已完成工作量的实际费用。已完成工作量的实际费用（Actual Cost for Work Performed，ACWP），即到某一时刻为止，已完成的工作（或部分工作）所实际花费的总金额。

已完成工作量的实际费用（ACWP）=已完成工作量×实际单价

2.赢得值法的四个评价指标

在这三个基本参数的基础上，可以确定赢得值法的四个评价指标，它们也都是时间的函数。

（1）费用偏差（Cost Variance，CV）。

费用偏差（CV）=已完成工作量的预算费用（BCWP）−已完成工作量的实际费用（ACWP）

费用偏差（CV）为负值时，表示项目运行超出预算费用；费用偏差为正值时，表示项目运行节支，实际费用没有超出预算费用。

（2）进度偏差（Schedule Variance，SV）。

进度偏差（SV）=已完成工作量的预算费用（BCWP）−计划工作预算费用（BCWS）

当进度偏差（SV）为负值时，表示进度延误，即实际进度落后于计划进度；当进度偏差（SV）为正值时，表示进度提前，即实际进度快于计划进度。

（3）费用绩效指数（Cost Performance Index，CPI）。

费用绩效指数（CPI）=已完成工作量的预算费用（BCWP）/已完成工作量的实际费用（ACWP）

当费用绩效指数（CPI）<1时，表示超支，即实际费用高于预算费用；

当费用绩效指数（CPI）>1时，表示节支，即实际费用低于预算费用。

（4）进度绩效指数（Schedule Performance Index，SPI）。

进度绩效指数（SPI）=已完成工作量的预算费用（BCWP）/计划工作预算费用（BCWS）

当进度绩效指数（SPI）<1时，表示进度延误，即实际进度比计划进度拖后；

当进度绩效指数（SPI）>1时，表示进度提前，即实际进度比计划进度快。

费用（进度）偏差反映的是绝对偏差，结果很直观，有助于费用管理人员了解项目费用出现偏差的绝对数额，并依此采取一定措施，制订或调整费用支出计划和资金筹措计划。但是，绝对偏差有其不容忽视的局限性。如同样是10万元的费用偏差，对于总费用1000万元的项目和总费用1亿元的项目而言，其严重性显然是不同的。因此，费用（进度）偏差仅适合于对同一项目作偏差分析。费用（进度）绩效指数反映的是相对偏差，它不受项目层次的限制，也不受项目实施时间的限制，因而在同一项目和不同项目比较中均可采用。

在项目的费用、进度综合控制中引入赢得值法，可以克服进度、费用分开控制的缺点，即当我们发现费用超支时，很难立即知道是由于费用超出预算，还是由于进度提前；相反，当我们发现费用低于预算时，也很难立即知道是由于费用节省，还是由于进度拖延。而引入赢得值法，即可定量地判断进度、费用的执行效果。

3.偏差分析方法

偏差分析可以采用不同的表达方法，常用的有横道图法、时标网络图法、表格法、曲线法等。

（1）横道图法。横道图法进行费用偏差分析，是用不同的横道标识已完成工作量的预算费用、计划工作量的预算费用和已完成工作量的实际费用，横道的长度与其金额成正比。横道图法具有形象、直观、一目了然等优点，能准确表达出费用的绝对偏差，能用眼感受到偏差的严重性。但这种方法反映的信息量少，一般在项目的较高管理层应用。

（2）时标网络图法。时标网络图以水平时间坐标尺度表示工作时间。时标的时间单位根据需要可以是天、周、月等。在时标网络计划中，实箭线表示工作，实箭线的长度表示工作持续时间，虚箭线表示虚工作，波浪线表示工作与其紧后工作的时间间隔。

（3）表格法。表格法是进行偏差分析最常用的一种方法。它将项目编码、名称、各费用参数以及费用偏差数总和归纳在表格中，直接在表格中进行比较。由于各偏差参数都在表中列出，使得费用管理者能够综合地了解并处理这些数据。用表格法分析费用偏差的示例，见表6-4。

表6-4 费用偏差分析表（表格法）

项目编码	（1）	011	012	013
项目名称	（2）	土方工程	打桩工程	基础工程
单价	（3）			
计划单价	（4）			
拟完工程量	（5）			
计划工作预算费用	（6）=（4）×（5）	50	66	80
已完工程量	（7）			
已完成工作量的预算费用	（8）=（4）×（7）	60	100	60
实际单价	（9）			
其他款项	（10）			
已完成工作量的实际费用	（11）=（7）×（9）+（10）	70	80	80
费用局部偏差	（12）=（11）-（6）	10	-20	20

续表

费用局部偏差程度	（13）=（22）÷（8）	1.17	0.8	1.33
费用累计偏差	（14）=Σ（12）			
费用累计偏差程度	（15）=Σ（11）+Σ（8）			
进度局部偏差	（16）=（6）－（8）	−10	−34	20
进度局部偏差程度	（17）=（6）+（8）	0.83	0.66	1.33
进度累计偏差	（18）=Σ（16）			
进度累计偏差程度	（19）=Σ（6）+Σ（8）			

用表格法进行偏差分析具有如下优点。

①灵活性、适用性强。可根据实际需要设计表格，进行增减项。

②信息量大。可以反映偏差分析所需的资料，有利于费用控制人员及时采取有针对性的措施，加强控制。

③表格处理可借助于计算机，从而节约处理大量数据所需的人力，并大大提高速度。

（4）曲线法。曲线法是用投资时间曲线（S形曲线）进行分析的一种方法。通常有三条曲线，即已完成工作量的实际量的费用曲线、已完成工作量的预算费用曲线、计划工作预算费用曲线。已完成工作量的实际量的费用与已完成工作预算费用两条曲线之间的竖向距离表示投资偏差，计划工作预算费用与已完成工作量的预算费用曲线之间的水平距离表示进度偏差。

第四节　施工成本核算

一、施工成本核算的对象和内容

（一）施工成本核算对象

施工成本核算对象，是在成本核算时选择的归集施工生产费用的目标。合理确定施工成本核算对象，是正确进行施工成本核算的前提。

一般情况下，企业应以单位工程为对象归集生产费用，计算施工成本。施工图预算是按单位工程编制的，按单位工程核算的实际成本，便于与施工预算成本比较，以便检查工程预算的执行情况，分析和考核成本节超的原因。一个企业通常要承建多个工程项目，每项工程的具体情况又各不相同，因此企业应按照与施工图预算相适应的原则，结合承包工程的具体情况，合理确定成本核算对象。

成本核算对象确定后，在成本核算过程中不得随意变更。所有原始记录都必须按照确定的成本核算对象填写清楚，以便归集和分配生产费用。

（二）施工成本核算的内容

施工成本核算是对发生的施工费用进行确认、计量，并按一定的成本核算对象进行归集和分配，计算出工程实际成本的会计工作。通过施工成本核算，反映企业的施工管理水平，确定施工耗费的补偿尺度，有效地控制成本支出，避免和减少不应有的浪费和损失。它是施工企业经营管理工作的重要内容，对于加强成本管理，促进增产节约，提高企业的市场竞争能力具有非常重要的作用。

从一般意义上说，成本核算是成本运行控制的一种手段。成本核算的职能不可避免地和成本的计划职能、控制职能、分析预测职能等产生有机联系，离开了成本核算，就谈不上成本管理，也谈不上其他职能的发挥，它是项目成本管理中基本的职能。强调项目的成本核算管理，实质上也就包含了施工全过程成本管理的概念。

施工成本核算包括两个基本环节：一是按照规定的成本开支范围对施工费用进行归集和分配，计算出施工费用的实际发生额；二是根据成本核算对象，采用适当的方法，计算出施工项目的总成本和单位成本。施工成本管理需要正确及时地核算施工过程中发生的各项费用，计算施工项目的实际成本。施工项目成本核算所提供的各种成本信息是成本预测、成本计划、成本控制、成本分析和成本考核等各个环节的依据。

施工成本一般以单位工程为成本核算对象，也可以按照承包工程项目的规模、工期、结构类型、施工组织和施工现场等情况，结合成本管理要求，灵活划分成本核算对象。施工成本核算的基本内容包括以下几个方面。

（1）人工费核算。

（2）材料费核算。

（3）周转材料费核算。

（4）结构件费用核算。

（5）机械使用费核算。

（6）其他措施费核算。

（7）分包工程成本核算。

（8）间接费核算。

（9）项目月度施工成本报告编制。

二、施工成本核算对象的确定

成本核算对象是指在成本计算过程中，为归集和分配费用而确定的费用承担者。成本核算对象一般根据工程合同的内容、施工生产的特点、生产费用发生情况和管理上的要求确定。有的工程项目成本核算工作开展不起来，主要原因就是成本核算对象的确定与生产经营管理相脱节。成本核算对象划分要合理，实际工作中，往往划分过粗，把相互之间没有联系或联系不大的单项工程或单位工程合并起来作为一个成本核算对象，这样就不能反映独立施工的工程实际成本水平，从而不利于考核和分析工程成本的升降情况。当然，成本核算对象如果划分得过细，会出现许多间接费用需要分摊，从而增加核算工作量，难以做到成本准确。

（1）建筑安装工程一般以独立编制施工图预算的单位工程为成本核算对

象。对对于大型主体工程（如发电厂房本体）应以分部工程作为成本核算对象。

（2）对于规模大、工期长的单位工程，可以将工程划分为若干部位，以分部位的工程作为成本核算对象。

（3）同一工程项目，由同一单位施工，同一施工地点、同一结构类型、开工竣工时间相近、工程量较小的若干个单位工程可以合并作为一个成本核算对象。

三、施工成本核算的程序

（1）对所发生的费用进行审核，确定计入工程成本的费用和计入各项期间费用的数额。

（2）将应计入工程成本的各项费用区分为哪些是应当计入的工程成本，哪些应由其他月份的工程成本负担。

（3）将每个月应计入工程成本的生产费用在各个成本对象之间进行分配和归集，计算各工程成本。

（4）对未完工程进行盘点，以确定本期已完工程实际成本。

（5）将已完工程成本转入“工程结算成本”科目中。

（6）结转期间费用。

四、施工成本核算的方法

成本的核算过程，实际上也是各项成本项目的归集和分配过程。成本归集是指通过一定的会计制度以有序的方式进行成本数据的收集和汇总。成本的分配是指将归集的间接成本分配给成本对象的过程，也称为间接成本的分摊或分派。

（一）人工费的核算

劳动工资部门根据考勤表、施工任务书和承包结算书等，每月向财务部门提供“单位工程用工汇总表”，财务部门据以编制“工资分配表”，按受益对象计入成本和费用。对于采用计件工资制度的，能分清为哪个工程项目所发生的费用；对于采用计时工资制度的，计入成本的工资应按照当月工资总额和工人总的出勤工日计算的日平均工资及各工程当月实际用工数计算分配。工资附加费可以采取比例分配法。劳动保护费与工资的分配方法相同。

（二）材料费的核算

我们应根据发出材料的用途，划分工程耗用与其他耗用的界限，直接用于工程所耗用的材料才能计入成本核算对象的“材料费”成本项目。对于为组织和管理工程施工所耗用的材料及各种施工机械所耗用的材料，应分别通过“间接费用”“机械作业”等科目进行归集，然后再分配到相应的成本项目中。

材料费的归集和分配方法如下。

（1）凡领用时能点清数量并分清领用对象的，应在有关领料凭证（领料单、限额领料单）上注明领料对象，其成本直接计入该成本核算对象。

（2）领用时虽能点清数量，但属于集中配料或统一下料的材料（如油漆、玻璃等）应在领料凭证上注明“工程集中配料”字样，月末根据耗用情况编制“集中配料耗用计算单”，据以分配计入各成本核算对象。

（3）对于领料时既不易点清数量，又难以分清耗用对象的材料，如砖、瓦、灰、砂、石等大堆材料，可根据具体情况，由材料员或施工现场保管员月末通过实地盘点倒算出本月实耗数量，编制“大堆材料耗用量计算单”，据以计入成本计算对象。

（4）对于周转使用的模板、脚手架等材料，应根据受益对象的实际在用数量和规定的摊销方法，计算当月摊销额，编制“周转材料摊销分配表”，据以计入成本核算对象。对于租用的周转材料，应按实际支付的租赁费计入成本核算对象。

（5）施工中的残次材料和包装物品等应收回利用，编制“废料交库单”估价入账，冲减工程成本。

（6）按月计算工程成本时，月末对已经办理领料手续而尚未耗用但下月份仍需要继续使用的材料，应进行盘点，办理“假退料”手续，冲减本期工程成本。

（7）对于工程竣工后的剩余材料，应填写“退料单”，据以办理材料退库手续，冲减工程成本。期末，企业应根据材料的各种领料凭证，汇总编制“材料费用分配表”，作为各工程材料费核算的依据。

需要说明：企业对在购入材料过程中发生的采购费用，如果未直接计入材料成本，而是进行单独归集的（计入了“采购费用”或“进货费用”等账户），在领用材料结转材料成本的同时，应按比例结转应分摊的进货费用。按现行会计准则，材料的仓储保管费用不能计入材料成本，也不需要单独归集，而应该在发生的当期直接计入当期损益，即计入管理费用。

（三）周转材料费的核算

（1）周转材料实行内部租赁制，以租费的形式反映消耗情况，按“谁租用谁负担”的原则，核算项目成本。

（2）按周转材料租赁办法和租赁合同，由出租方与项目经理部按月结算租赁费。租赁费按租用的数量、时间和内部租赁单价计入项目成本。

（3）周转材料调入移出时，项目经理部必须加强计量验收制度，如有短缺、损坏，一律按原价赔偿，计入项目成本（短损数=进场数–退场数）。

（4）租用周转材料的进退场运费按实际发生数由调入项目负担。

（5）对于U形卡、脚手扣件等零件，除执行租赁制外，考虑到其比较容易散失的因素，故按规定实行定额预提摊耗，摊耗数计入项目成本，相应减少次月租赁基数及租费。单位工程竣工，必须进行盘点，盘点后的实物数与前期逐月按控制定额摊耗后的数量差，按实调整清算计入成本。

（6）实行租赁制的周转材料不再分配负担周转材料差价。

（四）机械使用费的核算

（1）机械设备实行内部租赁制，以租赁费形式反映消耗情况，按“谁租用谁负担”原则，核算项目成本。

（2）按机械设备租赁办法和租赁合同，由企业内部机械设备租赁市场与项目经理部按月结算租赁费。租赁费根据机械使用台班、停置台班和内部租赁单价计算，计入项目成本。

（3）机械进出场费按规定由承租项目负担。

（4）项目经理部租赁的各类中小型机械，其租赁费全额计入项目机械费成本。

（5）根据内部机械设备租赁运行规则要求，结算原始凭证由项目经理部指定专人签证开班和停班数，据以结算费用。现场机、电、修等操作工奖金由项目经理部考核支付，计入项目机械成本并分配到有关单位工程。

（6）向外单位租赁机械，按当月租赁费用全额计入项目机械费成本。

（五）其他直接费的核算

项目施工生产过程中实际发生的其他直接费，凡能分清受益对象的，应直接计入受益成本核算对象的“工程施工-其他直接费”，与若干个成本核算对象有关的，可先归集到项目经理部的“其他直接费”总账科目（自行增设），再按规定的方法分配计入有关成本核算对象的“工程施工-其他直接费”成本项目内。分配方法参照费用计算基数，以实际成本中的直接成本（不含其他直接费）扣除“三材”差价为分配依据。即人工费、材料费、周转材料费、机械使用费之和扣除高进高出价差。

（1）施工过程中的材料二次搬运费按项目经理部向劳务分公司汽车队托运包天或包月租费结算，或以汽车公司的汽车运费计算。

（2）临时设施摊销费按项目经理部搭建的临时设施总价（包括活动房）除以项目合同期求出每月应摊销额。临时设施使用一个月摊销一个月，摊完为止。项目竣工搭拆差额（盈亏）按实际调整成本计算。

（3）生产工具用具使用费。大型机动工具、用具等可以套用类似内部机械租赁办法以租费形式计入成本，也可按购置费用一次摊销法计入项目成本，并做好在用工具实物借用记录，以便反复利用。工具用具的修理费按实际发生数计入成本。

（4）除上述以外的其他直接费内容，均应按实际发生的有效结算凭证计入项目成本。

（六）施工间接费的核算

施工间接费的具体费用核算需要注意以下问题。

（1）要求以项目经理部为单位编制工资单和奖金单列支工作人员薪金。项目经理部工资总额每月必须正确核算，以此计提职工福利费、工会经费、教育经费、劳保统筹费等。

（2）劳务分公司所提供的炊事人员代办食堂承包，服务、警卫人员提供区域岗点承包服务以及其他代办服务费用计入施工间接费。

（3）内部银行的存贷款利息计入“内部利息”（新增明细子目）。

（4）施工间接费先在项目“施工间接费”总账归集，再按一定的分配标准计入受益成本核算对象（单位工程）“工程施工–间接成本”。

（七）分包工程成本核算

（1）包清工程（如前所述）纳入“人工费–外包人工费”内核算。

（2）部位分项分包工程（如前所述）纳入结构件费用核算。

（3）双包工程，指将整幢建筑物以包工包料的形式分包给外单位施工的工程。根据承包合同取费情况和发包（双包）合同支付情况，即上下合同差，测定目标盈利率。月度结算时，以双包工程已完工程价款作收入，应付双包单位工程款作支出，适当负担施工间接费，预结降低额。为稳妥起见，拟控制在目标盈利率的50%以内，也可在月结成本时作收支持平，竣工结算时，再按实调整实际成本，反映利润。

（4）机械作业分包工程，指利用分包单位专业化的施工优势，将打桩、吊装、大型土方、深基础等施工项目分包给专业单位施工的形式。

对机械作业分包产值统计的范围是，只统计分包费用，而不包括物耗价值。机械作业分包实际成本与此对应，包括分包结账单内除以工期费之外的全部工程费。

同双包工程一样，总分包企业合同差，包括总包单位管理费、分包单位让利收益等，在月结成本时，可先预结一部分，或月结时作收支持平处理，到竣工结算时，再作项目效益反映。

（5）上述双包工程和机械作业分包工程由于收入和支出比较容易辨认（计算），所以项目经理部对这两项分包工程采用竣工点交办法，即月度不结盈亏。

第五节　建筑工程项目施工成本分析

一、施工成本分析的依据

施工成本分析，一方面是根据会计核算、业务核算和统计核算提供的资料，对施工成本的形成过程和影响成本升降的因素进行分析，寻求进一步降低成本的途径；另一方面通过对成本的分析，可以从账簿、报表反映的成本现象看清成本的实质，增强项目成本的透明度和可控性，为加强成本控制，实现项目成本目标创造条件。

（一）会计核算

会计核算主要是价值核算。会计是对一定单位的经济业务进行计量、记录、分析和检查，作出预测，参与决策，实行监督，旨在实现最优经济效益的一种管理活动。它通过设置账户、复式记账、填制和审核凭证、登记账簿、成本计算、财产清查和编制会计报表等一系列有组织、有系统的方法，记录企业的一切生产经营活动，据以提出用货币反映有关各种综合性经济指标的数据。

（二）业务核算

业务核算是各业务部门根据业务工作的需要而建立的核算制度，包括原始记录和计算登记表。业务核算的范围比会计、统计核算的范围广，会计和统计核算一般是对已经发生的经济活动进行核算，业务核算不但对已经发生的，而且对尚未发生或正在发生的经济活动进行核算，以确定是否可以做，是否有经济效果。

（三）统计核算

统计核算是利用会计核算资料和业务核算资料，把企业生产经营活动客观现状的大量数据按统计方法加以系统整理，表明其规律性。

二、施工成本分析的方法

（一）成本分析的基本方法

1.比较法

比较法又称“指标对比分析法”，是通过技术经济指标的对比，检查目标的完成情况，分析产生差异的原因，挖掘内部潜力的方法，通常有以下形式。

（1）实际指标与目标指标对比。依次检查目标完成的情况，分析影响目标完成的积极因素和消极因素，及时采取措施，保证成本目标的实现。在进行实际指标与目标指标对比时，应注意目标本身有无问题。如果目标本身出现问题，则应调整目标，重新正确评价实际工作的成绩。

（2）本期实际指标与上期实际指标对比。通过本期实际指标与上期实际指标对比，查看各项技术经济指标的变动情况，反映施工管理水平的提高程度。

（3）与本行业平均水平、先进水平对比。通过对比，反映本项目的技术管理和经济管理与行业的平均水平和先进水平的差距，进而采取措施赶超先进水平。

2.因素分析法

因素分析法又称为连锁置换法或连环替代法。因素分析法是将某一综合性指标分解为各个相互关联的因素，通过测定这些因素对综合性指标差异额的影响程度，分析评价计划指标执行情况的方法。成本分析中采用因素分析法，是将构成成本的各种因素进行分解，测定各个因素变动对成本计划完成情况的影响程度，据此对企业的成本计划执行情况进行评价，并提出进一步的改进措施。在进行分析时，首先要假定若干因素中的一个因素发生了变化，其他因素则不变，然后逐个替换，并分别比较其计算结果，确定各个因素变化对成本的影响程度。因素分析法的计算步骤如下。

（1）将分析的某项经济指标分解为若干个因素的乘积。分解时，应注意经济指标的组成因素应能够反映形成该项指标差异的内在构成原因；否则，计算的结果就不准确。如材料费用指标可分解为产品产量、单位消耗量与单价的乘积，但不能分解为生产该产品的天数、每天用料量与产品产量的乘积。因为这种构成方式不能全面反映产品材料费用的构成情况。

（2）计算经济指标的实际数与基期数（如计划数、上期数等），形成了两个指标体系，这两个指标的差额，即实际指标减基期指标的差额，就是所要分析的对象。各因素变动对所要分析的经济指标完成情况影响合计数，应与该分析对象相等。

（3）确定各因素的替代顺序。确定经济指标因素的组成时，其先后顺序就是分析时的替代顺序。在确定替代顺序时，应从各个因素相互依存的关系出发，使分析的结果有助于分清经济责任。替代的顺序是先替代数量指标，后替代质量指标；先替代实物量指标，后替代货币量指标；先替代主要指标，后替代次要指标。

（4）计算替代指标。其方法是以基期数为基础，用实际指标体系中的各个因素逐步顺序地替换每次用实际数替换基数指标中的一个因素，计算出一个指标。每次替换后，实际数保留下来，有几个因素就替换几次，就可以得出几个指标。在替换时要注意替换顺序，应采取连环的方式，不能间断；否则，计算出来的各因素的影响程度之和就不能与经济指标实际数与基期数的差异额（分析对象）相等。

（5）计算各因素变动对经济指标的影响程度。将每次替代所得到的结果与这一因素替代前的结果进行比较，差额就是这一因素变动对经济指标的影响程度。

（6）将各因素变动对经济指标影响程度的数额相加，应与该项经济指标实际数与基期数的差额（分析对象）相等。

3.差额计算法

差额计算法是因素分析法的一种简化形式，利用各个因素的目标值与实际值的差额计算其对成本的影响程度。

$$差额=计划值-实际值$$

4.比率法

比率法是指用两个以上的指标比率进行分析的方法，常用的比率法有以下三种。

（1）相关比率法。由于项目经济活动的各个方面是互相联系、互相依存、互相影响的，因而将两个性质不同而又相关的指标加以对比，求出比率，以此考查经营成果的好坏。例如，产值和工资是两个不同的概念，但它们的关系又是投入与产出的关系。一般情况下，都希望以最少的人工费支出完成最大的产值。因此，施工成本分析中，用产值工资率指标考核人工费的支出水平，常用相关比率法。

（2）构成比率法。构成比率法又称为比重分析法或结构对比分析法。通过构成比率，考查成本总量的构成情况以及各成本项目占成本总量的比重，也可看出量、本、利的比例关系（预算成本、实际成本和降低成本的比例关系），从而为寻求降低成本的途径指明方向。

（3）动态比率法。动态比率法就是将同类指标不同时期的数值进行对比分析，求出比率，分析该项指标的发展方向和发展速度。动态比率的计算通常采用基期指数和环比指数两种方法。

（二）综合成本的分析方法

综合成本是指涉及多种生产要素，并受多种因素影响的成本费用，如分部分项工程成本、月度成本、季度成本、年度成本等。这些成本都是随着项目施工的进展而逐步形成的，与生产经营有着密切的关系。因此，做好上述成本的分析工作，将有利于促进项目的生产经营管理，提高项目的经济效益。

1.分部分项工程成本分析

分部分项工程成本分析是施工项目成本分析的基础。分部分项工程成本分析的对象是已完成的分部分项工程。分析的方法是进行预算成本、计划成本和实际成本的“三个成本”对比，分别计算实际偏差和目标偏差，分析偏差产生的原因，为今后的分部分项工程成本寻求节约途径。

分部分项工程成本分析的资料来源是：预算成本来自施工图预算，计划成本来自施工预算，实际成本来自施工任务单的实际工程量、实耗人工和限额领料单的实耗材料。

由于施工项目包括很多分部分项工程，不可能也没有必要对每一个分部分项工程都进行成本分析。例如一些工程量小、成本费用微不足道的零星工程。但是对于那些主要分部分项工程，必须进行成本分析，而且要做到从开工到竣工进行系统的成本分析。通过主要分部分项工程成本的系统分析，了解项目成本形成的全过程，为竣工成本分析和今后的项目成本管理提供一份宝贵的参考资料。分部分项工程成本分析表见表6–5。

表6-5　分部分项工程成本分析表

单位工程：

分部分项工程名称：　　　　工程量：　　　　施工班组：　　　　施工日期：

<table>
<tr><td rowspan="2">工程名称</td><td rowspan="2">规格</td><td rowspan="2">单位</td><td rowspan="2">单价</td><td colspan="2">预算成本</td><td colspan="2">计划成本</td><td colspan="2">实际成本</td><td colspan="2">实际与预算比较</td><td colspan="2">实际与计划比较</td></tr>
<tr><td>数量</td><td>金额</td><td>数量</td><td>金额</td><td>数量</td><td>金额</td><td>数量</td><td>金额</td><td>数量</td><td>金额</td></tr>
<tr><td></td><td></td><td></td><td></td><td></td><td></td><td></td><td></td><td></td><td></td><td></td><td></td><td></td><td></td></tr>
<tr><td></td><td></td><td></td><td></td><td></td><td></td><td></td><td></td><td></td><td></td><td></td><td></td><td></td><td></td></tr>
<tr><td></td><td></td><td></td><td></td><td></td><td></td><td></td><td></td><td></td><td></td><td></td><td></td><td></td><td></td></tr>
<tr><td></td><td></td><td></td><td></td><td></td><td></td><td></td><td></td><td></td><td></td><td></td><td></td><td></td><td></td></tr>
<tr><td></td><td></td><td></td><td></td><td></td><td></td><td></td><td></td><td></td><td></td><td></td><td></td><td></td><td></td></tr>
<tr><td></td><td></td><td></td><td></td><td></td><td></td><td></td><td></td><td></td><td></td><td></td><td></td><td></td><td></td></tr>
<tr><td colspan="4">合计</td><td></td><td></td><td></td><td></td><td></td><td></td><td></td><td></td><td></td><td></td></tr>
<tr><td colspan="4">实际与预算比较（预算=100）%</td><td></td><td></td><td></td><td></td><td></td><td></td><td></td><td></td><td></td><td></td></tr>
<tr><td colspan="4">实际与计划比较（计划=100）%</td><td></td><td></td><td></td><td></td><td></td><td></td><td></td><td></td><td></td><td></td></tr>
<tr><td colspan="3">节超原因说明</td><td colspan="11"></td></tr>
</table>

2.月（季）度成本分析

月（季）度的成本分析是施工项目定期的、经常性的中间成本分析。对于具有一次性特点的施工项目来说，有着特别重要的意义。通过月（季）度成本分析，及时发现问题，以便按照成本目标指示的方向进行监督和控制，保证项目成本目标的实现。月（季）度成本分析的依据是当月（季）的成本报表。分析的方法通常有以下六个方面。

（1）通过实际成本与预算成本的对比，分析当月（季）的成本降低水平；通过累计实际成本与累计预算成本的对比，分析累计的成本降低水平，预测实现项目成本目标的前景。

（2）通过实际成本与计划成本的对比，分析计划成本的落实情况，以及目标管理中的问题和不足，进而采取措施，加强成本管理，保证计划成本的落实。

（3）通过对各成本项目的成本分析，了解成本总量的构成比例和成本管理的薄弱环节。例如，在成本分析中，发现人工费、机械费和间接费等项目大幅度超支，就应该对这些费用的收支配比关系认真研究，采取对应的增收节支措施，防止再超支。如果是属于预算定额规定的“政策性”亏损，则应从控制支出着手，把超支额压缩到最低限度。

（4）通过主要技术经济指标的实际与计划的对比，分析产量、工期、质量、“三材”节约率、机械利用率等对成本的影响。

（5）通过对技术组织措施执行效果的分析，寻求更加有效的节约途径。

（6）分析其他有利条件和不利条件对成本的影响。

3.年度成本分析

企业成本要求一年结算一次，不得将本年成本转入下一年度。而项目成本则以项目的寿命周期为结算期，要求从开工、竣工到保修期结束连续计算，最后结算出成本总量及盈亏。由于项目的施工周期一般比较长，除要进行月（季）度成本的核算和分析外，还要进行年度成本的核算和分析。满足企业汇编年度成本报表的需要，也是项目成本管理的需要。通过年度成本的综合分析，总结一年来成本管理的成绩和不足，为今后的成本管理提供经验和教训，从而对项目成本进行更有效的管理。

年度成本分析的依据是年度成本报表。年度成本分析的内容，除月（季）度成本分析的六个方面以外，重点是针对下一年度的施工进展情况规划切实可行的成本管理措施，保证施工项目成本目标的实现。

4.竣工成本的综合分析

凡是有几个单位工程而且是单独进行成本核算（成本核算对象）的施工项目，其竣工成本分析应以各单位工程竣工成本分析资料为基础，再加上项目经理部的经营效益（如资金调度、对外分包等所产生的效益）进行综合分析。如果施工项目只有一个成本核算对象（单位工程），应以该成本核算对象的竣工成本资料作为成本分析的依据。

单位工程竣工成本分析应包括以下三方面内容。

（1）竣工成本分析。

（2）主要资源节超对比分析。

（3）主要技术节约措施及经济效果分析。

通过以上分析，可以全面了解单位工程的成本构成和降低成本的来源，对今后同类工程的成本管理具有参考价值。

第七章　建筑工程项目进度管理

第一节　建筑工程项目进度计划的编制

一、建筑工程项目进度计划的分类

（一）按项目范围（编制对象）划分

1.施工总进度计划

施工总进度计划是以整个建设项目为对象来编制的，它确定各单项工程的施工顺序和开、竣工时间以及相互衔接关系。施工总进度计划属于概略的控制性进度计划，综合平衡各施工阶段工程的工程量和投资分配。其内容如下：

（1）编制说明，包括编制依据、步骤和内容。

（2）进度总计划表，可以采用横道图或者网络图形式。

（3）分期分批施工工程的开、竣工日期，工期一览表。

（4）资源供应平衡表，即为满足进度控制而需要的资源供应计划。

2.单位工程施工进度计划

单位工程施工进度计划是对单位工程中的各分部分项工程的计划安排，并以此为依据确定施工作业所必需的劳动力和各种技术物资供应计划。其内容如下：

（1）编制说明，包括编制依据、步骤和内容。

（2）单位工程进度计划表。

（3）单位工程施工进度计划的风险分析及控制措施，包括由于不可预见的因素（如不可抗力、工程变更等）致使计划无法按时完成时而采取的措施。

3.分部分项工程进度计划

分部分项工程进度计划是针对项目中某一部分或某一专业工种的计划安排。

（二）按项目参与方划分

按照项目参与方划分，可分为业主方进度计划、设计方进度计划、施工方进度计划、供货方进度计划、建设项目总承包方进度计划。

（三）按时间划分

按照时间划分，可分为年度进度计划、季度进度计划及月、旬作业计划。

（四）按计划表达形式划分

按照计划表达形式划分，可分为文字说明计划、图表形式计划（横道图、网络图）。

二、建设工程项目进度计划的编制步骤

建筑工程项目进度计划系统是由多个相互关联的进度计划组成的系统，它是项目进度控制的依据。由于各种进度计划编制所需要的必要资料是在项目进展过程中逐步形成的，因此项目进度计划系统的建立和完善也有一个过程，它是逐步形成的。根据项目进度计划不同的需要和不同的用途，各参与方可以构建多个不同的建筑工程项目进度计划系统。其内容如下：

（1）不同计划深度的进度计划组成的计划系统（施工总进度计划、单位工程施工进度计划）。

（2）不同计划功能的进度计划组成的计划系统（控制性、指导性、实施性进度计划）。

（3）不同项目参与方的进度计划组成的计划系统（业主方、设计方、施工方、供货方进度计划）。

（4）不同计划周期的进度计划组成的计划系统（年度进度计划，季度进度计划，月、旬作业计划）。

（一）施工总进度计划的编制步骤

1.收集编制依据

（1）工程项目承包合同及招标投标书（工程项目承包合同中的施工组织设计、合同工期、开竣工日期及有关工期提前或延误调整的约定、工程材料、设备的订货、供货合同等）。

（2）工程项目全部设计施工图纸及变更洽商（建设项目的扩大初步设计、技术设计、施工图设计、设计说明书、建筑总平面图及变更洽商等）。

（3）工程项目所在地区位置的自然条件和技术经济条件（施工地质、环境、交通、水电条件等，建筑施工企业的人力、设备、技术和管理水平等）。

（4）施工部署及主要工程施工方案（施工顺序、流水段划分等）。

（5）工程项目需要的主要资源（劳动力状况、机具设备能力、物资供应来源条件等）。

（6）建设方及上级主管部门对施工的要求。

（7）现行规范、规程及有关技术规定（国家现行的施工及验收规范、操作规程、技术规定和技术经济指标）。

（8）其他资料（如类似工程的进度计划）。

2.确定进度控制目标

根据施工合同确定单位工程的先后施工顺序，确定作为进度控制目标的工期。

3.计算工程量

根据批准的工程项目一览表，按单位工程分别计算各主要项目的实物工程量。工程量的计算可以按照初步设计图纸和有关定额手册或资料进行。

4.确定各单位工程施工工期

各单位工程的施工期限应根据合同工期确定。影响单位工程施工工期的因素很多，比如建筑类型、结构特征和工程规模，施工方法、施工技术和施工管理水平，劳动力和材料供应情况，以及施工现场的地形、地质条件等。各单位工程的工期应根据现场具体条件，综合考虑上述影响因素后予以确定。

5.确定各单位工程搭接关系

（1）同一时期施工的项目不宜过多，以避免人力、物力过于分散。

（2）尽量做到均衡施工，以使劳动力、施工机械和主要材料的供应在整个工期范围内达到均衡。

（3）尽量提前建设可供工程施工使用的永久性工程，以节省临时施工费用。

（4）对于某些技术复杂、施工工期较长、施工困难较多的工程，应安排提前施工，以利于整个工程项目按期交付使用。

（5）施工顺序必须与主要生产系统投入生产的先后次序相吻合，同时还要安排好配套工程的施工时间，以保证建成的工程能迅速投入生产或交付使用。

（6）应注意季节对施工顺序的影响，使施工季节不影响工程工期，不影响工程质量。

（7）注意主要工种和主要施工机械能连续施工。

6.编制施工总进度计划

首先，根据各施工项目的工期与搭接时间，以工程量大、工期长的单位工程为主导，编制初步施工总进度计划；其次，按照流水施工与综合平衡的要求，检查总工期是否符合要求，资源使用是否均衡且供应是否能得到满足，调整进度计划；最后，编制正式的施工总进度计划。

（二）单位工程施工进度计划的编制步骤

单位工程施工进度计划是施工单位在既定施工方案的基础上，根据规定的工期和各种资源供应条件，对单位工程中的各分部分项工程的施工顺序、施工起止时间及衔接关系进行合理安排。

1.确定对单位工程施工进度计划的要求

研究施工图、施工组织设计、施工总进度计划，调查施工条件，以确定对单位工程施工进度计划的要求。

2.划分施工过程

任何项目都是由许多施工过程所组成的，施工过程是施工进度计划的基本组成单元。在编制单位工程施工进度计划时，应按照图纸和施工顺序将拟建工程的各个施工过程列出，并结合施工方法、施工条件、劳动组织等因素，加以适当调整。施工过程划分应考虑以下因素。

（1）施工进度计划的性质和作用。一般来说，对规模大、工程复杂、工期长的建筑工程，编制控制性施工进度计划，施工过程划分可粗一些，综合性可大一些，一般可按分部工程划分施工过程。如开工前准备、打桩工程、基础工程、主体结构工程等。

对中小型建筑工程以及工期不长的工程，编制实施性计划，其施工过程划分可细一些、具体些，要求把每个分部工程所包括的主要分项工程均一一列出，起到指导施工的作用。

（2）施工方案及工程结构。不同的结构体系，其施工过程划分及其内容也各不相同。

（3）结构性质及劳动组织。施工过程的划分与施工班组的组织形式有关。如玻璃与油漆的施工，如果是单一工种组成的施工班组，可以划分为玻璃、油漆两个施工过程，同时为了阻止流水施工的方便或需要，也可合并成一个施工过程，这时施工班组是由多工种混合的混合班组。

（4）对施工过程进行适当合并，达到简明清晰。将一些次要的、穿插性的施工过程合并到主要施工过程中去，将一些虽然重要但是工程量不大的施工过程与相邻的施工过程合并；同一时期由同一工种施工的施工项目也可以合并在一起；将一些关系比较密切、不容易分出先后的施工过程进行合并。

（5）设备安装应单独列项。民用建筑的水、暖、煤、卫、电等房屋设备安装是建筑工程的重要组成部分，应单独列项；工业厂房的各种机电等设备安装也要单独列项。

（6）明确施工过程对施工进度的影响程度。有些施工过程直接在拟建工程上进行作业，占用时间、资源，对工程的完成与否起着决定性的作用。它在条件允许的情况下，可以缩短或延长工期。这类施工过程必须列入施工进度计划，如砌筑、安装、混凝土的养护等。另外，有些施工过程不占用拟建工程的工作面，虽需要一定的时间和消耗一定的资源，但不占用工期，所以不列入施工进度计划，如构件制作和运输等。

3.编排合理的施工顺序

施工顺序一般按照所选的施工方法和施工机械的要求来确定。设计施工顺序时，必须根据工程的特点、技术上和组织上的要求以及施工方案等进行研究。

4.计算各施工过程的工程量

施工过程确定之后，应根据施工图纸、有关工程量计算规则及相应的施工方法，分别计算各个施工过程的工程量。

5.确定劳动量和机械需要量及持续时间

根据计算的工程量和实际采用的施工定额水平，即可进行劳动量和机械台班量的计算。

（1）劳动量的计算。劳动量也叫劳动工日数，凡是以手工操作为主的施工过程，其劳动量均可按式（7–1）计算。

$$P_i=Q_i/S_i \tag{7-1}$$

或者

$$P_i=Q_iH_i \tag{7-2}$$

式中，P_i：某施工过程所需劳动量（工日）。Q_i：该施工过程的工程量（m^2、m、t等）。S_i：该施工过程采用的产量定额（平方米/工日、米/工日、吨/工日等）。H_i：该施工过程采用的时间定额（工日/平方米、工日/米、工日/吨等）。

（2）机械台班量的计算。凡是以机械为主的施工过程，可采用式（7–3）计算其所需的机械台班数。

$$P_{机械}=Q_{机械}/H_{机械} \tag{7-3}$$

或者

$$P_{机械}=Q_{机械}H_{机械} \tag{7-4}$$

式中，$P_{机械}$：某施工过程需要的机械台班数；$Q_{机械}$：机械完成的工程量；$S_{机械}$：机械的产量定额，（立方米/台班、吨/台班）等；$H_{机械}$：机械的时间定额（台班/立方米、台班/吨）等。

在实际计算中，$S_{机械}$或$H_{机械}$的采用应根据机械的实际情况、施工条件等因素考虑确定，以便准确地计算所需的机械台班数。

（3）持续时间的计算。施工项目工作持续时间的计算方法一般有经验估计法、定额计算法和倒排计划法。

①经验估计法：根据过去的经验进行估计，一般适用于采用新工艺、新技术、新结构、新材料等的工程。先估计出完成该施工项目的最乐观时间（A）、最悲观时间（B）和最可能时间（C）三种施工时间，然后按式（7–5）确定该施

工项目的工作持续时间。

$$T=A+4V+B/6 \qquad (7\text{-}5)$$

②定额计算法：根据施工项目需要的劳动量或机械台班量，以及配备的劳动人数或机械台数，来确定其工作持续时间。

$$T_i=P_i/(R_i \times b) \qquad (7\text{-}6)$$

式中，T_i：以某手工操作为主的施工项目持续时间（天）；P_i：该施工项目所需的劳动量（工日）；R_i：该施工项目所配备的施工班组人数（人）或机械配备台数（台）；b：每天采用的工作班制（1～3班制）。

在应用上述公式时，必须先确定R_i、b的数值。

在确定施工班组人数时，应考虑最小劳动组合人数、最小工作面和可能安排的施工人数等因素。其中最小劳动组合即某一施工过程进行正常施工所必需的最低限度的班组人数及其合理组合。最小工作面即施工班组为保证安全生产和有效的操作所必需的工作面。可能安排的人数即施工单位所能配备的人数。

一般情况下，当工期允许、劳动力和机械周转使用不紧迫、施工工艺上无连续施工要求时，可采用一班制施工。当组织流水施工时，为了给第二天连续施工创造条件，某些施工准备工作或施工过程可考虑在夜班进行，即采用二班制施工。当工期较紧或为了提高施工机械的使用率及加快机械的周转使用，或工艺上要求连续施工时，某些施工项目可考虑二班制甚至三班制施工。

③倒排计划法。倒排计划法是根据流水施工方式及总工期要求，先确定施工时间和工作班制，再确定施工班组人数或机械台数。

根据$T_i=P_i/(R_i \times b)$，如果计算得出的施工人数或机械台数对施工项目来说是过多或过少了，应根据施工现场条件、施工工作面大小、最小劳动组合、可能得到的人数和机械等因素合理确定。如果工期太紧，施工时间不能延长，则可考虑组织多班组、多班制的施工。

6.编排施工进度计划

编制施工进度计划可使用网络计划图，也可使用横道计划图。

施工进度计划初步方案编制后，应检查各施工过程之间的施工顺序是否合理、工期是否满足要求、劳动力等资源需要量是否均衡，然后再进行调整，正式形成施工进度计划。

7.编制劳动力和物资计划

有了施工进度计划后，还需要编制劳动力和物资需要量计划，附于施工进度计划之后。

三、建筑工程进度计划的表示方法

建筑工程进度计划的表示方法有多种，常用的有横道图和网络图两类。

（一）横道图

横道图进度计划法（简称横道计划）是传统的进度计划方法。横道图是按时间坐标绘出的，横向线条表示工程各工序的施工起止时间先后顺序，整个计划由一系列横道线组成。横道图计划表中的进度线（横道）与时间坐标相对应，形象、简单、易懂，在相对简单、短期的项目中，横道图都得到了最广泛的运用。

横道图进度计划法的优点是：比较容易编辑，简单、明了、直观、易懂；结合时间坐标，各项工作的起止时间、作业时间、工作进度、总工期都能一目了然；流水情况表示得很清楚。

但是作为一种计划管理的工具，横道图有它的不足之处。首先，不容易看出工作之间的相互依赖、相互制约的关系；其次，反映不出哪些工作决定了总工期，更看不出各工作分别有无伸缩余地（机动时间），有多大的伸缩余地；再次，由于它不是一个数学模型，不能实现定量分析，无法分析工作之间相互制约的数量关系；最后，横道图不能在执行情况偏离原定计划时，迅速而简单地进行调整和控制，更无法实行多方案的优选。

横道图的编制程序如下：

（1）将构成整个工程的全部分项工程纵向排列填入表中。

（2）横轴表示可能利用的工期。

（3）分别计算所有分项工程施工所需要的时间。

（4）如果在工期内能完成整个工程，则将第（3）项所计算出来的各分项工程所需工期安排在图表上，编排出日程表。这个日程的分配是为了要在预定的工期内完成整个工程，对各分项工程的所需时间和施工日期进行试算分配。

（二）网络图

与横道图相反，网络图计划方法（简称网络计划）能明确地反映出工程各组成工序之间的相互制约和依赖关系，可以用它进行时间分析，确定出哪些工序是影响工期的关键工序，以便施工管理人员集中精力抓施工中的主要矛盾，减少盲目性。而且它是一个定义明确的数学模型，可以建立各种调整优化方法，并可利用电子计算机进行分析计算。

在实际施工过程中，应注意横道计划和网络计划的结合使用。即在应用电子计算机编制施工进度计划时，先用网络方法进行时间分析，确定关键工序，进行调整优化，然后输出相应的横道计划用于指导现场施工。

1.网络计划的编制程序

在项目施工中用来指导施工、控制进度的施工进度网络计划，就是经过适当优化的施工网络。其编制程序如下。

（1）调查研究：就是了解和分析工程任务的构成和施工的客观条件，掌握编制进度计划所需的各种资料，特别要对施工图进行透彻研究，并尽可能地对施工中可能发生的问题作出预测，考虑解决问题的对策等。

（2）确定方案：主要是指确定项目施工总体部署，划分施工阶段，制定施工方法，明确工艺流程，决定施工顺序等。这些一般都是施工组织设计中施工方案说明中的内容，且施工方案说明一般应在施工进度计划之前完成，故可直接从有关文件中获得。

（3）划分工序：根据工程内容和施工方案，将工程任务划分为若干道工序。一个项目划分为多少道工序，由项目的规模和复杂程度，以及计划管理的需要来决定，只要能满足工作需要就可以了，不必过分细化。大体上要求每一道工序都有明确的任务内容，有一定的实物工程量和形象进度目标，能够满足指导施工作业的需要，完成与否有明确的判别标志。

（4）估算时间：即估算完成每道工序所需要的工作时间，也就是每项工作的延续时间，这是对计划进行定量分析的基础。

（5）编工序表：将项目的所有工序依次列成表格，编排序号，以便于查对是否遗漏或重复，并分析相互之间的逻辑制约关系。

（6）画网络图：根据工序表画出网络图。工序表中所列出的工序逻辑关系既包括工艺逻辑，也包含由施工组织方法决定的组织逻辑。

（7）画时标网络图：给上面的网络图加上时间横坐标，这时的网络图就叫作时标网络图。在时标网络图中，表示工序的箭线长度受时间坐标的限制，一道工序的箭线长度在时间坐标轴上的水平投影长度就是该工序延续时间的长短；工序的时差用波形线表示；虚工序延续时间为零，因而虚箭线在时间坐标轴上的投影长度也为零；虚工序的时差也用波形线表示。这种时标网络可以按工序的最早开工时间来画，也可以按工序的最迟开工时间来画，在实际应用中多是前者。

（8）画资源曲线：根据时标网络图可画出施工主要资源的计划用量曲线。

（9）可行性判断：主要是判别资源的计划用量是否超过实际可能的投入量。如果超过了，这个计划是不可行的，要进行调整，无非是要将施工高峰错开，削减资源用量高峰，或者改变施工方法，减少资源用量。这时就要增加或改变某些组织逻辑关系，重新绘制时间坐标网络图，如果资源计划用量不超过实际拥有量，那么这个计划是可行的。

（10）优化程度判别：可行的计划不一定是最优的计划。计划的优化是提高经济效益的关键步骤。所以，要判别计划是否最优，如果不是，就要进一步优化；如果计划的优化程度已经可以令人满意（往往不一定是最优），即可得到可以用来指导施工、控制进度的施工网络图。

大多数的工序都有确定的实物工程量，可按工序的工程量，并根据投入资源的多少及该工序的定额计算出作业时间。若该工序无定额可查，则可组织有关管理干部、技术人员、操作工人等，根据有关条件和经验，对完成该工序所需时间进行估计。

网络计划技术作为现代管理的方法与传统的计划管理方法相比较，具有明显的优点，主要表现为以下几方面。

（1）利用网络图模型，明确表达各项工作的逻辑关系，即全面而明确地反映出各项工作之间的相互依赖、相互制约的关系。

（2）通过网络图时间参数计算，确定关键工作和关键线路，便于在施工中集中力量抓住主要矛盾，确保竣工工期，避免盲目施工。

（3）显示了机动时间，能从网络计划中预见其对后续工作及总工期的影响程度，便于采取措施进行资源合理分配。

（4）能够利用计算机绘图、计算和跟踪管理，方便网络计划的调整与控制。

（5）便于优化和调整，加强管理，取得好、快、省的全面效果。

编制工程网络计划应符合现行国家标准《网络计划技术》（GB/T13400.1–3）以及行业标准《工程网络计划技术规程》（JGJ/T121–2015）的规定。我国《工程网络计划技术规程》（JGJ/T121–2015）中推荐的常用的工程网络计划类型如下：

①双代号网络计划。

②单代号网络计划。

③双代号时标网络计划。

④单代号搭接网络计划。

下面以双代号网络图为例说明利用网络图表示进度计划的方法。

2.双代号网络图的组成

双代号网络图由箭线、节点和线路组成，用来表示工作流程的有向、有序网状图形。

一个网络图表示一项计划任务。双代号网络图用两个圆圈和一个箭杆表示一道工序，工序内容写在箭杆上面，作业时间写在箭杆下面，箭尾表示工序的开始，箭头表示结束，圆圈表示先后两道工序之间的连接，在网络图中叫作节点。节点可以填入工序开始和结束时间，也可以表示代号。

（1）箭线：一条箭线表示一项工作，如砌墙、抹灰等。工作所包括的范围可大可小，既可以是一道工序，也可以是一个分项工程或一个分部工程，甚至是一个单位工程。在无时标的网络图中，箭线的长短并不反映该工作占用时间的长短。箭线的方向表示工作进行的方向和前进的路线，箭线的尾端表示该项工作的开始，箭头端则表示该项工作的结束。箭线可以画成直线、斜线或折线。虚箭线可以起到联系和断路的作用。指向某个节点的箭线称为该节点的内向箭线，从某节点引出的箭线称为该节点的外向箭线。

（2）节点：节点代表一项工作的开始或结束。除起点节点和终点节点外，任何中间节点既是前面工作的结束节点，也是后面工作的开始节点。节点是前后两项工作的交接点，它既不消耗时间，也不消耗资源。在双代号网络图中，一项工作可以用其箭线两端节点内的号码来表示。对于一项工作来说，其箭头节点的编号应大于箭尾节点的编号，即顺着箭线方向由小到大。

（3）线路：在网络图中，从起点节点开始，沿箭头方向顺序通过一系列箭线与节点，最后到达终点节点的通路称为线路。

线路上所有工作的持续时间总和称为该线路的总持续时间。总持续时间最长的线路称为关键线路，关键线路的长度就是网络计划的总工期，关键线路上的工作称为关键工作。关键工作的实际进度是建筑工程进度控制工作中的重点。在网络计划中，关键线路可能不止一条。而且在网络计划执行的过程中，关键线路还会发生转移。

3.双代号网络图绘制的基本原则

网络图的绘制是网络计划方法应用的关键。要正确绘制网络图，必须正确反映各项工作之间的逻辑关系，遵守绘图的基本规则。各工作间的逻辑关系，既包括客观上的由工艺所决定的工作上的先后顺序关系，也包括施工组织所要求的工作之间相互制约、相互依赖的关系。逻辑关系表达得是否正确，是网络图能否反映工程实际情况的关键，而且逻辑关系搞错，图中各项工作参数的计算以及关键线路和工程工期都将随之发生错误。

（1）逻辑关系：逻辑关系是指项目中所含工作之间的先后顺序关系，就是要确定各项工作之间的顺序关系，具体包括工艺关系和组织关系。

工艺关系：生产性工作之间由工艺过程决定的、非生产性工作之间由工作程序决定的先后顺序关系称为工艺关系。

组织关系：工作之间由于组织安排需要或资源（劳动力、原材料、施工机具等）调配需要而规定的先后顺序关系称为组织关系。

在绘制网络图时，应特别注意虚箭线的使用。在某些情况下，必须借助虚箭线才能正确表达工作之间的逻辑关系。

（2）绘图规则：

①网络图中严禁出现从一个节点出发，顺箭头方向又回到原出发点的循环回路。如果出现循环回路，会造成逻辑关系混乱，使工作无法按顺序进行。当然，此时节点编号也发生错误。网络图中的箭线（包括虚箭线，以下同）应保持自左向右的方向，不应出现箭头指向左方的水平箭线和箭头偏向左方的斜向箭线。若遵循该规则绘制网络图，就不会出现循环回路。

②网络图中严禁出现双向箭头和无箭头的连线。因为工作进行的方向不明确，因而不能达到网络图有向的要求。

③网络图中严禁出现没有箭尾节点的箭线和没有箭头节点的箭线。

④严禁在箭线上引入或引出箭线。

⑤应尽量避免网络图中工作箭线的交叉。当交叉不可避免时，可以采用过桥法处理。

⑥网络图中应只有一个起点节点和一个终点节点。

⑦当网络图的起点节点有多条箭线引出（外向箭线）或终点节点有多条箭线引入（内向箭线）时，为使图形简洁，可用母线法绘图。

⑧对平行搭接进行的工作，在双代号网络图中，应分段表达。

⑨网络图应条理清楚，布局合理。在正式绘图以前，应先绘出草图，然后再作调整，在调整过程中要做到突出重点工作，即尽量把关键线路安排在中心醒目的位置（如何找出关键线路，见后面的有关内容），把联系紧密的工作尽量安排在一起，使整个网络条理清楚，布局合理。

（3）绘图步骤：

①当已知每一项工作的紧前工作时，可按下述步骤绘制双代号网络图。

第一，绘制没有紧前工作的工作箭线，使它们具有相同的开始节点。

第二，从左至右依次绘制其他工作箭线。

②绘图应按下列原则进行。

第一，当所要绘制的工作只有一项紧前工作时，则将该工作箭线直接画在其紧前工作箭线之后即可。

第二，当所要绘制的工作有多项紧前工作时，应按不同情况分别予以考虑。

对于所要绘制的工作，若在其紧前工作之中存在一项只作为该工作紧前工作的工作，则应将该工作箭线直接画在其紧前工作箭线之后，然后用虚箭线将其他紧前工作的箭头节点与该工作箭线的箭尾节点分别相连。

对于所要绘制的工作，若在其紧前工作之中存在多项作为该工作紧前工作的工作，应先将这些紧前工作的箭头节点合并，再从合并的阶段后画出该工作箭线，最后用虚箭线将其他紧前工作的箭头节点与该工作箭线的箭尾节点分别相连。

对于所要绘制的工作，若不存在上述两种情况时，应判断该工作的所有紧前工作是否都同时作为其他工作的紧前工作。如果上述条件成立，应先将这些紧前工作箭线的箭头节点合并后，再从合并的节点开始画出该工作箭线。

对于所要绘制的工作，若不存在前述情况时，应将该工作箭线单独画在其紧前工作箭线之后的中部，然后用虚箭线将其紧前工作箭线的箭头节点与该工作箭线的箭尾节点分别相连。

当各项工作箭线都绘制出来之后，应合并那些没有紧后工作之工作箭线的箭头节点，以保证网络图只有一个终点节点。

当确认所绘制的网络图正确后，即可进行节点编号。

当已知每一项工作的紧后工作时，绘制方法类似，只是其绘图的顺序由上述的从左向右改为从右向左。

4.双代号网络图时间参数的概念

时间参数是指网络计划、工作及节点所具有的各种时间值。网络计划的时间参数是确定工程计划工期，确定关键线路、关键工作的基础，也是判定非关键工作机动时间和进行优化、计划管理的依据。

时间参数计算应在各项工作的持续时间确定之后进行。双代号网络计划的主要时间参数如下所述。

（1）工作持续时间和工期。工作持续时间是指一项工作从开始到完成的时间。在双代号网络计划中，工作持续时间用D_{i-j}表示。

工期泛指完成一项任务所需要的时间。在网络计划中，工期一般有以下3种。

①计算工期。计算工期是根据网络计划时间参数计算而得到的工期，用T_c表示。

②要求工期。要求工期是任务委托人所提出的指令性工期，用T_r表示。

③计划工期。计划工期是指根据要求工期和计算工期所确定的作为实施目标的工期，用T_P表示。

当已规定了要求工期时，计划工期不应超过要求工期，即

$$T_P \leqslant T_r \tag{7-7}$$

当未规定要求工期时，可令计划工期等于计算工期，即

$$T_P = T_r \tag{7-8}$$

（2）工作的六个时间参数。除工作持续时间外，网络计划中工作的六个时

间参数是最早开始时间、最早完成时间、最迟完成时间、最迟开始时间、总时差和自由时差。

①最早开始时间（ES_{i-j}）和最早完成时间（EF_{i-j}）。工作的最早开始时间是指在其所有紧前工作全部完成后，本工作有可能开始的最早时刻。工作的最早完成时间是指在其所有紧前工作全部完成后，本工作有可能完成的最早时刻。工作的最早完成时间等于本工作的最早开始时间与其持续时间之和。

在双代号网络计划中，工作$i-j$的最早开始时间和最早完成时间分别用ES_{i-j}和EF_{i-j}表示。

②最迟完成时间（LF_{i-j}）和最迟开始时间（LS_{i-j}）。工作的最迟完成时间是指在不影响整个任务按期完成的前提下，本工作必须完成的最迟时刻。工作的最迟开始时间是指在不影响整个任务按期完成的前提下，本工作必须开始的最迟时刻。工作的最迟开始时间等于本工作的最迟完成时间与其持续时间之差。

在双代号网络计划中，工作$i-j$的最迟完成时间和最迟开始时间分别用LF_{i-j}和LS_{i-j}表示。

③总时差（TF_{i-j}）和自由时差（FF_{i-j}）。工作的总时差是指在不影响总工期的前提下，本工作可以利用的机动时间。在双代号网络计划中，工作$i-j$的总时差用TF_{i-j}表示。

工作的自由时差是指在不影响其紧后工作最早开始时间的前提下，本工作可以利用的机动时间。在双代号网络计划中，工作$i-j$的自由时差用FF_{i-j}表示。

从总时差和自由时差的定义可知，对于同一项工作而言，自由时差不会超过总时差。当工作的总时差为零时，其自由时差必然为零。

在网络计划的执行过程中，工作的自由时差是该工作可以自由使用的时间。但是，如果利用某项工作的总时差，则有可能使该工作后续工作的总时差减小。

（3）节点最早时间和最迟时间。

①节点最早时间（ET_i）。节点最早时间是指在双代号网络计划中，以该节点为开始节点的各项工作的最早开始时间。节点i的最早时间用ET_i表示。

②节点最迟时间（LT_j）。节点最迟时间是指在双代号网络计划中，以该节点为完成节点的各项工作的最迟完成时间。节点j的最迟时间用LT_j表示。

5.双代号网络图时间参数的计算

双代号网络计划时间参数的计算有“按工作计算法”和“按节点计算法”两种，下面分别说明。

（1）按工作计算法计算时间参数。工作计算法是指以网络计划中的工作为对象，直接计算各项工作的时间参数。为了简化计算，网络计划时间参数中的开始时间和完成时间都应以时间单位的终了时刻为标准。如第4天开始即是指第4天终了（下班）时刻开始，实际上是第5天上班时刻才开始；第6天完成即是指第6天终了（下班）时刻完成。

下面是按工作计算法计算时间参数的过程。计算程序如下：

①计算工作的最早开始时间和最早完成时间。工作的最早开始时间是指其所有紧前工作全部完成后，本工作最早可能的开始时刻。工作的最早开始时间以ES_{i-j}表示。规定：工作的最早开始时间应从网络计划的起点节点开始，顺着箭线方向自左向右依次逐项计算，直到终点节点为止。必须先计算其紧前工作，然后再计算本工作。

第一，以网络计划起点节点为开始节点的工作，当未规定其最早开始时间时，其最早开始时间为零。

第二，工作的最早完成时间可利用式（7–9）进行计算。

$$EF_{i-j}=ES_{i-j}+D_{i-j} \tag{7–9}$$

第三，其他工作的最早开始时间应等于其紧前工作最早完成时间的最大值。

第四，网络计划的计算工期应等于以网络计划终点节点为完成节点的工作的最早完成时间的最大值。

②确定网络计划的计划工期。网络计划的计划工期应按式（7–7）或式（7–8）确定。

③计算工作的最迟完成时间和最迟开始时间。工作最迟完成时间和最迟开始时间的计算应从网络计划的终点节点开始，逆着箭线方向依次进行。其计算步骤如下。

第一，以网络计划终点节点为完成节点的工作，其最迟完成时间等于网络计划的计划工期。

$$LS_{i-j}=T_P \tag{7-10}$$

第二，工作的最迟开始时间可利用式（7-11）进行计算。

$$LS_{i-j}=LF_{i-j}+D_{i-j} \tag{7-11}$$

第三，其他工作的最迟完成时间应等于其紧后工作最迟开始时间的最小值。

第四，计算工作的总时差。工作的总时差等于该工作最迟完成时间与最早完成时间之差，或该工作最迟开始时间与最早开始时间之差。

④计算工作的自由时差。工作自由时差的计算应按以下两种情况分别考虑。

第一，对于有紧后工作的工作，其自由时差等于本工作之紧后工作最早开始时间减本工作最早完成时间所得之差的最小值。

第二，对于无紧后工作的工作，也就是以网络计划终点节点为完成节点的工作，其自由时差等于计划工期与本工作最早完成时间之差。

需要指出的是，对于网络计划中以终点节点为完成节点的工作，其自由时差与总时差相等。此外，由于工作的自由时差是其总时差的构成部分，所以当工作的总时差为零时，其自由时差必然为零，可不必进行专门计算。

⑤确定关键工作和关键线路。在网络计划中，总时差最小的工作为关键工作。特别地，当网络计划的计划工期等于计算工期时，总时差为零的工作就是关键工作。

找出关键工作之后，将这些关键工作首尾相连，便构成从起点节点到终点节点的通路，位于该通路上各项工作的持续时间总和最大，这条通路就是关键线路。在关键线路上可能有虚工作存在。

关键线路一般用粗箭线或双线箭线标出，也可以用彩色箭线标出。关键线路上各项工作的持续时间总和应等于网络计划的计算工期，这一特点也是判别关键线路是否正确的准则。

在上述计算过程中，是将每项工作的六个时间参数均标注在图中，故称为六时标注法。为使网络计划的图面更加简洁，在双代号网络计划中，除各项工作的持续时间以外，通常只需标注两个最基本的时间参数——各项工作的最早开始时间和最迟开始时间，而工作的其他四个时间参数（最早完成时间、最迟完成时间、总时差和自由时差）均可根据工作的最早开始时间、最迟开始时间及持续时间导出，这种方法称为二时标注法。

（2）按节点计算法计算时间参数。所谓按节点计算法，就是先计算网络计划中各个节点的最早时间和最迟时间，然后再据此计算各项工作的时间参数和网络计划的计算工期。

下面是按节点计算法计算时间参数的过程。

①计算节点的最早时间。节点最早时间的计算应从网络计划的起点节点开始，顺着箭线方向依次进行。其计算步骤如下：

第一，对于网络计划起点节点，如未规定最早时间时，其值等于零。

第二，其他节点的最早时间应按式（7–12）进行计算。

$$EF_j = \max\left\{ES_i + D_{i-j}\right\} \tag{7-12}$$

第三，网络计划的计算工期等于网络计划终点节点的最早时间，即

$$T_c = ET_u \tag{7-13}$$

式中，ET_u：网络计划终点节点n的最早时间。

②确定网络计划的计划工期。网络计划的计划工期应按式（7–7）或式（7–8）确定。计划工期应标注在终点节点的右上方。

③计算节点的最迟时间。节点最迟时间的计算应从网络计划的终点节点开始，逆着箭线方向依次进行。其计算步骤如下。

第一，网络计划终点节点的最迟时间等于网络计划的计划工期，即

$$LT_u = T_p \tag{7-14}$$

第二，其他节点的最迟时间应按下式进行计算。

$$LT_i = \min\left\{LT_j + D_{i-j}\right\} \tag{7-15}$$

④根据节点的最早时间和最迟时间判定工作的六个时间参数。

第一，工作的最早开始时间等于该工作开始节点的最早时间。

第二，工作的最早完成时间等于该工作开始节点的最早时间与其持续时间之和。

第三，工作的最迟完成时间等于该工作完成节点的最迟时间。即

$$LF_{i-j}=LT_j \qquad (7\text{–}16)$$

第四，工作的最迟开始时间等于该工作完成节点的最迟时间与其持续时间之差，即

$$LS_{i-j}=LT_j-D_{i-j} \qquad (7\text{–}17)$$

第五，工作的总时差可按式（7–18）进行计算。

$$TF_{i-j}=LF_{i-j}-EF_{i-j}=LT_{i-j}-(ET_i+D_{i-j})=LT_{i-j}-ET_i-D_{i-j} \qquad (7\text{–}18)$$

由式（7–20）可知，工作的总时差等于该工作完成节点的最迟时间减去该工作开始节点的最早时间所得差值再减去其持续时间。

第六，工作的自由时差等于该工作完成节点的最早时间减去该工作开始节点的最早时间所得差值再减去其持续时间。

需要特别注意的是，如果本工作与其紧后工作之间存在虚工作时，其中的ET_j应为本工作紧后工作开始节点的最早时间，而不是本工作完成节点的最早时间。

⑤确定关键线路和关键工作。在双代号网络计划中，关键线路上的节点称为关键节点。关键工作两端的节点必为关键节点，但两端为关键节点的工作不一定是关键工作。关键节点的最迟时间与最早时间的差值最小。特别是当网络计划的计划工期等于计算工期时，关键节点的最早时间与最迟时间必然相等。关键节点必然处在关键线路上，但由关键节点组成的线路不一定是关键线路。

当利用关键节点判别关键线路和关键工作时，还要满足下列判别式。

$$ET_i+D_{i-j}=ET_j \qquad (7\text{–}19)$$

或

$$LT_i+D_{i-j}=LT_j \qquad (7\text{–}20)$$

如果两个关键节点之间的工作符合上述判别式，则该工作必然为关键工作，它应该在关键线路上；否则，该工作就不是关键工作，关键线路也就不会从此处通过。

⑥关键节点的特性。在双代号网络计划中，当计划工期等于计算工期时，关键节点具有以下一些特性，掌握好这些特性，有助于确定工作的时间参数。

第一，开始节点和完成节点均为关键节点的工作，不一定是关键工作。

第二，以关键节点为完成节点的工作，其总时差和自由时差必然相等。

第三，当两个关键节点间有多项工作，且工作间的非关键节点无其他内向箭线和外向箭线时，则两个关键节点间各项工作的总时差均相等。在这些工作中，除以关键节点为完成的节点的工作自由时差等于总时差外，其余工作的自由时差均为零。

第四，当两个关键节点间有多项工作，且工作间的非关键节点有外向箭线而无其他内向箭线时，则两个关键节点间各项工作的总时差不一定相等。在这些工作中，除以关键节点为完成的节点的工作自由时差等于总时差外，其余工作的自由时差均为零。

（3）标号法。标号法是一种快速寻求网络计算工期和关键线路的方法。它利用按节点计算法的基本原理，对网络计划中的每一个节点进行标号，然后利用标号值确定网络计划的计算工期和关键线路。

下面是标号法的计算过程：

①网络计划起点节点的标号值为零。

②其他节点的标号值应根据式（7–21）按节点编号从小到大的顺序逐个进行计算。

$$b_j = \max\left\{b_i + D_{i-j}\right\} \tag{7–21}$$

当计算出节点的标号值后，应该用其标号值及其源节点对该节点进行双标号。所谓源节点，就是用来确定本节点标号值的节点。如果源节点有多个，应将所有源节点标出。

③网络计划的计算工期就是网络计划终点节点的标号值。

④关键线路应从网络计划的终点节点开始，逆着箭线方向按源节点确定。

6.双代号时标网络计划

双代号时标网络计划是以时间坐标为尺度编制的网络计划，在时标网络计划中应以实箭线表示工作，以虚箭线表示虚工作，以波形线表示工作的自由时差。

时标网络计划既具有网络计划的优点，又具有横道计划直观易懂的优点，它将网络计划的时间参数直观地表达出来。

（1）双代号时标网络计划的特点：双代号时标网络计划是以水平时间坐标

为尺度编制的双代号网络计划，其主要特点如下：

①时标网络计划兼有网络计划与横道计划的优点，它能够清楚地表明计划的时间进程，使用方便。

②时标网络计划能在图上直接显示出各项工作的开始与完成时间、工作的自由时差及关键线路。

③在时标网络计划中可以统计每一个单位时间对资源的需要量，以便进行资源优化和调整。

④由于箭线受到时间坐标的限制，当情况发生变化时，对网络计划的修改比较麻烦，往往要重新绘图。

（2）双代号时标网络计划的一般规定如下：

①双代号时标网络计划必须以水平时间坐标为尺度表示工作时间。时标的时间单位应根据需要在编制网络计划之前确定，可为时、天、周、月或季。

②时标网络计划中所有符号在时间坐标上的水平投影位置都必须与其时间参数相对应。节点中心必须对准相应的时标位置。

③时标网络计划中虚工作必须以垂直方向的虚箭线表示，有自由时差时加波形线表示。

（3）时标网络计划的编制方法：时标网络计划宜按各个工作的最早开始时间编制。

在编制时标网络计划之前，应先按已经确定的时间单位绘制时标网络计划表。时间坐标可以标注在时标网络计划表的顶部或底部，也可以在时标网络计划表的顶部和底部同时标注时间坐标。

编制时标网络计划应先绘制无时标的网络计划草图，然后按间接绘制法或直接绘制法进行。

①间接绘制法。间接绘制法是指先根据无时标的网络计划草图计算其时间参数，并确定关键线路，然后在时标网络计划表中进行绘制。其绘制步骤如下：

第一，根据项目工作列表绘制双代号网络图。

第二，计算节点时间参数（或工作最早时间参数）。

第三，绘制时标计划。

第四，将每项工作的箭尾节点按节点最早时间定位于时标计划表上，其布局与非时间网络基本相同。

第五，按各工作的时间长度绘制相应工作的实箭线部分，使其在时间坐标上的水平投影长度等于工作的持续时间，用虚线绘制虚工作。

第六，用波形线将实箭线部分与其紧后工作的开始节点连接起来，以表示工作的自由时差。

第七，进行节点编号。

②直接绘制法。直接绘制法是指不计算时间参数而直接按无时标的网络计划草图绘制时标网络计划。其绘制步骤如下：

第一，将网络计划的起点节点定位在时标网络计划表的起始刻度线上。

第二，按工作的持续时间绘制以网络计划起点节点为开始节点的工作箭线。

第三，除网络计划的起点节点外，其他节点必须在所有以该节点为完成节点的工作箭线均绘出后，定位在这些工作箭线中最迟的箭线末端。当某些工作箭线的长度不足以到达该节点时，须用波形线补足，箭头画在与该节点的连接处。

第四，当某个节点的位置确定之后，即可绘制以该节点为开始节点的工作箭线。

第五，利用上述方法从左至右依次确定其他各个节点的位置，直至绘出网络计划的终点节点。

特别注意：处理好虚箭线。应将虚箭线与实箭线等同看待，只是其对应工作的持续时间为零，尽管它本身没有持续时间，但可能存在波形线，其垂直部分仍应画为虚线。

四、计算机辅助建设项目进度控制

国外有很多用于进度计划编制的商品软件，自20世纪70年代末期和80年代初期开始，我国也开始研制进度计划编制的软件，这些软件都是在网络计划原理的基础上开发的。应用这些软件可以实现计算机辅助建设项目进度计划的编制和调整，以确定网络计划的时间参数。

（一）计算机辅助建设项目网络计划编制的意义

（1）解决网络计划计算量大，而手工计算难以承担的困难。

（2）确保网络计划计算的准确性。

（3）有利于及时调整网络计划。

（4）有利于编制资源需求计划等。

（二）常用的施工进度计划横道图网络图编制软件

1.EXCEL施工进度计划自动生成表格

编写较方便，适用于比较简单的工程项目。

2.PKPM网络计划/项目管理软件

可完成网络进度计划、资源需求计划的编制及进度、成本的动态跟踪、对比分析；自动生成带有工程量和资源分配的施工工序，自动计算关键线路；提供多种优化、流水作业方案及里程碑和前锋线功能；自动实现横道图、单代号图、双代号图转换等功能。

3.Microsoft Project

Microsoft Project是一种功能强大而灵活的项目管理工具，可以用于控制简单或复杂的项目。特别是对于建筑工程项目管理的进度计划管理，它在创建项目并开始工作后，可以跟踪实际的开始和完成日期、实际完成的任务百分比和实际工时。跟踪实际进度可显示所做的更改影响其他任务的方式，从而最终影响项目的完成日期；跟踪项目中每个资源完成的工时，然后可以比较计划工时量和实际工时量；查找过度分配的资源及其任务分配，减少资源工时，将工作重新分配给其他资源。

第二节　建筑工程项目进度计划的实施与检查

一、建筑工程项目进度计划的实施

实施施工进度计划应逐级落实年、季、月、旬、周施工进度计划，最终通过施工任务书由班组实施，记录现场的实际情况以及调整、控制进度计划。

（一）编制年、月施工进度计划和施工任务书

1.年（季）度施工进度计划

大型施工项目的施工，工期往往是几年。这就需要编制年（季）度施工进度计划，以实现施工总进度计划。该计划可采用表7-1的表式进行编制。

表7-1　XX项目年度施工进度计划表

单位工程名称	工程量	总产值/万元	开工日期	计划完工日期	本年完成数量	本年形象进度

2.月（旬、周）施工进度计划

对于单位工程来说，月（旬、周）施工计划有指导作业的作用，因此要具体编制成作业计划，应在单位工程施工进度计划的基础上取段细化编制。可参考表7-2，施工进度每格代表的天数根据月、旬、周分别确定。旬、周计划不必全编，可任选一种。

表7-2　XX项目XX月度施工进度计划表

<table>
<tr><td rowspan="2">分项工程名称</td><td colspan="2">工程量</td><td rowspan="2">本月完成工程量</td><td rowspan="2">需要人工数（机械数量）</td><td colspan="8">施工进度</td></tr>
<tr><td>单位</td><td>数量</td><td></td><td></td><td></td><td></td><td></td><td></td><td></td><td></td></tr>
<tr><td></td><td></td><td></td><td></td><td></td><td></td><td></td><td></td><td></td><td></td><td></td><td></td><td></td></tr>
<tr><td></td><td></td><td></td><td></td><td></td><td></td><td></td><td></td><td></td><td></td><td></td><td></td><td></td></tr>
<tr><td></td><td></td><td></td><td></td><td></td><td></td><td></td><td></td><td></td><td></td><td></td><td></td><td></td></tr>
<tr><td></td><td></td><td></td><td></td><td></td><td></td><td></td><td></td><td></td><td></td><td></td><td></td><td></td></tr>
</table>

3.施工任务书

施工任务书是向作业班组下达施工任务的一种工具。它是计划管理和施工管理的重要基础依据，也是向班组进行质量、安全、技术、节约等交底的好形式，可作为原始记录文件供业务核算使用。随施工任务书下达的限额领料单是进行材料管理和核算的良好手段。施工任务书的表达形式见表7-3。任务书的背面是考勤表，随任务书下达的限额领料单见表7-4。

表7-3　施工任务书

<table>
<tr><td colspan="4" rowspan="2">工程名称：</td><td colspan="5" rowspan="2">字　第　号</td><td>工期</td><td>开工</td><td>完工</td><td>天数</td></tr>
<tr><td rowspan="2">计划</td><td rowspan="2"></td><td rowspan="2"></td><td rowspan="2"></td></tr>
<tr><td colspan="4" rowspan="2">施工队组：</td><td colspan="5" rowspan="2">签发日期　年　月　日</td></tr>
<tr><td>实际</td><td></td><td></td><td></td></tr>
<tr><td rowspan="2">定额编号</td><td rowspan="2">工程项目</td><td rowspan="2">单位</td><td colspan="4">计划</td><td colspan="2">实际</td><td colspan="4" rowspan="2">附注</td></tr>
<tr><td>工程量</td><td>时间定额</td><td>每工产量</td><td>工日数</td><td>工程量</td><td>定额工日</td></tr>
<tr><td></td><td></td><td></td><td></td><td></td><td></td><td></td><td></td><td></td><td colspan="4"></td></tr>
<tr><td></td><td></td><td></td><td></td><td></td><td></td><td></td><td></td><td></td><td colspan="4"></td></tr>
<tr><td colspan="2">合计</td><td></td><td></td><td></td><td></td><td></td><td></td><td></td><td colspan="4"></td></tr>
</table>

续表

<table>
<tr><td colspan="2">工作范围</td><td colspan="6"></td><td rowspan="2">质量验收意见</td><td rowspan="2" colspan="3"></td></tr>
<tr><td colspan="2">质量安全要求</td><td colspan="6">技术、节约措施</td></tr>
<tr><td colspan="4">签发</td><td colspan="6">结算</td><td colspan="2">功效</td></tr>
<tr><td>工长</td><td>组长</td><td>劳资员</td><td>材料员</td><td>工长</td><td>组长</td><td>统计员</td><td>材料员</td><td>质安员</td><td>劳资员</td><td>定额工日</td><td></td></tr>
<tr><td></td><td></td><td></td><td></td><td></td><td></td><td></td><td></td><td></td><td></td><td>实际工日</td><td></td></tr>
<tr><td></td><td></td><td></td><td></td><td></td><td></td><td></td><td></td><td></td><td></td><td>完成/%</td><td></td></tr>
</table>

表7-4 限额领料单

领料部门：　　　　　　　　　　　　　　　　领料编号：

领料用途：　　　　　　　年　月　日　　　　发料仓库：

<table>
<tr><td>材料类别</td><td>材料编号</td><td>材料名称及规格</td><td>计量单位</td><td>领用限额</td><td>实际领用</td><td>单价</td><td>金额</td><td>备注</td></tr>
<tr><td></td><td></td><td></td><td></td><td></td><td></td><td></td><td></td><td></td></tr>
<tr><td></td><td></td><td></td><td></td><td></td><td></td><td></td><td></td><td></td></tr>
<tr><td colspan="9">供应部门负责人：计划生产部门负责人：</td></tr>
<tr><td rowspan="2">日期</td><td colspan="4">领用</td><td colspan="3">退料</td><td>限额结余</td></tr>
<tr><td>请领数量</td><td>实发数量</td><td>发料人签章</td><td>领料人签章</td><td>退料数量</td><td>退料人签章</td><td>收料人签章</td><td></td></tr>
<tr><td></td><td></td><td></td><td></td><td></td><td></td><td></td><td></td><td></td></tr>
<tr><td></td><td></td><td></td><td></td><td></td><td></td><td></td><td></td><td></td></tr>
<tr><td></td><td></td><td></td><td></td><td></td><td></td><td></td><td></td><td></td></tr>
</table>

施工班组接到任务书后，应做好分工，安排完成，执行中要保质量、保进度、保安全、保节约、保工效提高。任务完成后，班组自检，在确认已经完成后，向工长报请验收。工长验收时查数量、查质量、查安全、查用工、查节约，然后回收任务书，交作业队登记结算。结算内容有工程量、工期、用工、效率、耗料、报酬、成本。还要进行数量、质量、安全和节约统计，然后存档。

（二）记录现场的实际情况

在施工中要如实做好施工记录，记录好各项工作的开、竣工日期和施工工期，记录每日完成的工程量，施工现场发生的事件及解决情况，可为计划实施的检查、分析、调整、总结提供原始资料。

（三）调整、控制进度计划

对于检查作业计划执行中出现的各种问题，要找出原因并采取措施解决；监督供货商按照进度计划要求按时供料；控制施工现场各项设施的使用；按照进度计划做好各项施工准备工作。

二、建筑工程项目进度计划的检查

在建筑工程项目的实施过程中，为了进行进度控制，进度控制人员应经常、定期地跟踪检查施工实际进度情况。施工进度的检查与进度计划的执行是融汇在一起的，施工进度的检查应与施工进度记录结合进行。计划检查是计划执行信息的主要来源，是施工进度调整和分析的依据，是进度控制的关键步骤。具体应主要检查工作量的完成情况、工作时间的执行情况、资源使用及与进度的互相配合情况等。进行进度统计整理和对比分析，确定实际进度与计划进度之间的关系，并视实际情况对计划进行调整。

（一）跟踪检查施工实际进度，收集实际进度数据

跟踪检查施工实际进度是项目施工进度控制的关键措施。其目的是收集实际施工进度的有关数据。跟踪检查的时间和收集数据的质量直接影响控制工作的质量和效果。

（二）整理统计检查数据

为了进行实际进度与计划进度的比较，必须对收集到的实际进度数据进行加工处理，形成与计划进度具有可比性的数据。例如，对检查时段实际完成工作量的进度数据进行整理、统计和分析，确定本期累计完成的工作量、本期已完成的工作量占计划总工作量的百分比等。

（三）对比实际进度与计划进度

进度计划的检查方法主要是对比法，即将实际进度与计划进度进行对比，从而发现偏差。将实际进度数据与计划进度数据进行比较，可以确定建筑工程实际执行状况与计划目标之间的差距。为了直观反映实际进度偏差，通常采用表格或图形进行实际进度与计划进度的对比分析，从而得出实际进度比计划进度超前、滞后还是和计划进度一致的结论。

实践中，我们可采用横道图比较法、S形曲线比较法、香蕉曲线比较法、前锋线比较法、列表比较法等。

（四）建筑工程项目进度计划的调整

若产生的偏差对总工期或后续工作产生了影响，经研究后需对原进度计划进行调整，以保证进度目标的实现。

第三节　建筑工程项目进度计划的调整

将正式进度计划报请有关部门审批后，即可组织实施。在计划执行过程中，由于资源、环境、自然条件等因素的影响，往往会造成实际进度与计划进度产生偏差，如果这种偏差不能及时纠正，必将影响进度目标的实现。因此，在计划执行过程中采取相应措施来进行管理，对保证计划目标的顺利实现具有重要意义。

一、建筑工程进度计划的调整内容

通常，对建筑工程进度计划进行调整，调整的内容包括调整关键线路的长度，调整非关键工作时差，增、减工作项目，调整逻辑关系，调整持续时间（重新估计某些工作的持续时间），调整资源。

（一）调整内容

可以只调整上述六项中的一项，也可以同时调整多项，还可以将几项结合起来调整，例如将工期与资源，工期与成本，工期、资源及成本结合起来调整，以求综合效益最佳。只要能达到预期目标，调整越少越好。

（二）调整关键线路长度

当关键线路的实际进度比计划进度提前时，首先要确定是否对原计划工期予以缩短。如果不拟缩短，可以利用这个机会降低资源强度或费用。方法是选择后续关键工作中资源占用量大的或直接费用高的予以适当延长，延长的长度不应超过已完成的关键工作提前的时间量；如果要使提前完成的关键线路的效果缩短整个计划的工期，则应将计划的未完成部分作为一个新计划，重新进行计算与调整，再按新的计划执行，并保证新的关键工作按新的计划时间完成。

当关键线路的实际进度比计划进度落后时，计划调整的任务是采取措施把失去的时间抢回来。因此，应在未完成的关键线路中选择资源强度小的予以缩短，重新计算未完成部分的时间参数，按新参数执行。这样做有利于减少赶工费用。

（三）调整非关键工作时差

时差调整的目的是更充分地利用资源，降低成本，满足施工需要，时差调整幅度不得大于计划总时差值。每次调整均需进行时间参数计算，从而观察这次调整对计划全局的影响。调整的方法有三种：在总时差范围内移动工作的起止时间，延长非关键工作的持续时间，缩短非关键工作的持续时间。运用三种方法的前提均是降低资源强度。

（四）增、减工作项目

增、减工作项目均不应打乱原网络计划总的逻辑关系。由于增、减工作项目只能改变局部的逻辑关系，此局部改变不影响总的逻辑关系。增加工作项目只是对原遗漏或不具体的逻辑关系进行补充，减少工作项目只是对提前完成了的工作项目或原不应设置而设置了的工作项目予以删除。只有这样，才是真正地调整，而不是“重编”。增减工作项目之后重新计算时间参数，以分析此调整是否对原网络计划工期有影响，如有影响，应采取措施消除。

（五）调整逻辑关系

逻辑关系改变的原因必须是施工方法或组织方法改变。但一般说来只能调整组织关系，而工艺关系不宜调整，以免打乱原计划。调整逻辑关系是以不影响原定计划工期和其他工作的顺序为前提的。调整的结果绝对不应形成对原计划的否定。

（六）调整持续时间

调整的原因应是原计划有误或实现条件不充分。调整的方法是重新估算。调整后，应重新计算网络计划的时间参数，以观察对总工期的影响。

（七）调整资源

资源的调整应在资源供应发生异常时进行。所谓异常，即因供应满足不了需要（中断或强度降低），影响了计划工期的实现。资源调整的前提是保证工期或使工期适当。故应进行适当的工期–资源优化，从而使调整有好的效果。

二、建筑工程进度计划的调整过程

在建筑工程项目进度实施过程中，一旦发现实际进度偏离计划进度，即出现进度偏差时，必须认真分析产生偏差的原因及其对后续工作和总工期的影响，要采取合理、有效的纠偏措施对进度计划进行调整，确保进度总目标的实现。

（一）分析进度偏差产生的原因

通过建筑工程项目实际进度与计划进度的比较，发现进度偏差时，为了采取有效的纠偏措施调整进度计划，必须进行深入而细致的调查，分析产生进度偏差的原因。

（二）分析进度偏差对后续工作和总工期的影响

当查明进度偏差产生的原因之后，要进一步分析进度偏差对后续工作和总工期的影响程度，以确定是否应采取措施进行纠偏。

（三）采取措施调整进度计划

采取纠偏措施调整进度计划，应以后续工作和总工期的限制条件为依据，确保要求的进度目标得到实现。

（四）实施调整后的进度计划

进度计划调整之后，应执行调整后的进度计划，并继续检查其执行情况，进行实际进度与计划进度的比较，不断循环此过程。

三、分析进度偏差的影响

通过前述的进度比较方法，当判断出现进度偏差时，应当分析该偏差对后续工作和对总工期的影响。

（一）分析出现进度偏差的工作是否为关键工作

若出现偏差的工作为关键工作，则不论偏差大小，都对后续工作及总工期产生影响，必须采取相应的调整措施；若出现偏差的工作不为关键工作，则需要根据偏差值与总时差和自由时差的大小关系确定对后续工作和总工期的影响程度。

（二）分析进度偏差是否大于总时差

若工作的进度偏差大于该工作的总时差，说明此偏差必将影响后续工作和总工期，必须采取相应的调整措施；若工作的进度偏差小于或等于该工作的总时差，说明此偏差对总工期无影响，但它对后续工作的影响程度需要根据比较偏差与自由时差的情况来确定。

（三）分析进度偏差是否大于自由时差

若工作的进度偏差大于该工作的自由时差，说明此偏差对后续工作产生影响，该如何调整应根据后续工作允许影响的程度而定；若工作的进度偏差小于或等于该工作的自由时差，则说明此偏差对后续工作无影响，因此原进度计划可以不作调整。

经过如此分析，进度控制人员可以确认应该调整产生进度偏差的工作和调整偏差值的大小，以便确定采取调整措施，获得新的符合实际进度情况和计划目标的新进度计划。

四、施工项目进度计划的调整方法

在对实施的进度计划分析的基础上，应确定调整原计划的方法，一般主要有以下两种。

（1）改变某些工作之间的逻辑关系。若检查的实际施工进度产生的偏差影响了总工期，在工作之间的逻辑关系允许改变的条件下，改变关键线路和超过计划工期的非关键线路上的有关工作之间的逻辑关系，达到缩短工期的目的。

用这种方法调整的效果是很显著的，例如，可以把依次进行的有关工作改作平行施工，或将工作划分成几个施工段组织流水施工，都可以达到缩短工期的目的。

（2）缩短某些工作的持续时间。这种方法是不改变工作之间的逻辑关系，而是通过采取增加资源投入、提高劳动效率等措施缩短某些工作的持续时间，从而使施工进度加快，并保证实现计划工期的方法。一般情况下，我们选取关键工作压缩其持续时间，这些工作又是可压缩持续时间的工作。这种方法实际上就是网络计划优化中的工期优化方法和费用优化方法。

第四节　建筑施工项目进度计划控制总结

施工进度计划完成后，项目经理部要及时进行施工进度计划控制总结。

一、施工进度计划控制总结的依据

（1）施工进度计划。

（2）施工进度计划执行的实际记录。

（3）施工进度计划检查结果。

（4）施工进度计划的调整资料。

二、施工进度计划控制总结的内容

（一）合同工期目标完成情况

合同工期主要指标计算式如式（7–22）~式（7–26）。

合同工期节约值＝合同工期–实际工期　（7–22）

指令工期节约值＝指令工期–实际工期　（7–23）

定额工期节约值＝定额工期–实际工期　（7–24）

计划工期提前率＝（计划工期–实际工期）/计划工期×100%　（7–25）

缩短工期的经济效益＝缩短一天产生的经济效益×缩短工期天数　（7–26）

分析缩短工期的原因，大致从以下方面着手：计划周密情况、执行情况、控制情况、协调情况、劳动效率。

（二）资源利用情况

资源利用情况所使用的指标计算式如式（7–27）~式（7–32）。

单方用工＝总用工数/建筑面积（7–27）

劳动力不均衡系数＝最高日用工数/平均日用工数（7–28）

节约工日数＝计划用工工日－实际用工工日（7–29）

主要材料节约量＝计划材料用量－实际材料用量（7–30）

主要机械台班节约量＝计划主要机械台班数－实际主要机械台班数（7–31）

主要大型机械节约率＝（各种大型机械计划费之和－实际费之和）/各种大型机械计划费之和×100%（7–32）

资源节约的原因如下：计划积极可靠，资源优化效果好，按计划保证供应，认真制定并实施了节约措施，协调及时、省力。

（三）成本情况

成本情况主要指标计算式如式（7–33）和式（7–34）。

降低成本额＝计划成本－实际成本（7–33）

降低成本率＝（降低成本额/计划成本额）×100%（7–34）

节约成本的主要原因大致如下：计划积极可靠，成本优化效果好，认真制定并执行了节约成本措施，工期缩短，成本核算及成本分析工作效果好。

（四）施工进度控制经验

经验是指对成绩及其原因进行分析，为以后进度控制提供可借鉴的本质的、规律性的东西。分析进度控制的经验可以从以下4个方面进行。

（1）编制什么样的进度计划才能取得较大效益。

（2）怎样优化计划更有实际意义。其中包括优化方法、目标、计算及电子计算机应用等。

（3）怎样实施、调整与控制计划。其中包括记录检查、调整、修改、节约、统计等措施。

（4）进度控制工作的创新。

（五）施工进度控制中存在的问题及分析

若施工进度控制目标没有实现，或在计划执行中存在缺陷，应对存在的问题进行分析，分析时可以定量计算，也可以定性分析。对产生问题的原因也要从编制和执行计划中去找。问题要找清，原因要查明，不能解释不清。遗留问题要到下一控制循环中解决。

施工进度中一般存在工期拖后、资源浪费、成本浪费、计划变化太大等问题，其原因一般包括计划本身的原因、资源供应和使用中的原因、协调方面的原因和环境方面的原因。

（六）施工进度控制的改进意见

对施工进度控制中存在的问题进行总结，提出改进方法或意见，在以后的工程中加以应用。

三、施工项目进度计划控制总结的编制方法

（1）在总结之前进行实际调查，取得原始记录中没有的情况和信息。

（2）提倡采用定量的对比分析方法。

（3）在计划编制和执行中，应认真积累资料，为总结提供信息准备。

（4）召开总结分析会议。

（5）尽量采用计算机储存资料进行计算、分析与绘图，以提高总结分析的速度和准确性。

（6）总结分析资料要分类归档。

第八章　建筑工程项目资源管理

第一节　建筑工程项目资源管理概述

一、项目资源管理的概念

项目资源是对项目实施中使用的人力资源、材料、机械设备、技术、资金和基础设施等的总称。资源是人们创造出产品（形成生产力）所需要的各种要素，亦称生产要素。

项目资源管理是对项目所需的各种资源进行的计划、组织、指挥、协调和控制等系统活动。项目资源管理的复杂性主要表现在以下几个方面。

（1）工程实施所需资源的种类多、需要量大。

（2）建设过程对资源的消耗极不均衡。

（3）资源供应受外界影响很大，具有一定的复杂性和不确定性，且资源经常需要在多个项目间进行调配。

（4）资源对项目成本的影响最大。

加强项目管理，必须对投入项目的资源进行市场调查与研究，做到合理配置，并在生产中强化管理，以尽量少的消耗获得产出，达到节约物化劳动和活劳动、减少支出的目的。

二、项目资源管理的作用

资源的投入是项目实施必不可少的前提条件，若资源的投入得不到保证，考虑得再周详的项目计划（如进度计划）与安排也不能实行。例如，由于资源供应不及时就会造成工程项目活动不能正常进行，不能及时开工或整个工程停工，浪费时间，出现窝工现象。在项目实施过程中，如果未能采购符合规定的材料，将造成质量缺陷；若采购超量、采购过早，将造成浪费、仓储费用增加等。如果不能合理地使用各项资源或不能经济地获取资源，都会给项目造成损失。

按照项目一次性特点和自身规律，通过项目各种资源管理，可实现资源的优化配置，做到动态管理，降低工程成本，提高经济效益。

（1）进行资源优化配置，即适时、适量、位置适宜地配备或投入资源，以满足施工需要。

（2）进行资源的优化组合，即投入项目的各种资源，在使用过程中搭配适当，协调地发挥作用，有效地形成生产力。

（3）在项目实施过程中，对资源进行动态管理。项目的实施过程是一个不断变化的过程，对各种资源的需求也在不断变化。因此，各种资源的配置和组合也就需要不断调整，这就需要动态管理。动态管理的基本内容就是按照项目的内在规律，有效地计划、配置、控制和处理各种资源，使其在项目中合理流动。动态管理是优化配置和组合的手段和保证。

（4）在项目运转过程中，应合理地、节约地使用资源（劳动力、材料、机械设备、资金），以达到减少资源消耗的目的。

三、项目资源管理的主要过程

建筑工程项目资源管理的主要过程包括编制资源计划、组织资源的配置、合理实施资源的控制、及时在资源使用后进行分析与处理。

（1）编制资源计划。编制资源计划的目的是对资源投入量、投入时间、投入步骤做出合理安排，以满足施工项目实施的需要。计划是优化配置和组合的前提和手段。

（2）资源的配置。资源的配置是按编制的计划，从资源的来源、投入到施工项目的供应过程进行管理，使计划得以实现，使施工项目的需要得到保证。

（3）资源的控制。资源控制即根据每种资源的特性，科学地制定相应的措施，对资源进行有效组合，协调投入，合理使用，不断纠正偏差，以尽可能少的资源来满足项目的需求，从而达到节约的目的。

（4）进行资源使用效果的分析与处理。一方面，从一次项目的实施过程来讲，是对本次资源管理过程的反馈、分析与资源管理的调整；另一方面，又为管理提供信息反馈和信息储备，以指导以后（或下一项目）的管理工作。

从一个完整的建筑工程项目管理过程的角度或建筑业企业持续稳定发展的角度来看，项目资源管理应该是不断循环、不断提升、不断完善的动态管理过程。

四、项目资源管理的主要内容

（1）人力资源管理。在工程项目资源中，人力资源是各生产要素中“人”的因素，具有非常重要的作用。人力资源主要包括劳动力总量，各专业、各级别的劳动力，操作工、修理工以及不同层次和职能的管理人员。

人力资源泛指能够从事生产活动的体力劳动者和脑力劳动者，在项目管理中包括不同层次的管理人员和参与作业的各种工人。人是生产力中最活跃的因素，人具有能动性和社会性等。项目人力资源管理是指项目组织对该项目的人力资源进行科学的计划、适当的培训教育、合理的配置、有效的约束和激励、准确的评估等方面的一系列管理工作。

项目人力资源管理的任务是根据项目目标，不断获取项目所需人员，并将其整合到项目组织中，使之与项目团队融为一体。项目中人力资源的使用，关键在于明确责任，调动职工的劳动积极性，提高工作效率。从劳动者个人的需要和行为科学的观点出发，责、权、利相结合，多采取激励措施，并在使用中重视对他们的培训，提高他们的综合素质。

（2）材料管理。一般工程中，建筑材料占工程造价的70%左右，加强材料管理对保证工程质量、降低工程成本都将起到积极的作用。项目材料管理的重点在现场、在使用、在节约和核算，尤其是节约，其潜力巨大。建筑材料主要包括原材料、设备和周转材料。其中，原材料和设备构成工程建筑的实体。周转材料，如脚手架材、模板材、工具、预制构配件、机械零配件等，都因在施工中有独特作用而自成一类，其管理方式与材料基本相同。

（3）机械设备管理。工程项目的机械设备主要是指项目施工所需的施工设备、临时设施和必需的后勤供应。施工设备包括塔吊、混凝土拌和设备、运输设备等。临时设施包括施工用仓库、宿舍、办公室、工棚、厕所、现场施工用供排系统（水电管网、道路等）。机械设备管理往往实行集中管理与分散管理相结合的办法，主要任务是正确选择机械设备，保证机械设备在使用中处于良好状态，减少机械设备闲置、损坏，提高施工机械化水平和使用效率。机械设备管理的关键在于提高机械使用效率，而提高机械使用效率必须提高机械设备的利用率和完好率。利用率的提高靠人，完好率的提高靠保养和维修。

（4）技术管理。技术是指人们在改造自然、改造社会的生产和科学实践中积累的知识、技能、经验，以及体现这些的劳动资料。技术具体包括操作技能、劳动手段、生产工艺、检验试验方法及管理程序和方法等。任何物质生产活动都是建立在一定技术基础之上的，也是在一定技术要求和技术标准的控制下进行的。随着生产的发展，技术水平也在不断提高。工程项目的单件性、复杂性、受自然条件的影响等特点，决定了技术管理在工程项目管理中的作用尤其重要。工程项目技术管理是对各项技术工作要素和技术活动过程的管理。其中，技术工作要素包括技术人才、技术装备、技术规程等。工程项目技术管理的任务是正确贯彻国家的技术政策，贯彻上级对技术工作的指示与决定；研究认识并利用技术规律，科学地组织各项技术工作，充分发挥技术的作用；确立正常的生产技术秩序，文明施工，以技术保证工程质量；努力提高技术工作的经济效果，使技术与经济有机地结合起来。

（5）资金管理。资金也是一种资源，从流动过程来讲，首先是投入，即将筹集到的资金投入施工项目上；其次是使用，也就是支出。资金的合理使用是施工有序进行的重要保证，这也是常说的“资金是项目的生命线”的原因。

工程项目资金管理包括编制资金计划、筹集资金、投入资金（项目经理部收入）、资金使用（支出）、资金核算与分析等环节。资金管理应以保证收入、节约支出、防范风险为目的，重点是收入与支出问题，收支之差涉及核算、筹资、利息、利润、税收等问题。

第二节　建筑工程项目人力资源管理

一、人力资源计划

人力资源需求计划是为了实现项目目标而对所需人力资源进行预测，并为满足这些需要而预先进行系统安排的过程，应遵守有关法规，结合项目规模、建筑特点、人员素质与劳动效率要求、组织机构设置、生产管理制度等进行计划编制。

工程项目人力资源的确定包括项目管理人员、专业技术人员的确定和劳动需求计划的确定。

（1）项目管理人员、专业技术人员的确定。根据岗位编制计划，参考类似工程经验进行管理人员、技术人员需求预测。在人员需求方面，应明确需求的职务名称、人员需求数量、知识技能等方面的要求，招聘的途径，选择的方法和程序，希望到岗的时间等，最终形成一个有员工数量、招聘成本、技能要求、工作类别以及为满足管理需要的人员数量和层次的分列表。

管理人员需求计划编制一定要提前做好工作分析。工作分析是指通过观察和研究，对特定的工作职务做出明确的规定，并规定这一职务的人员应具备什么素质的过程，具体包括工作内容、责任者、工作岗位、工作时间、如何操作、为何要做。根据工作分析的结果，编制工作说明书，制定工作规范。

（2）劳动力需求计划的确定。劳动力需求计划是确定建设工程规模和组织劳动力进场的依据。编制时，根据工种工程量汇总表所列的各个建筑物不同专业工种的工程量，查劳动定额，便可得到各个建筑物不同工种的劳动量，再根据总进度计划中各单位工程或分部工程的专业工种工作持续时间，即可得到某单位工程在某时段里的平均劳动力数量。同样方法可计算出各主要工种在各个时期的平均工人数。最后，将总进度计划图表纵坐标方向上各单位工程同工种的人数叠加在一起并连成一条曲线，即为某工种的劳动力动态曲线。

二、劳动力的分配原则

（1）配置劳动力时，应让工人有超额完成的可能，以获得奖励，进而激发工人的劳动热情。

（2）尽量使劳动力和劳动组织保持稳定，防止频繁调动。劳动组织的形式有专业班组、混合班组、大包队。但当原劳动组织不适应工程项目任务要求时，项目经理部可根据工程需要，打乱原派遣到现场的作业人员建制，对有关工种工人重新进行优化组合。

（3）为保证作业需要，工种组合、技工与壮工比例必须适当、配套。

（4）尽量使劳动力配置均衡，使劳动资源消耗强度适当，以方便管理，达到节约的目的。

（5）每日劳动力需求量最好是在正常操作条件下所需各工种劳动力的近似估计，有些因素，如学习过程、天气条件、劳动力周转、旷工、病假和超工时工作制度，都会影响每日劳动力需求总和。虽然很难量化这些变量，但为编制计划，建议每类劳动力增加5%左右以适应上述变化可能导致劳动力不足的情况。如果可能的话，适当加班能降低每日劳动需求量，最多可达15%。

三、劳动力的动态管理

劳动力的动态管理是根据施工全过程中生产任务和施工条件的变化对劳动力进行跟踪平衡、协调，以解决劳务失衡、劳务与生产脱节的管理。目的是实现劳动力的优化组合。

（一）劳动管理部门对劳动力的动态管理起主导作用

由于企业对劳动力进行集中管理，所以劳动管理部门在动态管理中起主导作用。它的主要工作如下。

（1）根据项目经理部提出的劳动力需要量计划，签订劳务合同，并按合同派遣队伍。

（2）根据施工任务的需要和变化，从社会劳务市场中招募和遣返（辞退）民工。

（3）对劳动力进行企业范围内的调度、平衡和统一管理。当施工项目中的承包任务完成后收回作业人员，重新进行平衡、派遣。

（4）负责对企业劳务人员的工资进行管理，实行按劳分配，兑现合同中的经济利益条款，进行符合规章制度及合同约定的奖罚。

（二）项目经理部是项目施工范围内劳动力动态管理的直接责任者

劳动用工中，合同工和临时工比重大，人员素质较低，劳动熟练程度参差不齐，而且室外作业及高空作业较多，使劳动管理具有一定的复杂性。为了提高劳动生产率，充分有效地发挥和利用人力资源，项目经理部有责任做好如下工作。

（1）对进场劳务人员进行入场教育，讲解工程施工要求，进行技术交底，组织安全考试。

（2）在施工过程中，项目经理部的管理人员应加强对劳务发包队伍的管理，按照企业有关规定进行施工，严格执行合同条款，不符合质量标准、技术规范和操作要求的应及时纠正，对严重违约的按合同规定处理。

（3）按合同进行经济核算，支付劳动报酬。在签订劳务合同时，通常根据包工资、包管理费的原则，在承包造价的范围内，扣除项目经理部的现场管理工资额和应向企业上缴的管理费分摊额，对承包劳务费进行合同约定。项目经理部按核算制度，按月结算，向劳务部门支付。

（4）工程结束后，由项目经理部对分包劳务队进行评价，并将评价结果报企业有关管理部门。在施工过程中，项目经理部的管理人员应加强对劳务分包队伍的管理，重点考核是否按照组织有关规定进行施工，是否严格执行合同条款，是否符合质量标准和技术规范操作要求。

四、人力资源的开发和培训

（一）人力资源的开发

人力资源除了包括智力劳动能力和体力劳动能力外，同时也包含人的现实劳动能力和潜在劳动能力。人的现实劳动能力是指人能够直接、迅速投入劳动过程，并对社会经济的发展作出贡献的劳动能力。也有一部分人由于某些原因暂时不能直接参与特定的劳动，必须经过人力资源的开发等过程才能形成劳动能力，这就是潜在劳动能力。如对文化素质较低的人进行培训，使其具备现代生产技术所需要的劳动能力，从而能够上岗操作，这就属于人力资源的开发过程。

人力资源的开发需要组织通过学习、训导的手段，提高员工的技能和知识，增进员工工作能力和潜能的发挥，最大限度地使员工的个人素质与工作相匹配，进而促进员工现在和将来工作绩效的提高。严格地说，人力资源的开发是一个系统化的行为改变过程，工作行为的有效提高是人力资源开发的关键所在。

人力资源开发主要指通过传授知识、转变观念或提高技能来改善当前或未来管理工作绩效的活动。培训是人力资源开发的主要手段，培训是指对新雇员或现有雇员传授其完成本职工作所必需的基本技能的过程。

（二）人力资源的培训

1.管理人员的培训

（1）岗位培训。岗位培训是对一切从业人员根据岗位或者职务对其具备的全面素质的不同需要，按照不同的劳动规范，本着干什么学什么、缺什么补什么的原则进行的培训活动。岗位培训旨在提高职工的本职工作能力，使其成为合格的劳动者，并根据生产发展和技术进步的需要，不断提高其适应能力。如项目经理培训，基层管理人员和土建、装饰、水暖、电气工程的专业培训，以及其他岗位的业务、技术干部的培训。

（2）继续教育。继续教育包括建立以“三总师”（总工、总经、总会）为主的技术、业务人员继续教育体系，采取按系统、分层次、多形式的方法，对具有一定学历以上的处级以上职务的管理人员进行继续教育。还有各种执业资格人员（如结构师、建造师、监理师、造册师等）的业内教育。

（3）学历教育。培养企业高层次的专门管理和技术人才，并让其毕业后回本企业继续工作，可以选派部分人员到高等院校深造。

2.工人的培训

（1）班组长的培训。按照国家建设行政主管部门制定的班组长岗位规范，应对班组长进行培训，通过培训最终达到班组长100%持证上岗。

（2）技术工人等级培训。应开展中高级工人的考评和工人技师的评聘。

（3）特殊工种作业人员的培训。根据国家有关特种作业人员必须单独培训、持证上岗的规定，应对从事登高、焊接、塔式起重机驾驶、爆破等工种作业人员进行培训，保证100%持证上岗。

（4）对外埠施工队伍的培训。按照各省、区、市有关外地务工人员必须进行岗位培训的规定，应对所使用的外地务工人员进行培训，颁发省、区、市统一制发的外地务工经商人员就业专业训练证书。

五、人力资源的激励

（一）人员激励的作用

激励意为激发、鼓励，调动人的热情和积极性。从心理来看，激励是人的动机系统被激发起来，处于一种激活状态，对行为有着强大的推动力量。从心理和行为的过程来看，激励是由一定的刺激激发人的动机，使人产生一种内驱力，并向所期望的目标前进的心理和行为过程。

激励的核心作用是调动员工工作的积极性。只有充分调动了员工的工作积极性，才能取得理想的工作绩效，保证组织目标的实现。总的来说，激励的作用有以下3点。

（1）激励有助于组织形成凝聚力。组织是一个工作团队，工作的展开、团队的成长与发展壮大，依赖于组织成员的凝聚力。激励是形成凝聚力的一种基本方式。通过恰当的激励，可以使人们理解和接受组织目标并认同它，使组织目标成为组织成员的信念，进而转化为组织成员的动机，推动人们为实现组织目标而努力。

（2）激励有助于提高员工工作的自觉性、主动性和创造性。通过恰当的激励，可以使组织的员工认识到实现组织最大利益的同时也能为自己带来利益，使员工的个人目标和组织目标紧密地联系起来。员工的工作自觉性愈强，其工作的主动性和创造性愈能得到发挥。

（3）激励有助于员工保持良好的业绩。通过恰当的激励，可以使员工充分发挥潜力，利用各种机会提高自己的工作能力，并激发员工的工作热情。

（二）人员激励实践

项目管理组织的有效运作需要每一个组织成员都能够有效地发挥出作用。而让各位员工能够积极努力地工作，除了严格的工作规章和工作纪律外，还必须通过对人员的激励，来调动人员的主观能动性，加强自律性。

激励的过程很复杂，表现为多种激励模式。人的需要在外界的刺激下形成动机，动机进一步引发人的行为。动机是激励人去行动的主观原因，经常以愿望、兴趣、理想等形式表现出来，它是个人发动和维持其行为，使其导向某一目标的一种心理状态。为了有效地将人的动机和项目提供的工作机会、工作条件和工作报酬等紧密地结合起来，管理者在实施激励手段的过程中必须首先了解目标的设置是否能够满足员工的需要，只有这样才能有效地激发员工的目标导向行为。由于员工的需要存在个体差异性和动态性，而且只有在满足其最迫切的需要时，激励的强度才最大，因此，管理者只有在掌握所有能够满足这些需要的前提下，有针对性地采取激励措施，才能收到实效。组织内的管理人员应该注意研究和掌握员工的需要结构，把握其个性和共性，了解员工和员工之间需要的差异。在此基础上，根据掌握的资源进行有的放矢的激励。对于收入水平较高的人群，特别是知识分子和管理干部，则晋升其职务，授予其职称或荣誉，提供相宜的教育条件，以及尊重其人格，鼓励其创新，放手让其工作以收到更好的激励效果；对于低工资人群，奖金、友情的作用就十分重要；对于从事笨重、危险、环境恶劣的体力劳动的员工，搞好劳动保护，改善其劳动条件，增加岗位津贴，重视、关心等都是有效的激励手段。组织管理人员如何看待其员工，决定着他们所采用的管理方式。

因此，管理者对人的本性的假设指导和控制着他们对员工的激励行为，决定着组织所采用的激励方法。组织中需要的激励方法有三类，即物质激励、精神激励和生涯发展激励。物质激励的手段有薪金、奖励、红利、股权、奖品等，这是一种正面激励的手段，目的是肯定员工的某些行为以调动员工的积极性。精神激励也是一种正面的诱导和鼓励，与物质激励不同的是，精神激励是从创造良好的工作氛围和人际环境，从提高员工觉悟的角度去激发员工的动机，正确引导其行为。而生涯发展激励就是通过帮助员工规划个人的职业生涯计划，并为其提供成才的机会，以此提高员工的忠诚度、工作的积极性和创造性。

利益与责任应该是统一的，建筑业企业在与项目经理签订“项目管理目标责任书”时，一定要明确项目层的利益。当工程项目完成并交给用户后，企业的项目考核评价委员会需要对项目的管理行为、项目管理效果以及项目管理目标实现程度进行检验和评定，使项目经理和项目经理部的经营效果和经营责任制得到公平、公正的评判和总结。企业一定要根据评价来兑现“项目管理目标责任书”的奖惩承诺，使人员激励落到实处。

第三节　建筑工程项目材料管理

一、工程项目材料管理的概念及内容

工程项目材料管理就是对工程建设所需的各种材料、构件、半成品，在一定品种、规格、数量和质量的约束条件下，实现特定目标的计划、组织、协调和控制的管理。其内容如下：

（1）计划：对实现工程项目所需材料的预测，使这一约束条件技术上可行、经济上合理，在工程项目的整个施工过程中，力争需求、供给和消耗始终保持平衡、协调和有序，确保目标实现。

（2）组织：根据确定的约束条件，如材料的品种、数量等，组织需求与供给的衔接、材料与工艺的衔接，并根据工程项目的进度情况，建立高效的管理体系，明确各自的责任，实现既定目标。

（3）协调：工程项目施工过程中，各子过程（如支模、架钢筋、浇筑混凝土等）之间的衔接，产生了众多的结合部。为避免结合部出现管理的真空，以及可能的种种矛盾，必须加强沟通，协调好各方面的工作和利益、统一步调，使项目施工过程均衡、有序地进行。

（4）控制：针对工程项目材料的流转过程，运用行政、经济和技术手段，通过制定程序、规程、方法和标准，规范行为、预防偏差，使该过程处于受控状态下；通过监督、检查，发现、纠正偏差，保证项目目标的实现。

项目材料管理主要包括材料计划管理、材料采购管理、使用环节管理、材料储存与保管、材料节约与控制等内容。

二、材料管理计划

（一）材料需用计划

项目经理部应及时向企业物资部门提供主要材料、大宗材料需用计划，由企业负责采购。工程材料需用计划一般包括整个项目（或单位工程）和各计划期（年、季、月）的需用计划。准确确定材料需要数量是编制材料计划的关键。

（1）整个项目（或单位工程）材料需用量计划。根据施工组织设计和施工图预算，整个项目材料需用量计划应于开工前提出，作为备料依据，它反映单位工程及分部、分项工程材料的需要量。材料需用量计划编制方法是将施工进度计划表中各施工过程的工程量按材料名称、规格、数量及使用时间汇总而得。

（2）计划期材料需用量计划。根据施工预算、生产进度及现场条件，按工期计划期提出材料需用量计划作为备料依据。计划需用量是指一定生产期（年、季、月）的材料需要量，主要用于组织材料采购、订货和供应，编制的主要依据是单位工程（或整个项目）的材料计划、计划期的施工进度计划及有关材料消耗定额。因为施工的露天作业、消耗的不均匀性，必须考虑材料的储备问题，合理确定材料期末储备量。

根据不同的情况，可分别采用直接计算法或间接计算法确定材料需用量。

（1）直接计算法。在工程任务明确、施工图纸齐全的情况下，可直接按施工图纸计算出分部、分项工程实物工程量，套用相应的材料消耗定额，逐条逐项计算各种材料的需用量，然后汇总编制材料需用计划，最后按施工进度计划分期编制各期材料需用计划。

（2）间接计算法。对于工程任务已经落实但设计尚未完成、技术资料不全、不具备直接计算需用量条件的情况，为了事前做好备料工作，可采用间接计算法。当设计图纸等技术资料具备后，再按直接计算法进行计算调整。

间接计算法有概算指标法、比例计算法、类比计算法、经验估算法。

（二）材料总需求计划的编制

1.编制依据

编制材料总需求计划时，其主要依据是项目设计文件、项目投标书中的《材料汇总表》、项目施工组织计划、当期物资市场采购价格及有关材料消耗定额等。

2.编制步骤

（1）计划编制人员与投标部门进行联系，了解工程投标书中该项目的《材料汇总表》。

（2）计划编制人员查看经主管领导审批的项目施工组织设计，了解工程工期安排和机械使用计划。

（3）根据企业资源和库存情况，对工程所需物资的供应进行策划，确定采购或租赁的范围；根据企业和地方主管部门的有关规定确定供应方式（招标或非招标，采购或租赁）；了解当期市场价格情况。

（4）进行具体编制。

（三）材料计划期（季、月）需求计划的编制

1.编制依据

计划期材料计划主要用来组织本计划期（季、月）内材料的采购、订货和供应等，其编制依据主要是施工项目的材料计划、企业年度方针目标、项目施工组织设计和年度施工计划、企业现行材料消耗定额、计划期内的施工进度计划等。

2.确定计划期材料需用量

确定计划期（季、月）内材料的需用量常用以下两种方法。

（1）定额计算法。根据施工进度计划中各分部、分项工程量获取相应的材料消耗定额，求得各分部、分项的材料需用量，然后汇总求得计划期各种材料的总需用量。

（2）卡段法。根据计划期施工进度的形象部位，从施工项目材料计划中选出与施工进度相应部分的材料需用量，然后汇总求得计划期各种材料的总需用量。

3.编制步骤

季度计划是年度计划的滚动计划和分解计划，因此，欲了解季度计划，必须先了解年度计划。年度计划是物资部门根据企业年初制订的方针目标和项目年度施工计划，通过套用现行的消耗定额编制的年度物资供应计划，是企业控制成本、编制资金计划和考核物资部门全年工作的主要依据。

月度需求计划也称备料计划，是由项目技术部门依据施工方案和项目月度计划编制的下月备料计划，也可以说是年、季度计划的滚动计划，多由项目技术部

门编制，经项目总工审核后报项目物资管理部门。

其编制步骤大致如下：

第一步，了解企业年度方针目标和本项目全年计划目标。

第二步，了解工程年度的施工计划。

第三步，根据市场行情，套用企业现行定额，编制年度计划。

第四步，编制材料备料计划。

三、材料供应计划

（一）材料供应量计算

材料供应计划是在确定计划期需用量的基础上，预计各种材料的期初储存量、期末储备量，经过综合平衡后，计算出材料的供应量，然后再进行编制。

材料供应量＝材料需用量＋（期末储备量—期初库存量）　（8–1）

式中，期末储备量主要是由供应方式和现场条件决定的。一般情况下，也可按下式（8–2）计算。

某项材料储备量＝某项材料的日需用量×（该项材料的供应间隔天数＋运输天数＋入库检验天数＋生产前准备天数）　（8–2）

（1）材料供应计划的编制只是计划工作的开始，更重要的是组织计划的实施。而实施的关键问题是实行配套供应，即对各分部、分项工程所需的材料品种、数量、规格、时间及地点组织配套供应，不能缺项，也不能颠倒。

（2）要实行承包责任制，明确供求双方的责任与义务以及奖惩规定，签订供应合同，以确保施工项目顺利进行。

（3）材料供应计划在执行过程中，如遇到设计修改、生产或施工工艺变更时，应做相应的调整和修订，但必须有书面依据，制定相应的措施，并及时通告有关部门，要妥善处理并积极解决材料的余缺，以避免和减少损失。

（二）材料供应计划的编制内容

（1）材料供应计划的编制，要注意从数量、品种、时间等方面进行平衡，以达到配套供应、均衡施工。计划中要明确物资的类别、名称、品种（型号）、规格、数量、进场时间、交货地点、验收人和编制日期、编制依据、送达日期、编制人、审核人、审批人。

（2）在材料供应计划执行过程中，应定期或不定期地进行检查，以便及时发现问题，及时处理解决。主要检查内容包括供应计划落实的情况、材料采购情况、订货合同执行情况、主要材料的消耗情况、主要材料的储备及周转情况等。

四、材料控制

材料控制包括材料供应单位的选择及采购供应合同的订立、出厂或进场验收、储存管理、使用管理及不合格品处置等。施工过程是劳动对象“加工”“改造”的过程，是材料使用和消耗的过程。在此过程中，材料管理的中心任务就是检查、保证进场施工材料的质量，妥善保管进场的物资，严格、合理地使用各种材料，降低消耗；保证实现管理目标。

（一）材料供应

为保证供应材料的合格性，确保工程质量，则要对生产厂家及供货单位进行资格审查。审查内容有生产许可证、产品鉴定证书、材质合格证明、生产历史、经济实力等。采购合同内容除双方的责、权、利外，还应包括采购对象的规格、性能指标、数量、价格、附件条件和必要的说明。

（二）材料进场验收

材料进场验收的目的是划清企业内部和外部经济责任，防止进料中的差错事故和因供货单位、运输单位的责任事故造成企业不应有的损失。

1.材料进场验收的要求

材料进场验收的要求主要有：

（1）材料验收必须做到认真、及时、准确、公正、合理。

（2）严格检查进场材料的有害物质含量检测报告，按规范应复验的必须复验，无检测报告或复验不合格的应予退货。

2.材料验收准备

材料进场前，应根据平面布置图进行存料场地及设施的准备。在材料进场时，必须根据进料计划、送料凭证、质量保证书或产品合格证进行质量和数量验收。

3.材料验收的方法

（1）双控把关。为了确保进场材料合格，对预制构件、钢木门窗、各种制品及机电设备等大型产品在组织送料前由两级材料管理部门业务人员会同技术质量人员先行看货验收；进库时，由保管员和材料业务人员再一起进行组织验收方可入库。对于水泥、钢材、防水材料、各类外加剂实行检验双控，既要有出厂合格证，还要有试验室的合格试验单，方可接收入库以备使用。

（2）联合验收把关。对直接送到现场的材料及构配件，收料人员可会同现场的技术质量人员联合验收；进库物资由保管员和材料业务人员一起组织验收。

（3）收料员验收把关。收料员对有包装的材料及产品应认真进行外观检验，查看规格、品种、型号是否与来料相符，宏观质量是否符合标准，包装、商标是否齐全完好。

（4）提料验收把关。总公司、分公司两级材料管理的业务人员到外单位及材料公司各仓库提送料，要认真检查验收所提料的质量，索取产品合格证和材质证明书。送到现场（或仓库）后，应与现场（仓库）的收料员（保管员）进行交接验收。

4.材料进场质量验收

材料进场质量验收工作按质量验收规范和计量检测规定进行，并做好记录和标志，办理验收手续。施工单位对进场的工程材料进行自检合格后，还应填写《工程材料/构配件/设备报审表》，报请监理工程师进行验收。对不合格的材料应更换、退货或让步接收（降低使用），严禁使用不合格材料。

（1）一般材料的外观检验，主要检验规格、型号、尺寸、色彩、方正、完整性及有无开裂。

（2）专用、特殊加工制品的外观检验，应根据加工合同、图纸及资料进行质量验收。

（3）内在质量验收，由专业技术员负责，按规定比例抽样后，送专业检验部门检验力学性能、化学成分、工艺参数等技术指标。

5.材料进场数量验收

数量验收主要是核对进场材料的数量与单据量是否一致。材料的种类不同，点数或量方的方法也不相同。

（1）对计重材料的数量验证，原则上以进货方式进行验收。

（2）以磅单验收的材料应进行复磅或监磅，磅差范围不得超过国家规范，超过规范的应按实际复磅重量验收。

（3）对于以理论重量换算交货的材料，应按照国家验收标准规范做检尺计量换算验收，理论数量与实际数量的差超过国家标准规范的，应作为不合格材料处理。

（4）不能换算或抽查的材料一律过磅计重。

（5）计件材料的数量验收应全部清点件数。

6.材料进场抽查检验

（1）应配备必要的计量器具，对进场、入库、出库材料严格计量把关，并做好相应的验收记录和发放记录。

（2）对有包装的材料，除按包件数实行全数验收外，属于重要的、专用的易燃易爆、有毒物品应逐项逐件点数、验尺和过磅。属于一般通用的，可进行抽查，抽查率不得低于10%。

（3）砂石等大堆材料按计量换算验收，抽查率不得低于10%。

（4）水泥等袋装的材料按袋点数，袋重抽查率不得低于10%。散装的除采取措施卸净外，还应按磅单抽查。

（5）构配件实行点件、点根、点数和验尺的验收方法。

（三）材料保管

1.材料发放及领用

材料发放及领用是现场材料管理的中心环节，标志着料具从生产储备转向生产消耗，必须严格执行领发手续，明确领发责任，采取不同的领发形式。凡有定额的工程用料，都应实行限额领料。

2.现场材料保管

（1）材料保管、保养过程中，应定期对材料数量、质量、有效期限进行盘查核对。对盘查中出现的问题，应有原因分析、处理意见及处理结果反馈。

（2）施工现场中的易燃易爆、有毒有害物品和建筑垃圾必须符合环保要求。

（3）对于怕日晒雨淋、对温度及湿度要求高的材料必须入库存放。

（4）对于可以露天保存的材料，应按其材料性能上铺下垫，做好围挡。建筑物内一般不存放材料，确需存放时，必须经消防部门批准，并设置防护措施后方可存放，并标志清楚。

3.材料使用监督

材料管理人员应该对材料的使用进行分工监督，检查是否认真执行领发手续，是否合理堆放材料，是否严格按设计参数用料，是否严格执行配合比，是否合理用料，是否做到工完料净、工完退料、场退地清、谁用谁清，是否按规定进行用料交底和工序交接，是否按要求保管材料等。检查是监督的手段，检查要做到情况有记录、问题有（原因）分析、责任定明确、处理有结果。

4.材料回收

班组余料应回收，并及时办理退料手续，处理好经济关系。设施用料、包装物及容器在使用周期结束后应组织回收，并建立回收台账。

（四）周转性材料管理

1.管理范围

（1）模板：大模板、滑模、组合钢模、异型模、木胶合板、竹模板等。

（2）脚手架：钢管、钢架管、碗扣、钢支柱、吊篮、竹塑板等。

（3）其他周转性材料：卡具、附件等。

2.堆放

（1）大模板应集中码放，采取防倾斜等安全措施，设置区域围护并标志。

（2）组合钢模板、竹木模板应分规格码放，便于清点和发放，一般码十字交叉垛，高度应控制在180cm以下，并标志。

（3）钢脚手架管、钢支柱等应分规格顺向码放，周围用围栏固定，减少滚动，便于管理，并标志。

（4）周转性材料零配件应集中存放，装箱、装袋，做好防护，减少散失并标志。

3.使用

周转性材料如连续使用，每次使用完都应及时清理、除污，涂刷保护剂，分类码放，以备再用。如不再使用，应及时回收、整理和退场，并办理退租手续。

第四节　建筑工程项目机械设备管理

一、项目机械设备管理的特点

随着建筑施工机械化水平的不断提高，工程项目施工对机械设备的依赖程度越来越高，机械设备业已成为影响工程进度、质量和成本的关键因素之一。

机械设备是工程项目的主要项目资源，与工程项目的进度、质量、成本费用有着密切的关系。建筑工程项目机械管理就是按优化原则对机械设备进行选择，合理使用与适时更新，因此建筑工程项目机械设备管理的任务是正确选择机械，保证其在使用过程中处于良好的状态，减少闲置、损坏，提高使用率及产出水平。

作为工程项目的机械设备管理，应根据工程项目管理的特点来进行。由于项目经理部不是企业的一个固定的管理层次，没有固定的机械设备，故工程项目机械设备管理应遵循企业机械设备管理规定来进行。对由分包方进场时自带设备及企业内外租用的设备进行统一的管理，同时必须围绕工程项目管理的目标，使机械设备管理与工程项目的进度管理、质量管理、成本管理和安全管理紧密结合。

二、施工机械设备的获取

施工机械设备的获取方式有以下几种。

（1）从本企业专业机械租赁公司租用已有的施工机械设备。

（2）从社会上的建筑机械设备租赁市场租用设备。

（3）进入施工现场的分包工程施工队伍自带施工机械设备。

（4）企业为本工程新购买施工机械设备。

三、施工机械设备的选择

施工机械设备选择的总原则是切合需要、经济合理。

（1）对施工设备的技术经济进行分析，选择满足生产、技术先进且经济合理的施工设备。结合施工项目管理规划，分析购买和租赁的分界点，进行合理配备。如果设备数量多，但相互之间使用不配套，不仅机械性能不能充分发挥，而且会造成浪费。

（2）现场施工设备的配套必须考虑主导机械和辅助机械的配套关系，综合机械化组列中前后工序施工设备之间的配套关系，大、中、小型工程机械及劳动工具的多层次结构的合理比例关系。

（3）如果多种施工机械的技术性能可以满足施工工艺要求，还应对各种机械的下列特性进行综合考虑：工作效率、工作质量、施工费和维修费、能耗、操作人员及其辅助工作人员、安全性、稳定性、运输、安装、拆卸及操作的难易程度、灵活性、机械的完好性、维修难易程度、对气候条件的适应性、对环境保护的影响程度等。

四、项目机械设备的优化配置

设备优化配置，就是合理选择设备，并适时、适量地投入设备，以满足施工需要。设备在运行中应搭配适当，协调地发挥作用，形成较高的生产率。

（一）选择原则

施工项目设备选择的原则是切合需要、实际可能、经济合理。设备选择的方法有很多，但必须以施工组织为依据，并根据进度要求进行调整。不同类型的施工方案要计算出不同类设备完成单位实物工作量成本费，以其最小者为最佳经济效益。

（二）合理匹配

选择设备时，先根据某一项目特点选择核心设备，再根据充分发挥核心设备效率的原则配以其他设备，组成优化的机械化施工机群。在这里，一是要求核心设备与其他设备的工作能力应匹配合理。二是按照排队理论合理配备其他设备及相应数量，以充分发挥核心设备的能力。

五、项目机械设备的动态管理

实行设备动态管理，确保设备流动高效、有序、动而不乱，应做到以下几点。

（一）坚持定机、定人、人随机走的原则，坚持操作证制度

项目与机械操作手签订设备定机、定人责任书，明确双方的责任与义务，并将设备的效益与操作手的经济利益联系起来，对重点设备和多班作业的设备实行机长制和严格的交接班制度，在设备动态管理中求得机械操作手和作业队伍的相对稳定。

（二）加强设备的计划管理

（1）由项目经理部会同设备调控中心编制施工项目机械施工计划，内容包括由机械完成的项目工程量、机械调配计划等。

（2）依据机械调配计划制订施工项目机械年度使用计划，由设备调控中心下达给设备租赁站，作为与该项目经理部签订设备租赁合同的依据。

（3）机械作业计划由项目经理部编制、执行，起到具体指导施工和检查、督促施工任务完成的作用，设备租赁站亦根据此计划制订设备维修、保养计划。

（三）加强设备动态管理的调控和保障能力

项目应配备先进的通信和交通工具，具有一定的检测手段，集中一批有较高业务素质的管理人员和维修人员，以便及时了解设备使用情况，迅速处理、排除故障，保证设备正常运行。

（四）坚持零件统一采购制度

选择有一定经验、思想文化素质较高的配件采购人员，选择信誉好、实力强的专业配件供应商，或按计划从原生产厂批量进货，从而保证配件的质量，取得价格上的优惠。

（五）加强设备管理的基础工作

建立设备档案制度，在设备动态管理的条件下，尤其应加强设备动态记录、运转记录、修理记录，并加以分析整理，以便准确地掌握设备状态，制订修理、保养计划。

（六）加强统一核算工作

实行单机核算，并将考核成绩与操作手、维修人员的经济利益挂钩。

六、项目机械设备的使用与维修

（一）使用前的验收

对进场设备进行验收时，应按机械设备的技术规范和产品特点进行，而且还应检查外观质量、部件结构和设备行驶情况、易损件（特别是四轮一带）的磨损情况，发现问题及时解决，并做好详细的验收记录和必要的设备移交手续。

（二）项目机械设备使用的注意事项

（1）必须设专（兼）职机械管理员，负责租赁工程机械的管理工作。

（2）建立项目组机械员岗位责任制，明确职责范围。

（3）坚持“三定”制度，发现违章现象必须坚决纠正。

（4）按设备租赁合同对进出场设备进行验收交接。

（5）设备进场后，要按施工平面布置图规定的位置停放和安装，并建立台账。

（6）机械设备安装场地应平整、清洁、无障碍物，排水良好，操作棚及临时用电架设应符合要求，实现现场文明施工。

（7）检查督促操作人员严格遵守操作规程，做好机械日常保养工作，保证机械设备良好、正常运转，不得失保、失修、带病作业。

（三）机械设备的磨损

机械设备的磨损可分为三个阶段。

第一阶段：磨合磨损。包括制造或大修理中的磨合磨损和使用初期的走合磨损，这段时间较短。此时，只要执行适当的磨合期使用规定就可降低初期磨损，延长机械使用寿命。

第二阶段：正常工作磨损。这一阶段，零件经过走合磨损，表现为粗糙度提高，磨损较少，在较长时间内基本处于稳定的均匀磨损状态；这个阶段后期，条件逐渐变坏，磨损也逐渐加快，进入第三阶段。

第三阶段：事故性磨损。此时，由于零件配合的间隙扩展而负荷加大，磨损激增，可能很快磨损。如果磨损程度超过了极限而未能及时修理，就会引起事故性损坏，造成修理困难和经济损失。

（四）机械设备的日常保养

保养工作主要是定期对机械设备有计划地进行清洁、润滑、调整、紧固、排除故障、更换磨损失效的零件，使机械设备保持良好的状态。

在设备的使用过程中，有计划地进行设备的维护保养是非常关键的工作。由于设备某些零件润滑不良、调整不当或存在个别损坏等原因，往往会缩短设备部件的使用时间，进而影响到设备的使用寿命。

例行保养属于正常使用管理工作，它不占用机械设备的运转时间，由操作人员在机械运转间隙进行；而强制保养是隔一定周期，需要占用机械设备运转时间而停工进行的保养。

（五）机械设备的修理

机械设备的修理，是指对机械设备的自然损耗进行修复，排除机械运行的故障，对零部件进行更换、修复。机械设备的修理可分为大修、中修和零星小修。

大修是对机械设备进行全面的解体检查修理，保证各零部件质量和配合要求，维持良好的技术状态，恢复可靠性和精度等工作性能，以延长机械的使用寿命。

零星小修一般是临时安排的修理，其目的是消除操作人员无力排除的突然故障、个别零件损坏或一般事故性损坏等问题，一般都是和保养相结合，不列入修理计划之中。

第五节　建筑工程项目技术管理

一、项目技术管理的概念

运用系统的观点、理论与方法对项目的技术要素与技术活动过程进行的计划、组织、监督、控制、协调等全工程、全方位的管理称为项目技术管理。

二、项目技术管理的内容

建筑工程施工是一种复杂的多工种操作的综合过程，其技术管理所包含的内容也较多，主要分为施工准备阶段、工程施工阶段、竣工验收阶段。各阶段的主要内容及工作重点如下。

（一）施工准备阶段

本阶段主要是为工程开工做准备，及时搞清工程程序、要求，主要做好以下工作。

（1）确定技术工作目标。根据招标书的要求、投标书的承诺、合同条款以及国家有关标准和规范，拟定相应技术工作目标。

（2）图纸会审。工程图纸中经常出现相互矛盾之处或施工图无法满足施工需要，所以图纸会审工作往往贯穿于整个施工过程。准备阶段主要是所需的图纸要齐全，主要项目及线路走向、标高、相互关系要搞清，设计意图明确，以确保需开工项目具备正确、齐全的图纸。

（3）编制施工组织设计，积极准备，及早确定施工方案，确定关键工程施工方法，下发制度并培训相关知识，明确相关要求，使施工人员均有一个清晰的概念，知道自己该如何做，同时申请开工。

（4）复核工程定位测量。应做好控制桩复测、加桩、地表、地形复测，测设线路主要桩点，确保线路方向明确、主要结构物位置清楚。该项工作人员应投入足够的时间和精力，确保工作及时。尤其对于地表、地形复测影响较大的情况，应加以重视。

在施工准备阶段进行上述工作的同时，还要做好合同管理工作。招标投标时，清单工程量计算一般较为粗略，项目也有遗漏，所以本阶段的合同管理工作应着重统计工程量，并应与设计、清单对比，计算出指标性资料，以便于领导做决策。尤为重要的是，应认真研究合同条款，清楚计量程序，制定出发生干扰、延期、停工等索赔时的工作程序及应具备的记录材料。

（二）工程施工阶段

（1）审图、交底与复核工作。该工作必须要细致，应讲清易忽视的环节。对于结构物，尤其是小结构物，应注意与地形复核。

（2）隐蔽工程的检查与验收。

（3）试验工作。应及早建立试验室，及早到当地技术监督部门认证标定，同时及早确定原材料并做好各种试验，以满足施工的需要。

（4）编制施工进度计划，并注意调整工作重点、工作方法，落实各种制度，以确保工作体系运行正常。

（5）遇到设计变更或特殊情况，及时作出反应。特殊情况下，注意认真记录好有关资料，如明暗塘、清淤泥、拆除既有结构、停工、耽误、地方干扰等变化情况，应有书面资料及时上报，同时应及时取得现场监理的签认。

（6）计量工作。计量工作包括计量技术和计量管理，具体内容包括计量人员职责范围，仪器仪表使用、运输、保管，制定计量工作管理制度，为施工现场正确配置计量器具，合理使用、保管并定期进行检测和及时修理或更换计量器具，确保所有仪表与器具精度、检测周期和使用状态符合要求。

（7）资料收集整理归档。这项工作目前越来越重要，应做到资料与工程施工同步进行，力求做到工程完工，资料整理也签认完毕。不但便于计量，也使工程项目有可追溯性。建立详细的资料档案台账，确保归档资料正确、工整、齐全，为竣工验收做准备。

（三）竣工验收阶段

（1）工程质量评定、验交和报优工作。如果有条件，可请业主、设计人员等依据平时收集的资料申报优质工程。

（2）工程清算工作。依据竣工资料、联系单等进行末次清算。

（3）资料收集、整理。对于工程日志，工程大事记录，质检、评定资料，工程照片，监理及业主来文、报告、设计变更、联系单、交底单等，应收集齐全，整理整齐。

三、项目技术管理制度

（一）图纸审查制度

1.审查内容

图纸审查主要是为了学习和熟悉工程技术系统，并检查图纸中出现的问题。图纸包括设计单位提交的图纸以及根据合同要求由承包人自行承担设计和深化的图纸。图纸审查的步骤包括学习、初审、会审三个阶段。

2.问题处理

对于图纸审查中提出的问题，应详细记录整理，以便与设计单位协商处理。在施工过程中，应严格按照合同要求执行技术核定和设计变更签证制度，所有设计变更资料都应纳入工程技术档案。

（二）技术交底制度

技术交底是在前期技术准备工作的基础上，在开工前以及分部、分项工程及重要环节正式开始前，对参与施工的管理人员、技术人员和现场操作工人进行的一次性交底，其目的是使参与施工的人员对施工对象从设计情况、建筑施工特点、技术要求、操作注意事项等方面有一个详细的了解。

（三）技术复核制度

凡是涉及定位轴线、标高、尺寸、配合比、皮数杆、预留洞口、预埋件的材质、型号、规格，预制构件吊装强度等技术数据，都必须根据设计文件和技术标准的规定进行复核检查，并做好记录和标志，以避免因技术工作疏忽、差错而造成工程质量不达标或安全事故。

（四）施工项目管理规划审批制度

施工项目管理实施规划必须经企业主管部门审批，才能作为建立项目组织机构、施工部署、落实施工项目资源和指导现场施工的依据。当实施过程中主、客观条件发生变化，需要对施工项目管理实施规划进行修改、变更时，应报请原审批人同意后方可实施。

（五）工程洽商、设计变更管理制度

施工项目经理部应明确责任人，做到使设计变更所涉及的内容和变更项所在图纸编号节点编号清楚，内容详尽，图文结合，明确变更尺寸、单位、技术要求。工程洽商、设计变更涉及技术、经济、工期诸多方面，施工企业和项目部应实行分级管理，明确各项技术洽商分别由哪一级、谁负责签证。

（六）施工日记制度

施工日记既可用于了解、检查和分析施工的进展变化、存在的问题与解决问题的结果，又可用于辅助证实施工索赔、施工质量检验评定以及质量保证等原始资料形成过程的客观真实性。

四、施工项目技术管理的工作内容

（一）施工技术标准和规范的执行

（1）在施工技术方面，已颁发的一整套国家或行业技术标准和技术规范是建立和维护正常的生产和工作程序应遵守的准则，具有强制性，对工程实施具有重要的指导作用。

（2）企业应自行制定反映企业自身技术能力和要求的企业标准，企业标准应高于国家或行业的技术标准。

（3）为了保证技术规范的落实，企业应组织各级技术管理人员学习和理解技术规范，并在实践中进行总结，对技术难题进行技术攻关，使企业的施工技术不断提高。

（二）技术原始记录

技术原始记录包括建筑材料、构配件、工程用品及施工质量检验、试验、测量记录，图纸会审和设计交底、设计变更、技术核定记录，工程质量与安全事故分析与处理记录，施工日记等。

（三）技术档案与科技情报

1.技术档案

技术档案包括设计文件（施工图）、施工项目管理规划、施工图放样、技术措施以及施工现场其他实际运作形成的各类技术资料。

2.科技情报

科技情报的工作任务是及时收集与施工项目有关的国内外科技动态和信息，正确、迅速地报道科技成果，交流实践经验，为实现改革和推广新技术提供必要的技术资料，主要包括以下内容。

（1）建立信息机构，将情报工作制度化、经常化。

（2）积极开展信息网络活动，大力搜集国内外同行业的科技资料，尤其是先进的科技资料和信息，并及时提供给生产部门。

（3）组织科技资料与信息的交流，介绍有关科技成果和新技术，组织研讨会，研究推广应用项目及确定攻关难题。

（四）计量工作

计量工作包括计量技术和计量管理，具体内容有计量人员职责范围，仪表与器具使用、运输、保管，制定计量工作管理制度，为施工现场正确配置计量器具，合理使用、保管并定期进行检测和及时修理或更换计量器具，确保所有仪表与器具精度、检测周期和使用状态符合要求。

第六节 建筑工程项目资金管理

项目资金管理是指对项目建设资金的预测、筹集、支出、调配等活动进行的管理。资金管理是整个基本建设项目管理的核心。如果资金管理得当，则会有效地保障资金供给，保证基本建设项目建设的顺利进行，取得预期或高于预期的成效；反之，若资金管理不善，则会影响基本建设项目的进展，造成浪费和损失，影响基本建设项目目标的实现，甚至会造成整个基本建设项目的失败。

项目资金管理的主要环节有资金收入预测、资金支出预测、资金收支对比、资金筹措、资金使用管理。

一、项目资金管理的原则

（一）计划管理原则

资金管理必须实行计划管理，根据预定的计划，以项目建设为中心，以提高资金效益为出发点，通过编制来源计划、使用计划，保证资金供给，控制资金的管理与使用，保证实现预定的项目效益目标。

（1）在资金的供应上要科学、合理，既能保证项目建设的需要，又能维持资金的正常周转，提高资金的使用效率。

（2）在资金的占用比例上要相互协调，防止一种资金占用过多而造成闲置，另一种资金数量过少而影响项目进度。

（3）在资金供应时间上要与项目建设的需要相互衔接，保持收支平衡。

（二）依法管理原则

资金管理必须遵守国家有关财经方面的法律、法规，严守财经纪律。必须按照专项资金管理的规定，坚持专款专用，严禁挪用，杜绝贪污、浪费现象的发生。

（三）封闭管理原则

投入基本建设项目的资金都属于指定了专项用途的专项资金，在管理使用上必须按指定的用途实行封闭管理。具体包括如下几项。

（1）专款专用：不能以任何理由挪作他用。

（2）按实列报：项目竣工后，应严格进行决算审计，以经过审计后的支出数作为实际支出数列报。

（3）单独核算：必须按项目分别核算，严格划清资金使用界限，各类专款也不得混淆挪用。

（4）及时报账：每年度结束时，要及时报送项目本年度资金使用情况和项目进度等；项目建成后，要及时办理项目决算审计及完工结账手续。

二、项目资金的使用管理

工程项目资金应以保证收入、节约支出、降低风险和提高经济效益为目的。承包人应在财务部门设立项目专用账号进行项目资金收支预测，统一对外收支与结算。项目经理部负责项目资金的使用管理。项目经理部应编制年、季、月资金收支计划，上报企业主管部门审批实施。项目经理部应根据企业授权，配合企业财务部门及时进行计收，主要进行如下工作。

（1）新开工项目按工程施工合同收取预付款或开办费。

（2）根据月度统计报表编制“工程进度款结算单”，于规定日期报送监理工程师审批结算，如甲方不能按期支付工程进度款且超过合同支付的最后期限，项目经理部应向甲方出具付款违约通知书，并按银行的同期贷款利率计算利息。

（3）根据工程变更记录和证明甲方违约的材料，及时计算索赔金额，列入工程进度款结算单。

（4）对于甲方委托代购的工程设备或材料，必须签订代购合同，收取设备订货预付款或代购款。

（5）工程材料价差应按规定计算，及时请甲方确认，与进度款一起收取。

（6）工期奖、质量奖、措施奖、不可预见费及索赔款，应根据施工合同规定，与工程进度款同时收取。

（7）工程进度款应根据监理工程师认可的工程结算金额及时回收。

项目经理部按公司下达的用款计划控制资金使用，以收定支，节约开支。应按会计制度规定设立财务台账记录资金收支情况，加强财务核算，及时盘点盈亏。

项目经理部应坚持做好项目的资金分析，进行计划收支与实际收支对比，找出差异，分析原因，改进资金管理。项目竣工后，结合成本核算与分析进行资金收支情况和经济效益总分析，上报企业财务主管部门备案。企业应根据项目的资金管理效果，对项目经理部进行奖惩。项目经理部应定期召开有监理、分包、供应、加工各单位代表参加的碰头会，协调工程进度、配合关系、业主供料及资金收付等事宜。

三、项目资金的控制与监督

（1）投资总额的控制。基本建设项目一般周期较长、金额较大，人们往往因主、客观因素，不可能一开始就确定一个科学的、一成不变的投资控制目标。因此，资金管理部门应在投资决策阶段、设计阶段、建设施工阶段，把工程建设所发生的总费用控制在批准的额度以内，随时进行调整，以最少的投入获得最大的效益。当然，在投资控制中也不能单纯地考虑减少费用，而应正确处理好投资、质量和进度三者的关系。只有这样，才能达到提高投资效益的根本目的。

（2）投资概算、预算、决算的控制。“三算”之间是层层控制的关系，概算控制预算，预算控制决算。设计概算是投资的最高限额，一般情况下不允许突破。施工预算是在设计概算基础上所做的必要调整和进一步具体化。竣工决算是竣工验收报告的重要组成部分，是综合反映建设成果的总结性文件，是基建管理工作的总结。因此，必须建立和健全“三算”编制、审核制度，加强竣工决算审计工作，提高“三算”质量，以达到控制投资总费用的目的。

（3）加强资金监管力度。一方面，项目部严格审批程序，具体是项目各部门提出建设资金申请；项目分管领导组织评审，有关单位参加；项目经理最后决策。另一方面，要明确经济责任，按照经济责任制规定签署《经济责任书》，并监督执行，将考核结果作为责任人晋升、奖励及处罚的依据。

第九章　建筑工程项目质量管理

第一节　建筑工程项目质量控制

一、建筑工程项目质量控制系统

（一）建筑工程项目质量控制系统的构成

建筑工程项目质量控制系统在实践中可能有多种名称，没有统一规定。常见的名称有“质量管理体系”“质量控制体系”“质量管理系统”“质量控制网络”“质量管理网络”“质量保证系统”等。

1.建筑工程项目质量控制系统的性质

建筑工程项目质量控制系统既不是建设单位的质量管理体系或质量保证体系，也不是工程承包企业的质量管理体系或质量保证体系，而是建筑工程项目目标控制的一个工作系统，具有下列性质。

（1）建筑工程项目质量控制系统是以建筑工程项目为对象，由工程项目实施的总组织者负责建立的面向对象开展质量控制的工作体系。

（2）建筑工程项目质量控制系统是建筑工程项目管理组织的一个目标控制体系，它与项目投资控制、进度控制、职业健康安全与环境管理等目标控制体系共同依托于同一项目管理的组织机构。

（3）建筑工程项目质量控制系统根据建筑工程项目管理的实际需要而建立，随着建筑工程项目的完成和项目管理组织的解体而消失，因此它是一个一次性的质量控制工作体系，不同于企业的质量管理体系。

2.建筑工程项目质量控制系统的范围

建筑工程项目质量控制系统的范围包括按项目范围管理的要求列入系统控制的建筑工程项目构成范围，建筑工程项目实施的任务范围由建筑工程项目实施的全过程或若干阶段进行定义，建筑工程项目质量控制所涉及的责任主体范围。

（1）系统涉及的工程项目范围。系统涉及的工程项目范围一般根据项目的定义或工程承包合同来确定。具体来说可能有以下三种情况：工程项目范围内的全部工程，工程项目范围内的某一单项工程或标段工程，工程项目某单项工程范围内的一个单位工程。

（2）系统涉及的任务范围。工程项目质量控制系统服务于工程项目管理的目标控制，因此其质量控制的系统职能应贯穿项目的勘察、设计、采购、施工和竣工验收等各个实施环节，即工程项目全过程质量控制的任务或若干阶段承包的质量控制任务。工程项目质量控制系统所涉及的质量责任自控主体和质量监控主体，通常情况下包括建设单位、设计单位、工程总承包企业、施工企业、建设工程监理机构、材料设备供应厂商等。这些质量责任和控制主体在质量控制系统中的地位与作用不同。承担建设工程项目设计、施工或材料设备供货的单位负有直接的产品质量责任，属质量控制系统中的自控主体。在工程项目实施过程，对各质量责任主体的质量活动行为和活动结果实施监督控制的组织称为质量监控主体，如业主、工程项目监理机构等。

3.建筑工程项目质量控制系统的结构

建筑工程项目质量控制系统，一般情况下为多层次、多单元的结构形态，这是由其实施任务的委托方式和合同结构所决定的。

（1）多层次结构。多层次结构是相对于建筑工程项目工程系统纵向垂直分解的单项、单位工程项目质量控制子系统。在大中型建筑工程项目，尤其是群体工程的建筑工程项目中，第一层面的工程项目质量控制系统应由建设单位的建筑工程项目管理机构负责建立，在委托代建、委托项目管理或实行交钥匙式工程项目总承包的情况下，应由相应的代建方工程项目管理机构、受托工程项目管理机构或工程总承包企业项目管理机构负责建立；第二层面的建筑工程项目质量控制系统通常是指由建筑工程项目的设计总负责单位、施工总承包单位等建立的相应管理范围内的质量控制系统；第三层面及其以下是承担工程设计、施工安装、材料设备供应等各承包单位现场的质量自控系统，或称各自的施工质量保证体系。

系统纵向层次机构的合理性是建筑工程项目质量目标、控制责任和措施分解落实的重要保证。

（2）多单元结构。多单元结构是指在建筑工程项目质量控制总体系统下，第二层面的质量控制系统及其以下的质量自控或保证体系可能有多个。这是建筑工程项目质量目标、责任和措施分解的必然结果。

4.建筑工程项目质量控制系统的特点

建筑工程项目质量控制系统是面向对象而建立的质量控制工作体系，它和建筑企业或其他组织机构的质量管理体系有如下的不同点。

（1）建立的目的不同。建筑工程项目质量控制系统只用于特定的建筑工程项目质量控制，而不是用于建筑企业或组织的质量管理，即建立的目的不同。

（2）服务的范围不同。建筑工程项目质量控制系统涉及建筑工程项目实施过程所有的质量责任主体，而不只是某一个承包企业或组织机构，即服务的范围不同。

（3）控制的目标不同。建筑工程项目质量控制系统的控制目标是建筑工程项目的质量标准，并非某一具体建筑企业或组织的质量管理目标，即控制的目标不同。

（4）作用的时效不同。建筑工程项目质量控制系统与建筑工程项目管理组织系统相融合，是一次性的质量工作系统，并非永久性的质量管理体系，即作用的时效不同。

（5）评价的方式不同。建筑工程项目质量控制系统的有效性一般由建筑工程项目管理，由组织者进行自我评价与诊断，不需进行第三方认证，即评价的方式不同。

（二）建筑工程项目质量控制系统的建立

建筑工程项目质量控制系统的建立，实际上就是建筑工程项目质量总目标的确定和分解过程，也是建筑工程项目各参与方之间质量管理关系和控制责任的确立过程。为了保证质量控制系统的科学性和有效性，必须明确系统建立的原则、内容、程序和主体。

1.建立的原则

实践经验表明，建筑工程项目质量控制系统的建立应遵循以下原则，这些原则对质量目标的总体规划、分解和有效实施控制有着非常重要的作用。

（1）分层次规划的原则。建筑工程项目质量控制系统的分层次规划，是指建筑工程项目管理的总组织者（建设单位或项目代建企业）和承担项目实施任务的各参与单位，分别进行建筑工程项目质量控制系统不同层次和范围的规划。

（2）总目标分解的原则。建筑工程项目质量控制系统的总目标分解，是根据控制系统内建筑工程项目的分解结构将建筑工程项目的建设标准和质量总体目标分解到各个责任主体，明示合同条件，由各责任主体制订相应的质量计划，确定其具体的控制方式和控制措施。

（3）质量责任制的原则。建筑工程项目质量控制系统的建立应按照《中华人民共和国建筑法》和《建设工程质量管理条例》中有关工程质量责任的规定，界定各方的质量责任范围和控制要求。

（4）系统有效性的原则。建筑工程项目质量控制系统应从实际出发，结合项目特点、合同结构和项目管理组织系统的构成情况，建立项目各参与方共同遵循的质量管理制度和控制措施，形成有效的运行机制。

2.建立的程序

建筑工程项目质量控制系统的建立一般可按以下环节依次展开工作。

（1）确立质量控制网络系统。先明确系统各层面的建筑工程项目质量控制负责人，一般应包括承担建筑工程项目实施任务的项目经理（或工程负责人）、总工程师、项目监理机构的总监理工程师、专业监理工程师等，以形成明确的建筑工程项目质量控制责任者的关系网络架构。

（2）制定质量控制制度系统。建筑工程项目质量控制制度包括质量控制例会制度、协调制度、报告审批制度、质量验收制度和质量信息管理制度等。这些制度应做成建筑工程项目质量控制制度系统的管理文件或手册，作为承担建筑工程项目实施任务各方主体共同遵循的管理依据。

（3）分析质量控制界面系统。建筑工程项目质量控制系统的质量责任界面包括静态界面和动态界面。静态界面根据法律法规、合同条件、组织内部职能分工来确定。动态界面是指项目实施过程中设计单位之间、施工单位之间、设计与施工单位之间的衔接配合及其责任划分，这必须通过分析研究，确定管理原则与协调方式。

（4）编制质量控制计划系统。建筑工程项目管理总组织者负责主持编制建筑工程项目的总质量计划，并根据质量控制系统的要求，部署各质量责任主体编制与其承担任务范围相符的质量控制计划，并按规定程序完成质量计划的审批，作为其实施自身工程质量控制的依据。

3.建立的主体

按照建筑工程项目质量控制系统的性质、范围和主体的构成，一般情况下，其质量控制系统应由建设单位或建筑工程项目总承包企业的建筑工程项目管理机构负责建立。在分阶段依次对勘察、设计、施工、安装等任务进行分别招标发包的情况下，通常应由建设单位或其委托的建筑工程项目管理企业负责建立建筑工程质量控制系统，各承包企业根据建筑工程项目质量控制系统的要求，建立隶属于建筑工程项目质量控制系统的设计项目、工程项目、采购供应项目等质量控制子系统，以具体实施其质量责任范围内的质量管理和目标控制。

（三）建筑工程项目质量控制系统的运行

建筑工程项目质量控制系统的建立，为建筑工程项目的质量控制提供了组织制度方面的保证。建筑工程项目质量控制系统的运行，实质上就是系统功能的发挥过程，也是质量活动职能和效果的控制过程。然而，建筑工程项目质量控制系统要能有效地运行，还依赖于系统内部的运行环境和运行机制的完善。

1.运行环境

建筑工程项目质量控制系统的运行环境主要是以下述几个方面为系统运行提供支持的管理关系、组织制度和资源配置的条件。

（1）工程合同的结构。工程合同是联系建筑工程项目各参与方的纽带，只有在建筑工程项目合同结构合理、质量标准和责任条款明确，并严格进行履约管理的条件下，建筑工程项目质量控制系统的运行才能成为各方的自觉行动。

（2）质量管理的资源配置。质量管理的资源配置包括专职的工程技术人员和质量管理人员的配置，实施技术管理和质量管理所必需的设备、设施、器具、软件等物质资源的配置。人员和资源的合理配置是建筑工程项目质量控制系统得以运行的基础条件。

（3）质量管理的组织制度。建筑工程项目质量控制系统内部的各项管理制度和程序性文件的建立为建筑工程项目质量控制系统各个环节的运行提供了必要的行动指南、行为准则和评价基准的依据，是系统有序运行的基本保证。

2.运行机制

建筑工程项目质量控制系统的运行机制，是由一系列质量管理制度安排所形成的内在能力。运行机制是建筑工程项目质量控制系统的生命线，机制缺陷是造成系统运行无序、失效和失控的重要原因。因此，在设计系统内部的管理制度时，必须予以高度的重视，防止重要管理制度缺失、制度本身缺陷、制度之间矛盾等现象的出现，才能为系统的运行注入动力机制、约束机制、反馈机制和持续改进机制。

（1）动力机制。动力机制是建筑工程项目质量控制系统运行的核心机制，它来源于公正、公开、公平的竞争机制和利益机制的制度设计或安排。这是因为建筑工程项目的实施过程是由多主体参与的价值增值链，只有保持合理的供方及分供方等各方关系，才能形成合力，这是建筑工程项目成功的重要保证。

（2）约束机制。没有约束机制的控制系统是无法使建筑工程项目质量处于受控状态的，约束机制取决于各主体内部的自我约束能力和外部的监控效力。约束能力表现为组织及个人的经营理念、质量意识、职业道德及技术能力的发挥；监控效力取决于建筑工程项目实施主体外部对质量工作的推动、检查和监督。二者相辅相成，构成了建筑工程项目质量控制过程的制衡关系。

（3）反馈机制。运行状态和结果的信息反馈是对建筑工程项目质量控制系统的能力和运行效果进行评价，并及时做出处置和提供决策的依据，因此必须有相关的制度安排。保证质量信息反馈的及时和准确，坚持质量管理者深入第一生产线，掌握第一手资料，才能形成有效的质量信息反馈机制。

（4）持续改进机制。在工程项目实施的各个阶段，不同的层面，不同的范围和不同的主体之间，应使用PDCA循环原理，即以计划、实施、检查和处置的方式开展建筑工程项目质量控制，同时必须注重抓好控制点的设置，加强重点控制和例外控制，并不断寻求改进机会、研究改进措施。这样才能保证建筑工程项目质量控制系统的不断完善和持续改进，不断提高建筑工程项目质量控制能力和控制水平。

二、建筑工程项目施工的质量控制

（一）建筑工程项目施工阶段的质量控制目标

建筑工程项目施工阶段是根据建筑工程项目设计文件和施工图纸的要求，通过施工形成工程实体的阶段，所制订的施工质量计划及相应的质量控制措施都是在这一阶段形成实体的质量或实现质量控制的结果。因此，建筑工程项目施工阶段的质量控制是建筑工程项目质量控制的最后形成阶段，因而对保证建筑工程项目的最终质量具有重大意义。

1.建筑工程项目施工的质量控制内容划分

建筑工程项目施工的质量控制从不同的角度来描述，可以划分为不同的类型。企业可根据自己的侧重点不同采用适合自己的划分方法，主要有以下四种划分方法。

（1）按建筑工程项目施工质量管理主体的不同划分，分为建设方的质量控制、施工方的质量控制和监理方的质量控制等。

（2）按建筑工程项目施工阶段的不同划分，分为施工准备阶段质量控制、施工阶段质量控制和竣工验收阶段质量控制等。

（3）按建筑工程项目施工的分部工程划分，分为地基与基础工程的质量控制、主体结构工程的质量控制、屋面工程的质量控制、安装（含给水、排水、采暖、电气、智能建筑、通风与空调、电梯等）工程的质量控制和装饰装修工程的质量控制等。

（4）按建筑工程项目施工要素划分，分为材料因素的质量控制、人员因素的质量控制、设备因素的质量控制、方案因素的质量控制和环境因素的质量控制等。

2.建筑工程项目施工的质量控制目标

建筑工程项目施工阶段的质量控制目标可分为施工质量控制总目标、建设单位的质量控制目标、设计单位施工阶段的质量控制目标、施工单位的质量控制目标、监理单位的施工质量控制目标等。

（1）施工质量控制总目标。施工质量控制总目标是对建筑工程项目施工阶段的总体质量要求，也是建筑工程项目各参与方一致的责任和目标，使建筑工程项目满足有关的质量法规和标准、正确配置施工生产要素、采用科学管理的方法，实现建筑工程项目预期的使用功能和质量标准。

（2）建设单位的施工质量控制目标。建设单位的施工质量控制目标是通过对施工阶段全过程的全面质量监督管理、协调和决策，保证竣工验收项目达到投资决策时所确定的质量标准。

（3）设计单位施工阶段的质量控制目标。设计单位施工阶段的质量控制目标是通过对施工质量的验收签证、设计变更控制及纠正施工中所发现的设计问题，采纳变更设计的合理化建议等，保证竣工验收项目的各项施工结果与最终设计文件所规定的标准一致。

（4）施工单位的质量控制目标。施工单位的质量控制目标是通过施工全过程的全面质量自控，保证交付满足施工合同及设计文件所规定的质量标准，包括工程质量创优标准。

（5）监理单位的施工质量控制。监理单位在施工阶段的质量控制目标是通过审核施工质量文件、报告报表及现场旁站检查、平行检测、施工指令和结算支付控制等手段，监控施工承包单位的质量活动行为，协调施工关系，正确履行建筑工程项目质量的监督责任，以保证建筑工程项目质量达到施工合同和设计文件所规定的质量标准。

3.建筑工程项目施工质量持续改进的理念

持续改进是指增强满足要求的能力的循环活动。它阐明组织为了改进其整体业绩，应不断改进产品质量，提高质量管理体系及过程的有效性和效率。对建筑工程项目来说，由于其属于一次性活动，面临的经济、环境条件在不断地变化，技术水平也日新月异，因此建筑工程项目的质量要求也需要持续提高，持续改进是永无止境的。

在建筑工程项目施工阶段，质量控制的持续改进必须是主动、有计划和系统地进行的，要做到积极、主动。首先需要树立建筑工程项目施工质量持续改进的理念，才能在行动中把持续改进变成自觉的行为；其次要有永恒的决心，坚持不懈；最后要关注改进的结果，持续改进应保证的是更有效、更完善的结果，改进的结果还应能在建筑工程项目的下一个工程质量循环活动中得到应用。概括来说，建筑工程项目施工质量持续改进的理念包括了渐进过程、主动过程、系统过程和有效过程四个过程。

（二）建筑工程项目施工生产要素的质量控制

影响建筑工程项目质量控制的因素主要包括劳动主体／人员（man）、劳动对象／材料（material）、劳动手段／机械设备（machine）、劳动方法／施工方法（method）和施工环境（environment）五大生产要素。在建筑工程项目施工过程中，应事前对这五个方面严加控制。

1.劳动主体／人员

人员是指施工活动的组织者、领导者及直接参与施工作业活动的具体操作人员。人员因素的控制就是对上述人员的各种行为进行控制。人员因素的控制方法如下。

（1）充分调动人员的积极性，发挥人的主导作用。作为控制的对象，应避免人员在工作中的失误；作为控制的动力，应充分调动人员的积极性，发挥人员的主导作用。

（2）提高人员的工作质量。人员的工作质量是建筑工程项目质量的一个重要组成部分，只有首先提高人员的工作质量，才能确保工程质量。提高人员工作质量的关键在于提高人员的素质。人员的素质包括思想觉悟、技术水平、文化修养、心理行为、质量意识、身体条件等方面。要提高人员的素质就要加强思想政治教育、劳动纪律教育、职业道德教育、专业技术培训等。

（3）建立相应的机制。在施工过程中，应尽量改善劳动作业条件，建立健全岗位责任制、技术交底、隐蔽工程检查验收、工序交接检查等的规章制度，运用公平合理、按劳取酬的人力管理机制激励工人的劳动热情。

（4）根据工程实际特点合理用人，严格执行持证上岗制度。结合工程具体特点，从确保工程质量的需要出发，从人员的技术水平、人员的生理缺陷、人员的心理行为、人员的错误行为等方面来控制人员的合理使用。例如，对技术复杂、难度大、精度高的工序或操作，应要求由技术熟练、经验丰富的施工人员来完成；而反应迟钝、应变能力较差的人，则不宜安排其操作快速、动作复杂的机械设备；对某些要求必须做到万无一失的工序或操作，则一定要分析人员的心理行为，控制人员的思想活动，稳定人员的情绪；对于具有危险的现场作业，应控制人员的错误行为。

此外，在建筑工程项目质量管理过程中，对施工操作者的控制应严格执行持证上岗制度。无技术资格证书的人不允许进入施工现场从事施工活动；对不懂装懂、图省事、碰运气、有意违章的行为必须及时进行制止。

2.劳动对象 / 材料

材料是指在建筑工程项目建设中所使用的原材料、成品、半成品、构配件等，是建筑工程施工的物质保证条件。

（1）材料质量控制规定。项目经理部应在质量计划确定的合格材料供应人名录中，按计划招标采购原材料、成品、半成品和构配件。

材料的搬运和储存应按搬运储存规定进行，并应建立台账。

项目经理部应对材料、半成品和构配件进行标识。

未经检验和已经检验为不合格的材料、半成品和构配件等，不得投入使用。

对发包人提供的材料、半成品、构配件等，必须按规定进行检验和验收。

监理工程师应对承包人自行采购的材料进行验证。

（2）材料的质量控制方法。材料质量是形成建筑工程项目实体质量的基础，如果使用的材料不合格，工程的质量也一定不达标。加强材料的质量控制是保证和提高工程质量的重要保障，是控制工程质量影响因素的有效措施。材料的质量控制包括材料采购、运输，材料检验，材料储存及使用等。

组织材料采购应根据工程特点、施工合同、材料的适用范围、材料的性能要求和价格因素等进行综合考虑。材料采购应根据施工进度计划要求适当提前安排，施工承包企业应根据市场材料信息及材料样品对厂家进行实地考察，同时施工承包企业在进行材料采购时应特别注意将质量条款明确写入材料采购合同。

材料质量检验的目的是通过一系列的检测手段，将所取得的材料数据与材料质量标准进行对比，以便事先判断材料质量的可靠性，再据此决定能否将其用于工程实体中。

合理安排材料的仓储保管与使用保管，在材料检验合格后和使用前，必须做好仓储保管和使用保管，以免因材料变质或误用而严重影响工程质量或造成质量事故。例如，因保管不当造成水泥受潮、钢筋锈蚀，使用不当造成不同直径钢筋混用等。

因此，做好材料保管和使用管理应从以下两个方面进行：施工承包企业应合理调度，做到现场材料不大量积压；切实做好材料使用管理工作，做到不同规格品种材料分类堆放，实行挂牌标志；必要时应设专人监督检查，以避免材料混用或把不合格材料用于建筑工程项目实体中。

3.劳动手段／机械设备

机械设备包括施工机械设备和生产工艺设备。

（1）机械设备质量控制规定。应按设备进场计划进行施工设备的准备；现场的施工机械应满足施工需要；应对机械设备操作人员的资格进行确认，无证或资格不符合者，严禁上岗。

（2）施工机械设备的质量控制。施工机械设备是实现施工机械化的重要物质基础，是现代化施工中必不可少的设备，对建筑工程项目的质量、进度和投资均有直接影响。机械设备质量控制的根本目标就是实现设备类型、性能参数、使用效果与现场条件、施工工艺、组织管理等因素相匹配，并始终使机械保持良好的使用状态。因此，施工机械设备的选用必须结合施工现场条件、施工方法工艺、施工组织和管理等各种因素综合考虑。施工机械设备的质量控制包括以下几点。

①施工机械设备的选型。施工机械设备型号的选择应本着因地制宜、因工程制宜、满足需要的原则，既要考虑到施工的适用性、技术的先进性、操作的方便性、使用的安全性，又要考虑到保证施工质量的可靠性和经济性。例如，在选择挖土机时，应根据土的种类及挖土机的适用范围进行选择。

②施工机械设备的主要机械性能参数。机械性能参数是选择机械设备的基本依据。在施工机械选择时，应根据性能参数结合工程项目的特点、施工条件和已确定的型号具体进行。例如。起重机械的选择，其性能参数（如起重量、起重高度和起重半径等）必须满足工程的要求，才能保证施工的正常进行。

③施工机械设备的使用操作要求。合理使用机械设备，正确操作是确保工程质量的重要环节。在使用机械设备时应贯彻“三定”和“五好”原则，即“定机、定人、定岗位责任”和“完成任务好、技术状况好、使用好、保养好、安全好”。

（3）生产机械设备的质量控制。生产机械设备的质量控制主要控制设备的检查验收、设备的安装质量和设备的试车运转等。其具体工作包括按设计选择设备；设备进厂后，应按设备名称、型号、规格、数量和清单对照，逐一检查验收；设备安装应符合技术要求和质量标准；设备的试车运转能正常投入使用等。

因此，对于生产机械设备的检查主要包括以下几个方面。

①对整体装运的新购机械设备应进行运输质量及供货情况的检查，例如，对有包装的设备，应检查包装是否受损；对无包装的设备，应进行外观的检查及附件、备品的清点；对进口设备，必须进行开箱全面检查，若发现问题应详细记录或照相，并及时处理。

②对解体装运的自组装设备，在对总部件及随机附件、备品进行外观检查后，应尽快进行现场组装、检测试验。

③在工地交货的生产机械设备，一般都由设备厂家在工地进行组装、调试和生产性试验，自检合格后才提请订货单位复检，待复检合格后，才能签署验收证明。

④对调拨旧设备的测试验收，应基本达到完好设备的标准。

⑤对于永久性和长期性的设备改造项目，应按原批准方案的性能要求，经一定的生产实践考验，并经鉴定合格后才予验收。

⑥对于自制设备，在经过六个月生产考验后，按试验大纲的性能指标测试验收，绝不允许擅自降低标准。

4.劳动方法 / 施工方法

广义的施工方法控制是指，对施工承包企业为完成项目施工过程而采取的施工方案、施工工艺、施工组织设计、施工技术措施、质量检测手段和施工程序安排等所进行的控制。狭义的施工方法控制是指对施工方案的控制。施工方案直接影响建筑工程项目的质量、进度和投资。因此，施工方案的选择必须结合工程实际，从技术、组织，经济、管理等方面出发，做到能解决工程难题，技术可行，经济合理，加快进度，降低成本，提高工程质量。它具体包括确定施工起点流向、确定施工程序、确定施工顺序、确定施工工艺和施工环境等。

5.施工环境

影响施工质量的环境因素较多，主要有以下几点。

（1）自然环境，包括气温、雨、雪、雷、电、风等。

（2）工程技术环境，包括工程地质、水文、地形、地震、地下水位、地表水等。

（3）工程管理环境，包括质量保证体系和质量管理工作制度等。

（4）劳动作业环境，包括劳动组合、作业场所作业面等，以及前道工序为后道工序提供的操作环境。

（5）经济环境，包括地质资源条件、交通运输条件、供水供电条件等。

环境因素对施工质量的影响有复杂、多变的特点，具体问题必须具体分析。如气象条件变化无穷，温度、湿度、酷暑、严寒等都直接影响工程质量；又如前一道工序是后一道工序的环境，前一分项工程、分部工程就是后一分项工程、分部工程的环境。因此，对工程施工环境应结合工程特点和具体条件严加控制。尤其是施工现场，应建立文明施工和文明生产的环境，保持材料堆放整齐、道路畅通、工作环境清洁、施工顺序井井有条，为确保质量、安全创造一个良好的施工环境。

第二节　建筑工程项目质量验收监督及体系标准

一、建筑工程项目质量验收

（一）施工过程质量验收

建筑工程项目质量验收是对已完工的工程实体的外观质量及内在质量按规定程序检查后，确认其是否符合设计及各项验收标准的要求，是否可交付使用的一个重要环节。正确地进行建筑工程项目质量的检查评定和验收，是保证工程质量的重要手段。

鉴于工程施工规模较大、专业分工较多、技术安全要求高等特点，国家相关行政管理部门对各类工程项目的质量验收标准制定了相应的规范，以保证工程验收的质量，工程验收应严格执行规范的要求和标准。

1.施工质量验收的概念

建筑工程项目质量的评定验收是对建筑工程项目整体而言的。建筑工程项目质量的等级分为“合格”和“优良”，凡不合格的项目不予验收；凡验收通过的项目，必有等级的评定。因此，对建筑工程项目整体的质量验收可称为建筑工程项目质量的评定验收，或简称工程质量验收。

工程质量验收可分为过程验收和竣工验收两种。过程验收可分为两种类型：按项目阶段划分，如勘察设计质量验收、施工质量验收；按项目构成划分，如单位工程、分部工程、分项工程和检验批四个层次的验收。其中，检验批是指施工过程中条件相同并含有一定数量材料、构配件或安装项目的施工内容，由于其质量基本均匀一致，所以可作为检验的基础单位，并按批验收。与检验批有关的另一个概念是主控项目和一般检验项目。其中，主控项目是指对检验批的基本质量起决定性影响的检验项目，一般项目检验是除主控项目以外的其他检验项目。

施工质量验收指对已完工的工程实体的外观质量及内在质量按规定程序检查后，确认其是否符合设计及各项验收标准要求的质量控制过程，也是确认工程项目是否可交付使用的一个重要环节。正确地进行工程施工质量的检查评定和验收，是保证建筑工程项目质量的重要手段。

施工质量验收属于过程验收，其程序包括以下几点：施工过程中的隐蔽工程在隐蔽前通知建设单位（或工程监理）进行验收，并形成验收文件；分部分项施工完成后应在施工单位自行验收合格后，通知建设单位（或工程监理）验收，重要的分部分项应请设计单位参加验收；单位工程完工后，施工单位应自行组织检查、评定，符合验收标准后，向建设单位提交验收申请；建设单位收到验收申请后，应组织施工、勘察、设计、监理单位等方面人员进行单位工程验收，明确验收结果，并形成验收报告；按国家现行管理制度，房屋建筑工程及市政基础设施工程验收合格后，还需在规定时间内将验收文件报政府管理部门备案。

2.施工过程质量验收的内容

施工过程的质量验收包括以下验收环节，各环节通过验收后留下完整的质量验收记录和资料，为工程项目竣工质量验收提供依据。

（1）检验批质量验收。所谓检验批是指按同一的生产条件或按规定的方式汇总起来供检验用的。对于由一定数量样品组成的检验体，检验批可根据施工及质量控制和专业验收需要按楼层、施工段、变形缝等进行划分。

（2）分项工程质量验收。分项工程应按主要工种、材料、施工工艺、设备类别等进行划分。分项工程可由一个或若干检验批组成。

分项工程应由监理工程师（或建设单位项目技术负责人）组织施工单位项目

专业质量（技术）负责人进行验收。

分项工程质量验收合格应符合下列规定：分项工程所含的检验批均应符合合格质量的规定，分项工程所含的检验批的质量验收记录应完整。

（3）分部工程质量验收。当分部工程较大或较复杂时，可按材料种类、施工特点、施工程序、专业系统及类别等分为若干子分部工程。

分部工程应由总监理工程师（或建设单位项目负责人）组织施工单位项目负责人和技术、质量负责人等进行验收；地基与基础、主体结构分部工程的勘察、设计单位工程项目负责人和施工单位技术、质量部门负责人也应参加相关分部工程验收。

分部（子分部）工程质量验收合格应符合下列规定：所含分项工程的质量均应验收合格，质量控制资料应完整，地基与基础、主体结构和设备安装等分部工程有关安全及功能的检验和抽样检测结果应符合有关规定，观感质量验收应符合要求。

（二）工程项目竣工质量验收

1.工程项目竣工质量验收的要求

单位工程是工程项目竣工质量验收的基本对象，也是工程项目投入使用前的最后一次验收，其重要性不言而喻。应按下列要求进行竣工质量验收：工程施工质量应符合各类工程质量统一验收标准和相关专业验收规范的规定；工程施工质量应符合工程勘察、设计文件的要求；参加工程施工质量验收的各方人员应具备规定的资格；工程施工质量的验收均应在施工单位自行检查评定的基础上进行；隐蔽工程在隐蔽前应由施工单位通知有关单位进行验收，并应形成验收文件；涉及结构安全的试块、试件以及有关材料，应按规定进行见证取样检测；检验批的质量应按主控项目、一般项目验收；对涉及结构安全和功能的重要分部工程应进行抽样检测；承担见证取样检测及有关结构安全检测的单位应具有相应资质；工程的观感质量应由验收人员通过现场检查共同确认。

2.工程项目竣工质量验收的程序

承发包人之间所进行的建筑工程项目竣工验收，通常经过验收准备、初步验收和正式验收三个环节进行。整个验收过程涉及建设单位、设计单位、监理单位及施工总分包各方的工作，必须按照建筑工程项目质量控制系统的职能分工，以监理工程师为核心进行竣工验收的组织协调。

（1）竣工验收准备。施工单位按照合同规定的施工范围和质量标准完成施工任务后，经质量自检合格后，向现场监理机构（或建设单位）提交工程项目竣工申请报告，要求组织工程项目竣工验收。施工单位的竣工验收准备包括工程实体的验收准备和相关工程档案资料的验收准备，使之达到竣工验收的要求，其中设备及管道安装工程等应经过试压、试车和系统联动试运行，并具备相应的检查记录。

（2）竣工预验收。监理机构收到施工单位的工程竣工申请报告后，应就验收的准备情况和验收条件进行检查；对工程实体质量及档案资料存在的缺陷，应及时提出整改意见，并与施工单位协商整改清单，确定整改要求和完成时间。

工程竣工验收应具备下列条件：完成工程设计和合同约定的各项内容，有完整的技术档案和施工管理资料，有工程使用的主要建筑材料、构配件和设备的进场试验报告，有工程勘察、设计、施工、工程监理等单位分别签署的质量合格文件，有施工单位签署的工程保修书。

（3）正式竣工验收。①当竣工预验收检查结果符合竣工验收要求时，监理工程师应将施工单位的竣工申请报告报送建设单位，着手组织勘察、设计、施工、监理等单位和其他方面的专家组成竣工验收小组并制订验收方案。

②建设单位应在工程竣工验收前7个工作日将验收时间、地点验收组名单通知该工程的工程质量监督机构，建设单位组织竣工验收会议。正式竣工验收过程的主要工作如下。

第一，建设、勘察，设计、施工、监理单位分别汇报工程合同履约情况及工程施工各环节是否满足设计要求，质量是否符合法律、法规和强制性标准。

第二，检查审核设计、勘察、施工、监理单位的工程档案资料及质量验收资料。

第三，实地检查工程外观质量，对工程的使用功能进行抽查。

第四，对工程施工质量管理各环节工作、工程实体质量及质保资料进行全面评价，形成经验收组人员共同确认签署的工程竣工验收意见。

第五，竣工验收合格，建设单位应及时提出工程竣工验收报告。验收报告还应附有工程施工许可证、设计文件审查意见、质量检测功能性试验资料、工程质量保修书等法规所规定的其他文件。

第六，工程质量监督机构应对工程竣工验收工作进行监督。

（三）工程竣工验收备案

建设单位应当自工程竣工验收合格之日起15日内，将工程竣工验收报告和规划以及公安消防、环保等部门出具的认可文件或准许使用文件报建设行政主管部门或者其他相关部门备案。

备案部门在收到备案文件资料后的15日内，对文件资料进行审查，对于符合要求的工程，在验收备案表上加盖“竣工验收备案专用章”，并将一份退回建设单位存档；如审查中发现建设单位在竣工验收过程中有违反国家有关建设工程质量管理规定行为的，责令停止使用，重新组织竣工验收。

二、建筑工程项目质量的政府监督

（一）建筑工程项目质量的政府监督的职能

各级政府质量监督机构对工程质量监督的依据是国家、地方和各专业建设管理部门颁发的法律、法规及各类规范和强制性标准，其监督的职能包括以下两大方面。

（1）监督工程建设的各方主体（包括建设单位施工单位、材料设备供应单位、设计勘察单位和监理单位等）的质量行为是否符合国家法律法规及各项制度的规定，以及查处违法违规行为和质量事故。

（2）监督检查工程实体的施工质量，尤其是地基基础、主体结构、专业设备安装等涉及结构安全和使用功能的施工质量。

（二）建筑工程项目质量的政府监督的内容

政府对建筑工程质量的监督管理以施工许可制度和竣工验收备案制度为主要手段。

1.受理质量监督申报

在建筑工程项目开工前，政府质量监督机构在受理工程质量监督的申报手续时，对建设单位提供的文件资料进行审查，审查合格后签发有关质量监督文件。

2.开工前的质量监督

开工前，召开项目参与各方参加首次的监督会议，公布监督方案，提出监督要求，并进行第一次监督检查。监督检查的主要内容为建筑工程项目质量控制系统及各施工方的质量保证体系是否已经建立，以及完善的程度。具体内容如下：检查项目各施工方的质保体系，包括组织机构、质量控制方案及质量责任制等制度；审查施工组织设计、监理规划等文件及审批手续；检查项目各参与方的营业执照、资质证书及有关人员的资格证书；记录保存检查的结果。

3.施工期间的质量监督

在建筑工程项目施工期间，质量监督机构按照监督方案对建筑工程项目施工情况进行不定期的检查。其中，在基础和结构阶段，每月安排监督检查，具体检查内容为工程参与各方的质量行为及质量责任制的履行情况、工程实体质量、质保资料的状况等。

对建筑工程项目结构主要部位（如桩基、基础、主体结构等）除了常规检查外，还应在分部工程验收时要求建设单位将施工、设计、监理分别签字验收，并将质量验收证明在验收后3天内报监督机构备案。

对施工过程中发生的质量问题、质量事故进行查处；根据质量检查状况，对查实的问题签发“质量问题整改通知单”或“局部暂停施工指令单”，对问题严重的单位也可根据问题情况发出“临时收缴资质证书通知书”等处理意见。

4.竣工阶段的质量监督

政府工程质量监督机构按规定对工程竣工验收备案工作实施监督。

（1）做好竣工验收前的质量复查。对质量监督检查中提出质量问题的整改情况进行复查，了解其整改情况。

（2）参与竣工验收会议。对竣工工程的质量验收程序、验收组织与方法、验收过程等进行监督。

（3）编制单位工程质量监督报告。工程质量监督报告作为竣工验收资料的组成部分，提交竣工验收备案部门。

（4）建立工程质量监督档案。工程质量监督档案按单位工程建立；要求及时归档，需资料、记录等各类文件齐全，经监督机构负责人签字后归档，并按规定年限保存。

三、施工企业质量管理体系标准

（一）质量管理体系八项原则

1.以顾客为关注焦点

组织依存于顾客，因此，组织应当理解顾客当前和未来的需求，以满足顾客的要求并争取超越顾客的期望。组织在贯彻这一原则时应采取的措施包括通过市场调查研究或访问等方式，准确详细地了解顾客当前或未来的需要和期望，并将其作为设计开发和质量改进的依据；将顾客和其他利益相关方的需要和愿望按照规定的渠道和方法，在组织内部完整而准确地传递和沟通；组织在设计开发和生产经营过程中，按规定的方法衡量顾客的满意程度，以便针对顾客的不满意因素采取相应的措施。

2.领导作用

领导者应确立组织统一的宗旨及方针，应当创造并保持使员工能充分参与实现组织目标的内部环境。领导作用是指最高管理者具有决策和领导一个组织的作用，为全体员工实现组织的目标创造良好的工作环境，最高管理者应建立质量方针和质量目标，以体现组织总的质量宗旨和方向，以及在质量方面所追求的目的。领导者应时刻关注组织经营的国内外环境，制定组织的发展战略，规划组织的蓝图。质量方针应随着环境的变化而变化，并与组织的宗旨相一致。最高管理者应将质量方针和目标传达落实到组织的各职能部门和相关层次，让全体员工理解和执行。

3.全员参与

各级人员是组织之本，只有他们充分参与，才能使他们的才干为组织带来收益。全体员工是每个组织的基础，人是生产力中最活跃的因素。组织的成功不仅取决于正确的领导，还有赖于全体人员的积极参与，所以应赋予各部门、各岗位人员应有的职责和权限，为全体员工制造一个良好的工作环境，激发他们的积极性和创造性。通过教育和培训增长他们的才干和能力，发挥员工的革新和创新精神，共享知识和经验，积极寻求增长知识和经验的机遇，为员工的成长和发展创造良好的条件，这样才能给组织带来最大的收益。

4.过程方法

将活动和相关的资源作为过程进行管理，可以更高效地得到期望的结果。建筑工程项目的实施可以作为一个过程来实施管理，过程是指将输入转化为输出所使用的各项活动的系统。过程的目的是提高价值，因此在开展质量管理各项活动中应采用过程的方法实施控制，确保每个过程的质量，并按确定的工作步骤和活动顺序建立工作流程，人员培训，所需的设备，材料、测量和控制实施过程的方法，以及所需的信息和其他资源等。

5.管理的系统方法

将相互关联的过程作为系统加以识别、理解和管理，有助于组织提高实现目标的有效性和效率。管理的系统方法包括确定顾客的需求和期望，建立组织的质量方针和目标，确定过程及过程的相互关系和作用，明确职责和资源需求，建立过程有效性的测量方法并用以测量现行过程的有效性，防止不合格、寻找改进机会、确立改进方向、实施改进、监控改进效果、评价结果、评审改进措施和确定后续措施等。这种建立和实施质量管理体系的方法既可用于建立新体系，也可用于改进现行的体系。这种方法不仅可提高过程能力及项目质量，还可为持续改进打好基础，最终使顾客满意、使组织获得成功。

6.持续改进

持续改进整体业绩应当是组织的一个永恒目标。持续改进是一个组织积极寻找改进机会、努力提高有效性和效率的重要手段，目的是确保不断增强组织的竞争力，使顾客满意。

7.基于事实的决策方法

有效决策是建立在数据和信息分析的基础上的。决策是通过调查和分析，确定项目质量目标并提出实现目标的方案，对可供选择的若干方案进行优选后做出抉择的过程，项目组织在工程实施的各项管理活动过程中都需要做出决策。能否对各个过程做出正确的决策，将会影响到组织的有效性和效率，甚至关系到项目的成败。所以，有效的决策必须以充分的数据和真实的信息为基础。

8.与供方互利的关系

组织与供方是相互依存的，互利的关系可增强双方创造价值的能力。供方提供的材料、设备和半成品等对项目组织能否向顾客提供满意的最终产品，可以产生重要的影响。因此，把供方、协作方和合作方等都看成项目组织同盟中的利益相关者，并使之形成共同的竞争优势，可以优化成本和资源，使项目主体和供方实现双赢的目标。

（二）企业质量管理体系文件的构成

企业质量管理体系文件的构成包括质量方针和质量目标，质量手册，各种生产、工作和管理的程序性文件以及质量记录。

质量手册的内容一般包括企业的质量方针、质量目标，组织机构及质量职责，体系要素或基本控制程序，质量手册的评审、修改和控制的管理办法。质量手册作为企业质量管理系统的纲领性文件，应具备指令性、系统性、协调性、先进性、可行性和可检查性。

企业质量管理体系程序文件是质量手册的支持性文件，它包括六个方面的通用程序：文件控制程序、质量记录管理程序、内部审核程序、不合格品控制程序、纠正措施控制程序、预防措施控制程序。

质量记录是产品质量水平和质量体系中各项质量活动进行及结果的客观反映。质量记录应具有可追溯性。

（三）企业质量管理体系的建立和运行

1.企业质量管理体系的建立

企业质量管理体系的建立是在确定市场及顾客需求的前提下，按照八项质量管理原则制定企业的质量方针、质量目标、质量手册、程序文件及质量记录等体系文件，并将质量目标分解落实到相关层次、相关岗位的职能和职责中，形成企业质量管理体系的执行系统。

企业质量管理体系的建立还包含对组织企业不同层次的员工进行培训，使员工了解体系的工作内容和执行要求，为形成全员参与的企业质量管理体系的运行创造条件。

企业质量管理体系的建立需要识别并提供实现质量目标和持续改进所需的资源，包括人员、基础设施、环境、信息等。

2.企业质量管理体系的运行

（1）按企业质量管理体系文件所制定的程序、标准、工作要求及目标分解的岗位职责进行运作。

（2）按各类体系文件的要求，监视、测量和分析过程的有效性和效率，做好文件规定的质量记录。

（3）按文件规定的办法进行质量管理评审和考核。

（4）落实企业质量管理体系的内部审核程序，有组织、有计划地开展内部质量审核活动，其主要目的是评价质量管理程序的执行情况及适用性，揭露过程中存在的问题为质量改进提供依据，检查企业质量管理体系运行的信息，向外部审核单位提供体系有效的证据。

（四）企业质量管理体系的认证与监督

1.企业质量管理体系认证的意义

质量认证制度是由公正的第三方认证机构对企业的产品及质量体系做出正确可靠的评价，其意义如下。

（1）提高供方企业的质量信誉。获得质量管理体系认证通过的企业证明建立了有效的质量保障机制，因此可以获得市场的广泛认可，可以提升企业组织的质量信誉。实际上，质量管理体系对企业的信誉和产品的质量水平都起着重要的保障作用。

（2）促进企业完善质量管理体系。企业质量管理体系实行认证制度，既能帮助企业建立有效、适用的质量管理体系，又能促使企业不断改进、完善自己的质量管理制度，以获得认证通过。

（3）增强国际市场竞争能力。企业质量管理体系认证属于国际质量认证的统一标准，在经济全球化的今天，我国企业要参与国际竞争，就应采取国际标准规范自己，与国际惯例接轨。只有这样，才能增强自身的国际市场竞争力。

（4）减少社会重复检验和检查费用。从政府角度，引导组织加强内部质量管理，通过质量管理体系认证，可以避免因重复检查与评定而给社会造成的浪费。

（5）有利于保护消费者的利益。企业质量管理体系认证能帮助用户和消费者鉴别组织的质量保证能力，确保消费者买到优质、满意的产品，达到保护消费者利益的目的。

2.企业质量管理体系认证的程序

（1）申请和受理。对于具有法人资格的申请单位须按要求填写申请书，接受或不接受均需发出书面通知书。

（2）审核。审核包括文件审查、现场审核，并提出审核报告。

（3）审批与注册发证。符合标准者批准并予以注册，发放认证证书。

3.获准认证后的维持与监督管理

企业质量管理体系获准认证的有效期为3年。获准认证后的质量管理体系的维持与监督管理内容如下。

（1）企业通报。认证合格的企业质量管理体系在运行中出现较大变化时，需向认证机构通报。

（2）监督检查。监督检查包括定期和不定期的监督检查。

（3）认证注销。注销是企业的自愿行为。

（4）认证暂停。认证暂停期间，企业不得用质量管理体系认证证书做宣传。

（5）认证撤销。认证撤销的企业一年后可重新提出认证申请。

（6）复评。认证合格有效期满前，如企业愿继续延长，可向认证机构提出复评申请。

（7）重新换证。在认证证书有效期内，出现体系认证标准变更、体系认证范围变更、体系认证证书持有者变更，可按规定重新换证。

第三节　建筑工程项目质量控制的统计分析方法

建筑工程质量控制采用数理统计方法，可以科学地掌握质量状态，分析存在的质量问题，了解影响质量的各种因素，达到提高工程质量和经济效益的目的。

建筑工程中常用的统计方法有分层法、排列图法、因果分析图法、频数分布直方图法、控制图法、相关图法、统计调查表法。

一、分层法

（一）分层法的基本原理

由于工程质量形成的影响因素多，因此对工程质量状况的调查和质量问题的分析必须分门别类地进行，以便准确有效地找出问题及其原因，这就是分层法的基本思想。

（二）分层法原始数据的获取

根据管理需要和统计目的，通常可按照以下分层方法取得原始数据。

（1）按施工时间分：月、日、上午、下午、白天、晚间、季节。

（2）按地区部位分：区域、城市、乡村、楼层、外墙、内墙。

（3）按产品材料分：产地、厂商、规格、品种。

（4）按检测方法分：方法、仪器、测定人、取样方法。

（5）按作业组织分：工法、班组、工长、工人、分包方。

（6）按工程类型分：住宅、办公楼、道路、桥梁、隧道。

（7）按合同结构分：总承包、专业分包、劳务分包。

二、排列图法

排列图法的基本原理：

在质量管理过程中，通过抽样检查或检验试验所得到的质量问题、偏差、缺陷、不合格等统计数据，以及造成质量问题的原因分析统计数据，均可采用排列图法进行状况描述，它具有直观、主次分明的特点。

排列图又称主次因素排列图。它是根据意大利经济学家帕累托提出的“关键的少数和次要的多数”的原理，由美国质量管理专家朱兰运用于质量管理中而发明的一种质量管理图形。其作用是寻找主要质量问题或影响质量的主要原因，以便抓住提高质量的关键，取得好的效果。

三、因果分析图法

（一）因果分析图法的基本原理

因果分析图又称特性要因图，因其形状像树枝或鱼骨，故又称鱼骨图、鱼刺图、树枝图。

通过排列图，人们找到了影响质量的主要问题（或主要因素），但找到问题不是质量控制的最终目的，目的是搞清产生质量问题的各种原因，以便采取措施加以纠正。因果分析图法就是分析质量问题产生原因的有效方法。

因果分析图的做法是将要分析的问题放在图形的右侧，用一条带箭头的主杆指向要解决的质量问题，一般从人、设备、材料、方法、环境五个方面进行分析，这就是所谓的大原因。对具体问题来讲，这五个方面的原因不一定同时存在，要找到解决问题的方法，还需要对上述五个方面进一步分解，这就是中原因、小原因或更小原因。

（二）因果分析图法应用时的注意事项

（1）一个质量特征或一个质量问题使用一张图分析。

（2）通常采用小组活动的方式进行，集思广益，共同分析。

（3）必要时可以邀请小组以外的有关人员参与，广泛听取意见。

（4）分析时要充分发表意见，层层深入，排除所有可能的原因。

（5）在充分分析的基础上，由各参与人员采用投票或其他方式，从中选择多数人达成共识的最主要原因。

四、频数分布直方图法

（一）频数分布直方图法的原理

直方图又称为质量分布图、矩形图，它是对数据加工整理、观察分析和掌握质量分布规律、判断生产过程是否正常的有效方法。除此以外，直方图还可以用来估计工序不合格品率的高低、制定质量标准、确定公差范围、评价施工管理水平等。

直方图由一个纵坐标、一个横坐标和若干个长方形组成。横坐标为质量特性，纵坐标是频数时，直方图为频数直方图；纵坐标是频率时，直方图为频率直方图。为了确定各种因素对产品质量的影响情况，在现场随机地实测一批产品的有关数据，将实测得来的这批数据进行分组整理，统计每组数据出现的频数，然后在直角坐标的横坐标轴上从小到大标出各分组点，在纵坐标上标出对应的频数，画出其高度值为其频数值的一系列直方形，即为频数分布直方图。

（二）频数分布直方图的观察分析

（1）所谓形状观察分析，是指将绘制好的直方图形状与正态分布的形状进行比较分析，一看形状是否相似，二看分布区间的宽窄。直方图的分布形状及分布区间宽窄是由质量特性统计数据的平均值和标准差决定的。

（2）正常型直方图呈正态分布，其形状特征是中间高、两边低、成对称，如图9-1（a）所示。正常型直方图反映生产过程质量处于正常、稳定状态。数理统计研究证明，当随机抽样方案合理且样本数量足够大时，在生产能力处于正常、稳定状态下，质量特性检测数据趋于正态分布。

（3）异常型直方图呈偏态分布，常见的异常型直方图有折齿型、缓坡型、孤岛型、双峰型、峭壁型，分别如图9-1（b）、（c）、（d）、（e）、（f）所示，出现异常的原因可能是生产过程存在影响质量的系统因素，或收集整理数据制作直方图的方法不当所致，要具体分析。

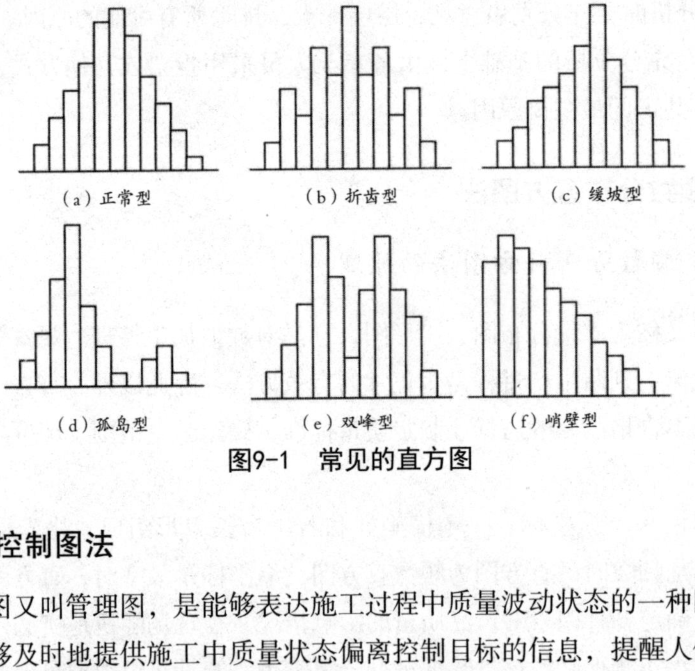

图9-1　常见的直方图

五、控制图法

控制图又叫管理图，是能够表达施工过程中质量波动状态的一种图形。使用控制图能够及时地提供施工中质量状态偏离控制目标的信息，提醒人们不失时机地采取措施，使质量始终处于控制状态。

使用控制图使工序质量的控制由事后检查转变为预防为主，使质量控制产生了一个飞跃。控制图与前述各统计方法的根本区别在于，前述各种方法所提供的数据是静态的，而控制图则可提供动态的质量数据，使人们有可能控制异常状态的产生和蔓延。如前所述，质量的特性总有波动，波动的原因主要有人、材料、设备、工艺、环境五个方面。控制图就是通过分析不同状态下统计数据的变化，来判断五个系统因素是否有异常而影响着质量，也就是要及时发现异常因素而加以控制，保证工序处于正常状态。它通过子样数据来判断总体状态，以预防不良产品的产生。

六、相关图法

相关图法，又叫散布图法，它不同于前述各种方法之处是，它不是对一种数据进行处理和分析，而是对两种测定数据之间的相关关系进行处理、分析和判断。它也是一种动态的分析方法。在工程施工中，工程质量的相关关系有三种类型：第一种是质量特性和影响因素之间的关系，如混凝土强度与温度的关系；第二种是质量特性与质量特性之间的关系；第三种是影响因素与影响因素之间的关系，如混凝土密度与抗渗能力之间的关系、沥青的黏结力与沥青的延伸率之间的关系等。通过对相关关系的分析、判断，人们可以得到对质量目标进行控制的信息。

七、统计调查表法

统计调查表法又称检查表、核对表、统计分析表，它用来记录、收集和累计数据并对数据进行整理和粗略分析。

第四节　建筑工程项目质量改进和质量事故的处理

一、建筑工程项目质量改进

施工项目应利用质量方针、质量目标定期分析和评价项目管理状况，识别质量持续改进区域，确定改进目标，实施选定的解决办法，改进质量管理体系的有效性。

（一）改进的步骤

（1）分析和评价现状，以识别改进的区域。

（2）确定改进目标。

（3）寻找可能的解决办法以实现这些目标。

（4）评价这些解决办法并做出选择。

（5）实施选定的解决办法。

（6）测量、验证、分析和评价实施的结果以确定这些目标已经实现。

（7）正式采纳更正（形成正式的规定）。

（8）必要时，对结果进行评审，以确定进一步改进的机会。

（二）改进的方法

（1）通过建立和实施质量目标，营造一个激励改进的氛围和环境。

（2）确立质量目标以明确改进方向。

（3）通过数据分析、内部审核不断寻求改进的机会，并做出适当的改进活动安排。

（4）通过纠正和预防措施及其他适用的措施实现改进。

（5）在管理评审中评价改进效果，确定新的改进目标和改进的决定。

（三）改进的内容

持续改进的范围包括质量体系、过程和产品三个方面，改进的内容涉及产品质量、日常的工作和企业长远的目标，不仅不合格现象必须纠正、改正，目前合格但不符合发展需要的也要不断改进。

二、质量事故的概念和分类

（一）质量事故的概念

1.质量不合格

凡工程产品没有满足某个规定的要求，就称为质量不合格；而没有满足某个预期使用要求或合理的期望（包括安全性方面）要求，就称为质量缺陷。

2.质量问题

凡是工程质量不合格，必须进行返修、加固或报废处理，由此造成直接经济损失低于5000元的称为质量问题。

3.质量事故

凡是工程质量不合格，必须进行返修、加固或报废处理，由此造成直接经济损失在5000元（含5000元）以上的称为质量事故。

（二）质量事故的分类

由于工程质量事故具有复杂性、严重性、可变性和多发性的特点，所以建设工程质量事故的分类有多种方法。一般可按以下条件进行分类。

1.按事故造成损失的严重程度分类

（1）一般质量事故。一般质量事故指经济损失在5000元（含5000元）以上，不满5万元的；或影响使用功能或工程结构安全，造成永久质量缺陷的。

（2）严重质量事故。严重质量事故指直接经济损失在5万元（含5万元）以上，不满10万元的；或严重影响使用功能或工程结构安全，存在重大质量隐患的；或事故性质恶劣或造成2人以下重伤的。

（3）重大质量事故。重大质量事故指工程倒塌或报废，或由于质量事故造成人员死亡或重伤3人以上，或直接经济损失10万元以上。

（4）特别重大事故。凡具备国务院发布的《特别重大事故调查程序暂行规定》所列发生一次死亡30人及其以上，或直接经济损失达500万元及以上，或其他性质特别严重的情况之一，均属特别重大事故。

2.按事故责任分类

（1）指导责任事故。指导责任事故指由于工程实施指挥或领导失误而造成的质量事故。例如，由于工程负责人片面追求施工进度，放松或不按质量标准进行控制和检验，降低施工质量标准等。

（2）操作责任事故。操作责任事故指在施工过程中，由于实施操作者不按规程和标准实施操作而造成的质量事故。例如，浇筑混凝土时随意加水，或振捣疏漏造成混凝土质量事故等。

3.按质量事故产生的原因分类

（1）技术原因引发的质量事故。技术原因引发的质量事故是指在工程项目实施中由于设计、施工在技术上的失误而造成的质量事故。例如，结构设计计算错误、地质情况估计错误、采用了不适宜的施工方法或施工工艺等。

（2）管理原因引发的质量事故。管理原因引发的质量事故指管理上的不完善或失误引发的质量事故。例如，施工单位或监理单位的质量体系不完善、检验制度不严密、质量控制不严格、质量管理措施落实不力、检测仪器设备管理不善而失准、材料检验不严等原因引起的质量事故。

（3）经济原因引发的质量事故。经济原因引发的质量事故是指由于经济因素及社会上存在的弊端和不正之风引起建设中的错误行为，而导致出现质量事故。例如，某些施工企业盲目追求利润而不顾工程质量；在投标报价中随意压低标价，中标后则依靠违法的手段或修改方案追加工程款，或偷工减料等，这些因素往往会导致出现重大工程质量事故，必须予以重视。

三、质量事故的处理程序

（一）事故调查

事故发生后，施工项目负责人应按规定的时间和程序及时向企业报告事故的状况，积极组织事故调查。事故调查应力求及时、客观、全面，以便为事故的分析与处理提供正确的依据。调查结果要整理撰写成事故调查报告，其主要内容包括工程概况，事故情况，事故发生后所采取的临时防护措施，事故调查中的有关数据、资料，事故原因分析与初步判断，事故处理的建议方案与措施，事故涉及人员与主要责任者的情况等。

（二）事故原因分析

事故原因分析要建立在事故情况调查的基础上，避免情况不明就主观推断事故的原因。特别是涉及勘察、设计、施工、材料和管理等方面的质量事故，往往事故的原因错综复杂。因此，必须对调查所得到的数据、资料进行仔细分析，去伪存真，找出造成事故的主要原因。

（三）制订事故处理方案

事故的处理要建立在原因分析的基础上，并广泛地听取专家及有关方面的意见，经科学论证，决定事故是否进行处理和怎样处理。在制订事故处理方案时，应做到安全可靠、技术可行、不留隐患、经济合理、具有可操作性，满足建筑功能和使用要求。

（四）事故处理

根据制订的质量事故处理方案，对质量事故进行认真的处理。处理的内容主要包括以下两个方面。

（1）事故的技术处理，以解决施工质量不合格和缺陷问题。

（2）事故的责任处罚。根据事故的性质、损失大小、情节轻重对事故的责任单位和责任人做出相应的行政处分直至追究刑事责任。

（五）事故处理的鉴定验收

质量事故的处理是否达到预期的目的，是否依然存在隐患，应当通过检查鉴定和验收做出确认。事故处理的质量检查鉴定应严格按施工验收规范和相关质量标准的规定进行，必要时还应通过实际测量、试验和仪器检测等方法获取必要的数据，以便准确地对事故处理的结果做出鉴定。事故处理后，必须尽快提交完整的事故处理报告。其内容包括事故调查的原始资料、测试的数据，事故原因分析、论证，事故处理的依据，事故处理的方案及技术措施，实施质量处理中有关的数据、记录、资料，检查验收记录，事故处理的结论等。

四、质量事故的处理方法

（一）修补处理

当工程某些部分的质量虽未达到规定的规范、标准或设计的要求存在一定的缺陷，但经过修补后可以达到要求的质量标准，又不影响使用功能或外观的要求，可采取修补处理的方法。

例如，某些混凝土结构表面出现蜂窝、麻面，经调查分析，该部位经修补处理后，不会影响其使用及外观；对混凝土结构局部出现的损伤，如结构受撞击、局部未振实、冻害、火灾、酸类腐蚀、碱集料反应等，当这些损伤仅仅在结构的表面或局部，不影响其使用和外观，可进行修补处理。对混凝土结构出现的裂缝经分析研究后，如果不影响结构的安全和使用，也可采取修补处理。例如，当裂缝宽度不大于0.2mm时，可采用表面密封法；当裂缝宽度大于0.3mm时，采用嵌缝密闭法；当裂缝较深时，则应采取灌浆修补的方法。

（二）加固处理

加固处理主要是针对危及承载力的质量缺陷的处理。通过对缺陷的加固处理，建筑结构恢复或提高承载力，重新满足结构安全性、可靠性的要求，结构能继续使用或改作其他用途。对混凝土结构常用的加固方法主要有增大截面加固法、外包角钢加固法、粘钢加固法、增设支点加固法、增设剪力墙加固法、预应力加固法等。

（三）返工处理

当工程质量缺陷经过修补或加固处理后仍不能满足规定的质量标准要求，或不具备补救可能性时，必须采取返工处理。例如，某防洪堤坝填筑压实后，其压实土的干密度未达到规定值，经核算将影响土体的稳定且不满足抗渗能力的要求，须挖除不合格土，重新填筑，进行返工处理；某公路桥梁工程预应力按规定张拉系数为1.3，而实际仅为0.8，属严重的质量缺陷，也无法修补，只能返工处理。再如，某工厂设备基础的混凝土浇筑时掺入木质素磺酸钙减水剂，因施工管理不善，掺量多于规定的7倍，导致混凝土坍落度大于180mm，石子下沉，混凝土结构不均匀，浇筑后5天仍然不凝固硬化，28天的混凝土实际强度不到规定强度的32%，不得不返工重浇。

（四）限制使用

当工程质量缺陷按修补方法处理后无法保证达到规定的使用要求和安全要求，而又无法返工处理——不得已时，可做出诸如结构卸荷或减荷以及限制使用的决定。

（五）不做处理

某些工程质量问题虽然达不到规定的要求或标准，但其情况不严重，对工程或结构的使用及安全影响很小，经过分析、论证、法定检测单位鉴定和设计单位等认可后可不专门做处理。一般可不做专门处理的情况有以下几种。

1.不影响结构安全、生产工艺和使用要求的

例如，有的工业建筑物出现放线定位的偏差，且严重超过规范标准规定，若要纠正会造成重大经济损失，但经过分析、论证，其偏差不影响生产工艺和正常使用，在外观上也无明显影响，可不做处理。又如，某些部位的混凝土表面的裂缝经检查分析属于表面养护不够的干缩微裂，不影响使用和外观，也可不做处理。

2.后道工序可以弥补的质量缺陷

例如，混凝土结构表面的轻微麻面可通过后续的抹灰、刮涂、喷涂等弥补，也可不做处理。再如，混凝土现浇楼面的平整度偏差达到10mm，但由于后续垫层和面层的施工可以弥补，所以也可不做处理。

3.法定检测单位鉴定合格的

例如，某检验批混凝土试块强度值不满足规范要求，强度不足，但经法定检测单位对混凝土实体强度进行实际检测后，其实际强度达到规范允许和设计要求值时，可不做处理。对经检测未达到要求值，但相差不多，经分析论证，只要使用前经再次检测达到设计强度的，也可不做处理，但应严格控制施工荷载。

4.出现的质量缺陷经检测鉴定达不到设计要求，但经原设计单位核算，仍能满足结构安全和使用功能的

例如，某一结构构件截面尺寸不足，或材料强度不足，影响结构承载力，但按实际情况进行复核验算后仍能满足设计要求的承载力时，可不进行专门处理。这种做法实际上是挖掘设计潜力或降低设计的安全系数，应谨慎处理。

（六）报废处理

对于出现质量事故的工程，通过分析或实践，采取上述处理方法后仍不能满足规定的质量要求或标准，则必须予以报废处理。

参考文献

[1] 尹素仙，蒋焕青．工程结构抗震[M]．长沙：中南大学出版社，2018.

[2] 张耀军，于海波．工程结构抗震设计[M]．北京：机械工业出版社，2019.

[3] 李广慧，魏晓刚．工程结构抗震与防灾[M]．北京：中国建筑工业出版社，2018.

[4] 王涛，孟丽岩．房屋抗震设计[M]．北京：中国质检出版社，2018.

[5] 陈文建，汪静然．建筑施工技术 [M]．第2版.北京：北京理工大学出版社，2018.

[6] 魏乐军．深基坑支护设计与施工[M]．长春：吉林大学出版社，2020.

[7] 陈泰霖，田玲．深基坑支护与加固技术[M]．郑州：黄河水利出版社，2018.

[8] 李玉胜．建筑结构抗震设计[M]．北京：北京理工大学出版社，2019.

[9] 曾向阳，陈勇，苗作华，等．土地整治规划设计[M]．北京：冶金工业出版社，2019.

[10] 李凌，孙广云．建设用地管理理论与实务[M]．北京大学出版社，2019.

[11] 肖凯成，郭晓东，杨波．建筑工程项目管理[M]．北京：北京理工大学出版社，2019.

[12] 刘先春．建筑工程项目管理[M]．武汉：华中科技大学出版社，2018.

[13] 王会恩，姬程飞，马文静．建筑工程项目管理[M]．北京：北京工业大学出版社，2018.

[14] 郭念．建筑工程质量与安全管理[M]．武汉：武汉大学出版社，2018.

[15] 杜国．浅谈建筑工程项目施工质量管理[J]．科技视界，2021（27）：86–87.

[16] 贾万鹏．工程建设项目管理中材料采购成本管控研究[J]．企业改革与管理，2021（18）：173–174.

[17] 陈业．建筑工程管理信息化的应用研究[J]．绿色环保建材，2021（09）：139–140.

[18] 李昌隆．浅谈建筑工程项目施工中的进度管理措施[J]．中国建筑金属结构，2021（09）：12–13.

[19] 樊彦卫，刘桂文．建筑机电安装工程项目质量管理[J]．中国建筑金属结构，2021（09）：58–59.

[20] 李小福．建筑装饰装修工程项目管理与施工技术运用[J]．居舍，2021（26）：9–10.

[21] 涂云福．建筑工程项目勘察设计质量管理解析[J]．建筑技术开发，2021，48（17）：67–68.

[22] 谭俊生．建筑工程企业知识管理机制探索[J]．交通企业管理，2021，36（05）：46–48.

[23] 向辉，孙何军．信息技术下建筑工程项目进度控制管理分析[J]．工程建设与设计，2021（17）：200–202.

[24] 杨杰，李好，张涛，等．土木工程建筑施工过程中项目管理的应用[J]．居舍，2021（25）：113–114.

[25] 杜国栋．建筑工程项目管理中的施工现场管理与优化措施分析[J]．现代营销（经营版），2021（09）：82–83.